植物を考える
ハーバード教授とシロイヌナズナの３６５日

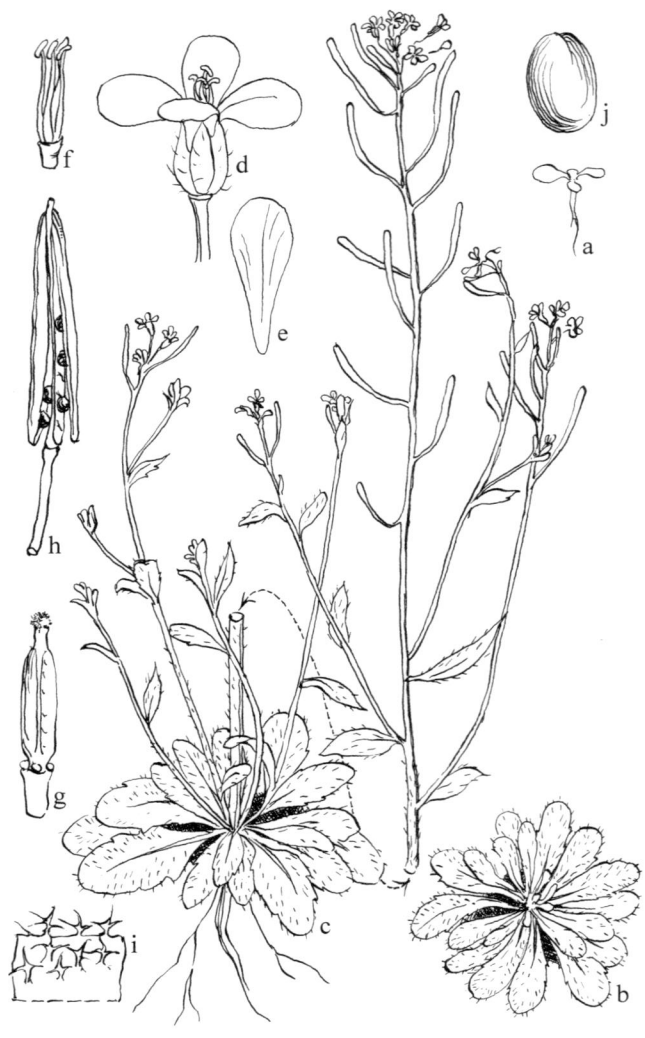

Arabidopsis thaliana (シロイヌナズナ)
a 芽生え、b 栄養成長しているロゼット期の植物、c 開花中の植物個体、d 花、e 花弁、f 花（萼片と花弁を取り除いた状態）、g 雌蕊（蜜腺と花柄の一部も示す）、h 果実（半開した状態）、i 葉の表側の表面に生えるトライコーム、j 種子

植物を考える

ハーバード教授とシロイヌナズナの365日

ニコラス・ハーバード [著]
塚谷裕一・南澤直子 [訳]

八坂書房

Seed to Seed
The Secret Life of Plants
by Nicholas Harberd

Copyright ©2006 by Nicholas Harberd
Japanese translation rights
arranged with Bloomsbury Publishing Plc
through Japan NUI Agency, Inc.

ジェスに

……植物で飾られた大地を見ることを超えて、この世で悦ばしいことが他にあるだろうか？　あたかも東洋の真珠や、ありとあらゆる珍しく高価な宝石で飾られ、刺繍を施された礼服をまとったかのごとき大地を見ること以上に、悦ばしいことが。この色の完璧さ、そして多様性が視覚に力を及ぼすとすれば、それは草と花においてであり、アペレス*の絵においてでもなくゼウキス**の絵においてでもない。彼らの芸術作品のようなものが成し得たことではなかった。またもし、香りや味といったものに満足を得るとすれば、その主たるものはともにまさに植物によるのであり、その心地よさたるや、いかなる薬師のつくる糖菓も、その優れた美点に匹敵するものではない。しかし、こうした悦びは、実は心の中にこそ存在し、これら目に見えるものどもについての知識を増やし、全能なる神の、目に見えぬ英知と見事な職人技とを明らかにすることにこそ、ひとえに存在するのである……。
——John Gerard、1597年『本草、あるいは植物の自然史 *The Herbal or General Historie of Plants*』

(訳注)　*アペルス：Apelles　古代ギリシャ4世紀の画家。
**ゼキウス：Zeuxis。古代ギリシャ5世紀の画家。
***John Gerard：1545-1611年、イギリスの薬草・本草学者。

目次

まえがき　　　　　　　　　　　　　　　　　　9

1月　*January* ………………………………… 11
2月　*February* ……………………………… 25
3月　*March* ………………………………… 57
4月　*April* ………………………………… 123
5月　*May* ………………………………… 157
6月　*June* ………………………………… 197
7月　*July* ………………………………… 229
8月　*August* ……………………………… 263
9月　*September* …………………………… 285
10月　*October* …………………………… 323
11月　*November* ………………………… 351
12月　*December* ………………………… 367
後日談 ……………………………………… 367

用語解説 …………………………………… 376
謝辞 ………………………………………… 388
訳者あとがき ……………………………… 390

凡例
〇読者の便をはかるため、専門的な内容、および文化的な内容について適宜、訳注をつけることとし、欄外に＊を用いて示した。
〇植物の普通名については、しばしば不正確な訳が当てられがちだが、本書では、正確を期して、Roger Phillips著 *Wild Flowers of Britain*, Pan Books 1977年, Londonをもとに、和名のあるものは和名に、ないものは同属近縁種の名前に「類」等の語をつけて当てた。なお、普通名のさす植物名が曖昧で1対1対応しない場合は、前後の文脈から推察することにした。

まえがき

　科学というものを使うと、世の中はより深く理解できる。この本は、そのことを示したいと思って、書いたものだ。おもに、科学者ではない人たちのために書いたつもりである。本書のある部分では、私が従事している科学分野、つまり、いかにして、なぜ、植物は育つのか、その発生過程を理解しようとする研究分野での、未だ解決されていなかった不思議な現象を取り上げる。別の部分では、この分野の最近の進展の成果を、より自由な意識を表現する文脈に置いて描いてみた。その意識というのは、私自身の意識、植物学上、現在最も興奮しているような疑問の数々でいっぱいになっている意識のことだ。この本はしたがって、ある意味で私の精神的な自画像である。あらゆる自画像がそうであるように、この本も、私を概念化している。つまりいくつかの特徴を誇張し、他の特徴を省略している。今まで見えていなかったものを明らかにできないだろうか、という期待のもとに描かれた自画像だ。

　私は科学者で、幸運にも、世界の第一線にある研究所で働いている。ノリッジ[*]の郊外、コルニー[*]にあるジョン・イネス・センター[*]で、研究チームを率いているのだ。私たちのやっている実験は、植物の成長がどのように制御されているのか、その隠された原理を明らかにしようとするものである。植物を目に見える形に作り上げるのに必要な、遺伝子やタン

＊ノリッジ：Norwich　イギリス、ノーフォーク州の州都。イングランド東部に位置する工業都市。
＊コルニー：Colney
＊ジョン・イネス・センター：John Innes Centre。ただし、奥付の著者紹介にもあるように、今はオックスフォード大学の教授である。

パク質を探索している。普段は見ることのできない、しかし植物が本質的に持つ美しさを追求しているのだ。

　この本は、実はただのノートとして使っていた、２００４年の日記である。中心となっている話題は、ある１株の植物の、季節の進行にともなった生活環の足取りだ。そのことを書く際には、植物をある発生段階から次の発生段階へと進める駆動力として働く、目では見えない分子レベルの力についての説明も、加えておいた。この本には、これとは別の進展過程も記録してある。それは、植物の成長に関する科学的理解の深まり（私たちの研究チームの、最近の研究の足取り）、新しく研究方針を思いつくまでの過程、挫折から立ち直るまでに悩み考えた個人的道程だ。

　他に、まえがきに書いておくことがあっただろうか。確か、この本の文やスケッチはほとんど、ちょっとした時間に急いで書き留めたものだった。書き上がっていなかったり、不完全なところもあると思う。思考が途切れたままのこともあった。私は、科学に従事する人の頭の中で起こる、科学的なプロセスを、より一般的な形でとらえてみようと試みたつもりである。感情も記録した。感情というのは、私たち科学者が、普段は表現すまいと厳しく自制しているものだ。何よりもまず、中にはうまく生の感覚をとらえたこともあったと願いたい。２、３行程度のメモ書きの中にも。

N. H
２００６年１月

1月
January

1月8日　木曜日

　18年前の今日のこと、私はロンドンを離れ、初めてカリフォルニアへと飛び立った。それは新しいスタートだった。イギリスで人生の大半を過ごしてきた人間にとって、それはとてつもなく大きな変化だった。あまりに多くのものごとが違う。たとえば、光の質。私がそれまでに見たことのない明るさで、カリフォルニアの光は射し込んできた。断片的にしか覚えていないが、それはこんなものだった。ゴールデンゲートブリッジ、風でさざ波の立った海に輝く巨大なオーカー色のハープ、大地を揺らす地震、突然の急な不安、太平洋からの嵐がもたらす激しい雨。

　カリフォルニアにいるあいだに、私は新しい考え方、新し

い科学の手法を身につけた。それらは、カリフォルニアだからこそ育ったもの、その土地とそこに住む人間からこそ生まれ得るもののように思えた。

　私は植物遺伝学者だ。カリフォルニアへ向かったのは、新たな分野で仕事をするためだった。大陸を変えると同時に、実験に使う植物も替えた。コムギからトウモロコシへと。私はすぐにトウモロコシの素晴らしさ、その成長の力強さに魅了された。夏にはカリフォルニア、冬にはハワイで、私たちは年に2世代分の植物を使うことができた。その間の6カ月は、前回の結果に基づいて、次のかけ合わせの計画を立てるのである。

　植物遺伝学者にとっては、心が浮き立つような日々だった。長時間夢中になって働き、花粉と汗にまみれて、畑の暑さの中から戻った。世界中で、他の研究グループは遺伝学の研究にさまざまな植物を使っていた。コムギ、オオムギ、イネ、タバコ、さらにはキンギョソウまで。新しいコンセプトがあちこちで発信され、新たな研究分野が絶え間なく私たちの前に広がった。

　その頃、加えて、植物遺伝学をまったく新たな次元へと進めるパラダイムシフトが始まった。この転換は、統一的な考え方に基づいていた。「すべての植物は基本的には同じで、異なる種の植物でも、相違点よりは共通点の方が多い」という概念を基盤とした考えだった。サボテン、木生シダ、セコイア、オートムギ、ヒマワリ、これらすべての植物には、相違点よりも共通点の方が多い。だから1つの種の研究に集中した方が、結果的にはあらゆる種の理解を深めることになる

だろう、というのである。

　この考え方を支持する人が増えるにつれ、次の疑問が浮かび上がった。では、どの種の研究をすれば良いのだろう？ 最終的に、多くの植物学者が合意したのは、シロイヌナズナ*、学名*Arabidopsis thaliana*だった。シロイヌナズナ？ いったいそれは何だ？ 読者の皆さんも、この名前は聞いたことがないかもしれない。地に這うように展開するロゼット葉に、伸びても３０センチ足らずの花茎。花が咲くとすぐに枯れてしまう。庭のあまり目につかないところ、荒れた地面、壁などに生えている。目立たず、気づかれないことが多いので、ごくありふれたものにもかかわらず、馴染みのない植物だ。

　では、どうしてシロイヌナズナだったのだろう？ それは、シロイヌナズナが植物遺伝学者にとっての*Drosophila*（ショウジョウバエ）になり得る、完璧な性質を持っていたからである。まずシロイヌナズナは、温室や実験室で育てることができる。小さいため、限られたスペースでも数千個体を育てることができるのだ。２つ目に、世代時間が比較的短いことが挙げられる。実験室で種(たね)を播いてから次の世代の種を取るまで、６週間しかかからない。トウモロコシの１年間２世代に対して、１年８世代だ。毎年、４倍の回数のかけ合わせができ、それぞれが新しい知見、より深い理解をもたらす。３番目の特徴は、ゲノムが比較的小さい*ことだ。これは遺伝学者にとって、大きな可能性を秘めた性質である。ゲノムのサイズが小さいために、シロイヌナズナでは、遺伝子を含むDNA配列の全長を決定する計画が、他の種よりもずっと現実的だとされた。植物で最初に全ゲノム配列が解読されるの

＊シロイヌナズナ：当時、動物の研究でもショウジョウバエなど特定のターゲットに研究を絞る試みがなされた結果、大きな成功が遂げられていた。それを背景として、植物でもターゲットを絞り込む試みがなされ、紆余曲折の末、シロイヌナズナが選ばれたのである。こうした共通ターゲットをモデル種という。
　シロイヌナズナは植物では初のモデル種である。そのモデル選定にいたるいきさつ、波及効果などについては塚谷裕一著『変わる植物学 広がる植物学—モデル植物の誕生』東京大学出版会、２００６年を参照。

＊ゲノムが比較的小さい：生物の設計プログラムとして働く遺伝子の１セット全体をゲノムという。シロイヌナズナのゲノムの大きさは、遺伝子の実態で

１月 January　13

は、シロイヌナズナになるだろうと考えられたのである。植物はどのようにして成長するのか。それを理解する鍵となるのはDNAだけに、その先行きは非常に楽しみだった。シロイヌナズナのすべての遺伝子の配列が分かれば、植物学上の重要な疑問を解決する糸口が、すぐにでもつかめるだろう。

　こうして私は、明るいカリフォルニアから、より充実した気持ちと、より活発で創造的な科学への取り組み方とを携えて、ノーフォーク*での生活に戻った。堂々として大きなトウモロコシから、慎ましやかなシロイヌナズナへと、植物をふたたび変え、そして、私はそうしたことを喜んでしたのである。ここ10年間で、この統一的な考え方は、目を見張るような成功を収めてきた。シロイヌナズナを使った遺伝学は発展し、今や非常に洗練されたものになっている。私たちは今、この遺伝学を用いて、植物の隠された秘密を調べている。花の形成、種子の発芽といったような、ごく身近であるにもかかわらず、そのメカニズムが解明されていなかった成長の過程そのものについて、次々と新たなことが明らかになってきた（私の研究分野だ）。最近解読されたばかりのシロイヌナズナのゲノム配列によって、新しい遺伝子の存在を知り、よりシャープに実験に取り組めるようになり、さらに、生命そのものに対する基本的な見方を得つにいたった。解読されたゲノム配列は、研究に革命を起こしたのである。

　このアイデアは成功した。そして、今も機能し続けている。この考えを熱狂的に支持していた人ですら、ここまでの成功を最初からは想定していなかったのではないかと思うほどだ。今では、シロイヌナズナというレンズを通すことで、

るDNAの長さとして、1億3千万塩基対ほど。本文にもあるように、2000年、アメリカ、EU、そして千葉県の分担協力の結果として、全DNA配列が決定された。これはわれわれヒトのゲノムの大きさと大差ない。それに比べ、本書の著者が以前扱っていたトウモロコシのゲノムは、シロイヌナズナのゲノムの50倍もある。

*ノーフォーク：Norfolk

日々出会う植物の生の奥深くまでを知ることができる。

　このような一連の出来事に関わっていられるのは、私にとって非常に嬉しいことである。この勢いは当面続くに違いない。だというのに、その発展の中、私は自分自身の研究分野で、壁に直面してしまっている。次はどうしたら良いのだろう。

1月9日　金曜日

　昨年頃までは、私の研究グループの仕事はうまく行っていた。特に２００２年には、私たちはルネッサンスともいえることを経験した。新しいアイデアが私の頭に湧き上がってきたのだ。ごくわずかな実験でこのアイデアが検証でき、その結果、重要な発見ができた。その成果を論文にした２００３年の春に、このルネッサンスはピークに達した。

　興奮はその後も数カ月続いたが、２００３年の終わりに近づくにつれ、私は不安になり始めた。冬が近づき、太陽の光が弱くなっていったことも関連していたかもしれない[*]。何に向かって進めば良いのか見えていないことに気づいていた。どうしたらこの研究をさらに発展させられるのか、まったく想像がつかなかったのだ。

　もちろん、科学というのは常にこういうものだ。山があり谷がある。どちらも経験してきた。しかし、谷にいるということは、視野が限られているということなのだ。出口のないところに閉じ込められているような気分なのである。いつそこから出られるのかも分からない。取り残されたような状態だ。新しいアイデアが、いちばん必要なときに限って、まっ

*太陽の光が……かもしれない：イギリスの冬は日が短いだけでなく、どんよりとして晴れないことが多いため、日照の不足が精神状態に響き、いわゆる季節性鬱病を発症しやすい。夏目漱石もロンドン留学中、それに似た症状を示した。

1月 January　15

たく出てこない。

1月12日　月曜日

　考えようとした。神経を集中しようと努めた。土曜日、カテドラルの周りを歩いてみた。自分たちの研究成果を別の視点から眺め自分の脳裏に階段のステップをきざみながら。そしていくつか新しい仮説を作ってみた。昔、私は友人に、コーク*州のバーでこう言われたことがある。「君はアイデアマンだね。で、その仮説の問題はというと、そいつが間違っているってことだな」。家へ向かいながら、私の自信は崩れていった。また、一から始めなければいけないかもしれない。

*コーク：Cork

1月13日　火曜日

　今日はどんな天気だっただろう。よく覚えていない。研究室を駆けまわるのに忙しくて、外の天気などほとんど気にしなかったのだ。たぶん、雨だったと思う。アリスとジャックを学校に迎えに行ったとき、確かに校庭が湿っていた。アスファルトの上の汚い水溜まりだ。

　家に向かって歩きながら、子どもたちに、学校で何をしたのか聞いた。アリスの、いつものおしゃべりが始まった。するとジャックがうんざりしたように言った。「豆を育ててるんだってば。」詳しく聞いてみると「知ってるでしょお父さん、いつものやつだよ。アリスが去年やったのと同じ。ジャム瓶で豆を育ててるんだ。育つのを観察するんだよ。」

　突然、自分が子どもの頃を思い出した。4月、いや、5月だったかもしれない。幼稚園の、広い教室でのことだ。高い

天井、剥き出しの床。太陽の光が、渦巻く埃(ほこり)を通り抜け、水の入った古いジャム瓶で育つマロニエの細い枝に射していた。マロニエはその前日、丸々と膨らんだ芽をつけていて、握るとふくよかな塊が感じられ、指先に粘液が残ったものだった。私は部屋に駆け込み、すぐにその芽が、今や、か弱いライムグリーンの葉に換わっているのを見た。その葉は、温もりと光の中、まさに広がろうとしていた。立ち止まり、立ったまま瓶を手に取って、傷やくぼみがある灰色の枝の根もとから、斜めについたまましぼんだ冬芽の鱗片(りんぺん)にと、視線を走らせた。枝の先端には、柔らかい緑の腕と、広がった葉の手とが見事に調和していた。その"手"は、開ききったときの葉の形の小さなミニチュア版で、葉脈がレース状に走り、広がっていく手のひらと指とで、太陽にも届こうとしていた。奇跡の光に輝いていた。

　今私が必要としているのはこういったビジョンなのだ。ここ数カ月、家と研究室のあいだを行き来する以外ほとんど何もしていなかった。きっと私は、今以上に、現実の世界へ出て行かねばならないのだ。何か他のものごとも見なければ。

1月16日　金曜日

　昨夜は、気温が氷点下にまで落ち込んだ。夜明け前の寒い時間に目が覚めたが、さほど寒く感じなかった。それよりも、胸が苦しく、手足がそわそわとして、呼吸は速く、心臓はあばらの下で激しく打っていた。手をこめかみに当てると肌は汗ばんでいて、髪に指を通せば、指も頭皮からにじんだ汗で湿った。地球が私から、生命のぬくもりを吸い取っているか

のようだった。

　今朝、芝生は葉が霜で縁取られ、一面白くなっていた。太陽は霧の向こうにおぼろげに見えた。1日研究室から離れようと思った。自転車に乗ってどこか別のところへ行こう。行き先は決めていなかった。とにかく、どこか他の場所へ。湿地でも、野原でも、いや、リーファム*に向かう古い線路沿いに走っても良いかもしれない。

＊リーファム：Reepham

　しかし、あまり遠くへは行けなかった。わが家の前を走る道をずっと進むと、アンサンク通り*と合流する細い坂道がある。そこは日陰になっていて、寒い日には道路が凍りやすい。私はそれを猛スピードで下り、交差点で止まっている車を避けようとブレーキをかけたため、横滑りし、バランスを崩して思いきり転んでしまったのだ。大した怪我はしなかったが、気持ちがくじけてしまった。突然のショックは、それ以前とそれ以後の時間を明確に分けてしまったのである。

＊アンサンク通り：Unthank Road

1月19日　月曜日

　アリスの頭は冴えていた。ジャックの豆のことを考え、私がシロイヌナズナの研究をしていることを知ったうえで、シロイヌナズナも豆から生えてくるのか、と聞いてきたのだ。だから、シロイヌナズナの種を仕事場から持ち帰り、彼女とジャックに見せた。彼らはその種があまりに小さいことに驚いた。30センチほどの大きさにまで成長するシロイヌナズナが、小さな塩粒程度しかない茶色の微細な点から生えてくるというのは、実際驚くべきことだ。その種を家にあった古い低倍率の顕微鏡で眺め、アリスとジャックは、シロイヌナ

ズナの種もやはり小さくて、丸く膨らんだ豆であることを確認した。子どもたちが顕微鏡を見る様子を眺め、どういう像が見えているのか想像したり、顕微鏡を覗く順番を気遣ったりしながら、私は、種子の乾燥し、休眠した不活性な状態と、冬という時期との関係について考えた。

　ジャックは自分の豆を自慢していた。彼は根が下に、芽が上に伸び始めたのを見つけたそうだ。それを聞いて、子どもの頃を思い出した。ずっと昔の寒い1月の午後、陽が暮れていく頃だった。私は風の中の小さい人影として立っていた。私の体のぽっちゃりした輪郭は強調されて、深海に潜るダイバーのようになっていた。手足は綿の入った服で着ぶくれし、足にはブーツをはき、帽子から顔だけが見えている。

　私は庭の、父が立つ場所の向こう、庭の端にある木のさらに向こうを眺めていた。その木の向こうにはコバルト色の雲の層が広がり、暮れていく太陽の近くで雲は、オレンジ色に縁取られていた。父を振り返り、オレンジ色に反射しているコートを見た。父は、手早く列になっているパースニップ*の周りの土をほぐしていた。コートは開いていて、汗の匂いと体温とが伝わってきた。父は土に鋤(すき)を差し込み、左右に動かした。そして今度は右手を取手に、左手を柄の支点に置き、鋤の先端をパースニップの下に差し込んで、鋤をてこにした。父は列に沿って1株ずつ進めていき、そしてかたわらの土に鋤を差した。かがみ込んで褐変した葉をつかむと、父はパースニップを土から引き抜き、少し振った。クロウタドリが土から虫を引っ張り出すのに似ている。虫は最初は曲がって、すぐにまっすぐ、緊張した様子になる。父は古い葉っぱをつ

＊パースニップ：学名は*Pastinaca sativa*。和名はアメリカボウフウ。西アジアからヨーロッパにかけて原産する。独特の甘味のある根菜で、古くはヨーロッパで広く好まれたが、現在では北ヨーロッパ、特に英国でおもに消費される。塩ダラと合わせることが多い。チップにして、フレンチフライ風に供することもある。

1月 *January*

かんでパースニップを宙に持ち上げ、その汚黄色の円錐形の根をちらっと見ると、私に微笑み、そのパースニップが抜けてきた穴の近くへ落とした。

　私も自分でやってみたくなった。プレゼントを開けるのと似ていると思ったのだ。畝のあいだをよろめきながら、父のところまで走って行き、ズボンをはいた足にしがみついた。父は仕事を止め、私が茶色い葉を無駄に引っ張るのを眺めた。父は笑った。あざけるようではなく、楽しそうに。感情にあふれた心からの、速いピッチのスタッカートのような笑いだ。父はまた鋤を取り、土をもう少しばかりほぐして、引き抜くための準備をしてくれ、それから私がまた引っ張るあいだ、後ろに立ってくれた。突然、そのパースニップは膝のあたりに飛び出してきて、私はバランスを失い、開いた穴の近くの、冷たい土の上に尻もちをついた。

　私は、あたりがどんどん薄暗くなっていく中で、自分のパースニップを間近に見た。私が抜いたのは根の先が二股に割れていて、先の方は細くなって2本の円錐になり、そこからは小さな、毛の生えた根が生えていた。土くれはその根の表面と根毛にこびりついていた。パースニップの根のてっぺん、地面に近かったところは平らになっていて、そこから、今ではボロボロになってしまった葉と茶色くなった枝が育ったのだ。私の頭の中に、地面を表す1本の線が現れ、葉や茎と、根とを、また地面の下と上とを分けた。その線はさらに広がって平面を作り、広い平らな表面を作って、それは他の、まだ畑に残っているパースニップの根と茎とを分けた。その平面は土の表面と平行で、そして同一だ。どうしてかは分から

ないながら、その平面が大事であることは私にも分かったので、私は前にかがんで、穴の中をじっと見始めた。荒く、暗い壁が地中に向かって傾斜していく様子、枯れてねじれた根や、横から飛び出して育っている古い枝を、暗くて見えなくなるほど深いところまで目で追った。

　それから顔を上げ、光の中に、あの平面に対して私がいるべき側へと戻った。そして父が考え込んだ様子で、雲の塊が近づいてくる空を眺めているのに気がついた。立っている父を眺めているうち、パースニップは私が考えた平面に隔てられた２つの世界で生きていて、私の考えた平面で分けられ、地上のシュート*と地下の根っこの２つになるのだというふうに思えてきた。

　すると父が、まだ抜いていないパースニップは残したまま、ここを離れよう、というようなことを言った。と、突然暗くなり、堅い霰が私の顔を打った。白いつぶてが、種播きをする手から放たれたトウモロコシの種みたいに、畑の畝のあいだを跳ねた。父は私を担ぎ上げると、木の下に逃げ込んだ。しかし私はまだ、あの線について考えていたのだった。

１月２２日　木曜日

ウィートフェン*

　最近は天気がいくらか穏やかになった。数日前から、大西洋からの暖かい風が吹き、氷が張らなくなった。風は、アイルランドを越え、アイルランド海、ウェールズ、ミッドランド、そしてここへたどり着く。暖かさといっしょに雨も連れてきたが、今は止んで、曇った灰色の空だけが残った。

---

*シュート：植物形態学では、茎と葉をまとめてシュートと呼び、根と対比して扱う。シュートは、茎の周りに葉が取り巻いた構造である。３月２０日の訳注も参照。

*ウィートフェン：Wheatfen

今日、私はウィートフェンという場所を見つけた。その存在を、数カ月前に友人から聞いていた。サーリンガム*のどこかに、ノーフォークの著名な自然主義者、テッド・エリス*が暮らしていたことのある葦原や沼地があるという。その土地は今は自然保護区となっていて、テッド・エリス・トラストによって維持管理されている。私は一度も行ったことがなかったので、今朝、行ってみようと決めた。

　ウィートフェンがどこにあるのか、正確には知らなかった。そのため見つけるのは簡単ではなかった。自転車で、サーリンガムのセント・メアリー教会を通り越し、左へ曲がってプラット*の丘に上った。この道を行けば、川の近くへ行けるだろうと考えたのだ。そして、その川沿いにウィートフェンがあるはずだった。しかしプラットの丘は方角が違っていた。私は来た道を戻り、サーリンガムの大通りを曲がり、アヒルのいる池を通り越し、左へ曲がって、ついに、舗装されていない道へ向かう小さな道標があることに気づいた。

　ウィートフェンは本当に美しかった。その周りを歩いてみて、そう思った。森林に囲まれた広い湖、葦原、沼地に湿地が、イエー川に向かって伸びていた。その景色をうまく言葉にできない。広さは１３０エーカー*ほどあり、数語でその詳細を述べるにはあまりに複雑だ。しかし、今日私の心を打ったものを１つ１つ挙げることはできる。その場所の雰囲気——遠くに見える平らな地平線と大きな空。湿気。色——焦げ茶の葦に灰色の雲。そしてときどき急ぎ足で歩いていくアカライチョウ。

　また来ることにしよう。

*サーリンガム：Surlingham
*テッド・エリス：Ted Ellis（1909-1986）。著名な作家でありキャスターとしても知られ、ナチュラリストとしても名高かった。

*プラット：Pratt

*１エーカー：約４０４６.８平方メートル

1月 *January*

1月24日　土曜日

　私たちは王立歌劇場に、The Play What I Wrote[*]を観に行った。私が子どもの頃にはやったコメディアン、モーカムとワイズの劇を見るのは楽しいものだった。観客の一員になってみて、昔の記憶が湧き上がってきた。30年前にとても愉しんだキャッチフレーズやアクションを思い出したのだ。語りや作りは今風になって、古いものから新しいものができ上がっていた。

　これが新しい方向性を見つけ出す方法なのだ。温故知新の見方で、未知のものごとについて想像を巡らせ、それを試す。しかし、実際にはどうしたら良いのだろう。

[*] The Play What I Wrote：演劇のタイトル。現在も英国では人気の演題のようだが、邦題はない。

1月28日　水曜日

　ここ数日は日記を書いている時間がなかった。特別忙しかったのだ。最近の結果について、チームのメンバーとミーティングを持ち、議論した。加えて、投稿論文[*]の下書きを大急ぎで書き上げている途中でもあった。最初に持っていた断片的な情報から始まって、本文と図とを織り込んだ、まとまった論文を作るまでに、あまりに長い時間がかかったような気がする。もうすぐだ。

[*] 投稿論文：後述のように、科学的発見、研究成果は、しかるべき媒体に論文として掲載されて初めて、世に認められる。その掲載に向けたプロセスは、論文原稿をまとめ、そしてその報告内容にふさわしいと思われる科学雑誌に、それを投稿するところから始まる。

1月29日　木曜日

　次に何をしたら良いのか知りたい。疑問を確定しなければならない。次の疑問が何なのか、しっかり示すことさえできれば、道は自ずとはっきりするはずだ。しかし、疑問を考えること、それも、正しい疑問を考えることが、実に難しい。

1月 *January*　23

意志の力だけでは、十分ではない。

1月30日　金曜日

　また寒くなった。雪が降る中、子どもたちを学校へ迎えに行き、家に向かって歩いた。子どもたちはちょろちょろと走りまわり、雪を追いかけ、捕まえ、口に入れて溶かしていた。

　ジャックは豆の茎のことではしゃいでいた。注目されるのを楽しんでいるのだ。不思議なことに、彼の豆がクラスの他の誰のものよりも早く育っているからだ。魔法の豆なのか？ どうしてあれほど高く伸びるのだろう？ 誰にも分からない。たぶん、その遺伝子、光に対する位置、水のやり方、ジャックの面倒の見方……などの多くの条件が揃った結果だろう。植物の成長にあずかるそれぞれの要因がまとまったとき、成長に及ぼす影響は際限がない。ジャックは私に、どうしてそんなに早く育つのか聞いてきた。私が植物の成長の専門家だというのにそうした質問に答えられないことを、おもしろがっているのだ。

2月
February

* キバナセツブンソウ：原文はaconite。この語は秋に紫の花を咲かせるトリカブトの類を指すこともあるが、ここでは花色と季節から学名*Eranthis cilicica*の本種と解釈した。地中海原産の本種の他、南欧産のオオバナキバナセツブンソウ、交配種のヨウシュセツブンソウはいずれも黄花で、日本でも栽培されている。日本産の同属近縁種セツブンソウの花は潤んだような白で、青い蕊がコントラストをつけて美しい。

2月3日　火曜日

今日は妙に暖かい。先週、氷が張ったり雪が降ったりした反動だろうか。西から突風が吹いてくる。空は低く、一面灰色だ。クロウタドリの鳴き声が苛立つ気持ちを鎮めてくれる。庭では、この暖かさでキバナセツブンソウ*の黄色い花が俯きながら開いた。真珠のようなスノードロップの花はつり下がったまま、三方に花弁を分けている。クロッカスのつぼみはまっすぐ伸びていた。

2月4日　水曜日

穏やかな天気が続く。2月にしては異常だ。
私は、生き物が好きで生物学者になった。しかし、ときど

き落ち着かない気分になる。生物学という言葉が醸し出す雰囲気がしっくりこないせいだ。少し大げさかもしれないが、私は自分のことを自然哲学者と考えたい。少なくともこの響きの方が、押しつけがましくはない。

しかし今の私には、哲学者の視点というものが完全に欠けている。

2月5日 木曜日

一日休みを取った。自転車に乗って、ふたたびウィートフェンへと向かった。風はまだ南西から吹き、暖かい天気が続いている。予報によると、寒さはすぐに戻るようだったが。

ノーフォークでは、空があくびをしている。今日の景色は、何層にも重なった雲にすっかり覆われている。淡黄色の雲のいちばん上はすり切れた絨毯のようになって、青い穴が空いていた。その下には暗い小さい雲の塊がいくつもある。その雲は、灰色で丸みを帯び、底が平らだ。空は湿気でできたサラダだ。灰色、青、黄色の雲が、すばやく一方向に流れている。

地面には、陽が射しては陰り、ところどころを明るく照らす光がすばやく東から西へと移動している。湿気を含んだ突風が吹く。地面に散っていた茶色い葉が、ぐるぐると巻き上がった。甘く、湿ったヨーロッパブナ*に、羊の糞、自分の汗、ウィットリンガム*の下水、匂いが次々と移り変わる。

自転車をこいでいるうち、私の頭に、ある考えが浮かんできた。荒れた空気や湿気は、頭上数マイル*分しかなく、さらに上は、何もない宇宙が広がっている。脳裏に私は矢印を

*ヨーロッパブナ：学名 *Fagus sylvatica*。日本のブナ *F. crenata* と同属近縁種。セイヨウブナ、オウシュウブナともいう。

*ウィットリンガム：Whitlingham

*数マイル：1マイルは1.609キロメートル。

思い描いた。それは地球の中心から発し、私の足、頭を通り抜け、無限に伸びていく。自分の存在の小ささを思った。自転車の上で湿った風に吹かれながら。何もない宇宙と、地球のどろどろと溶けた地核とにはさまれた、生物が存在する薄い層。自分はその中の、さらにごく一部を占めるに過ぎない。

　ウィットリンガムの小道で、道沿いに生えているブラックベリーの葉に目を落とした。斑点のある緑色の葉は、朝のにわか雨の滴(しずく)で明るく光っていた。この瞬間、ある認識が生まれた。葉、その細胞、導管、毛のそれぞれの命は、私自身の命と繫(つな)がっているのだ。そんな大したことではない。生命どうしが繫がっているのは、誰もが知っていることではないか？　しかし、この小さなひらめきには、妙な重みがあった。自分とブラックベリーの葉が1つのものに属していることを、束の間、確信したのである。シロイヌナズナを探してみようと思いついたのは、その時のことだった。

　もちろん、職場の温室と研究室で、私は毎日シロイヌナズナを見ている。野生のシロイヌナズナを探そうと思い立ってみると、今まで一度もそうしなかったことが不思議に思えてきた。何年も、野生で育っているのを見たこともない植物を使って、その成長を研究してきたのだ。ここには断絶がある。つい数日前に考えたことが頭に響いた。あまりに長い時間を、パソコンや顕微鏡、試験管に囲まれて過ごしてきた。今、一度ここを出なければいけない。

　そこで私は、シロイヌナズナがありそうな場所を見つけると立ち止まって、探し始めた。砂が溜まった道端、耕された

畑の端、ウイットリンガムからウッズ・エンド*にまたがる丘陵地を越えていく道端の砂地、フリント壁の割れ目。しかし、シロイヌナズナは見つからなかった。

　そうこうしているうちにウィートフェンに着いて、私は水に浸かった葦原をしばらく歩いてみた。シロイヌナズナ探しは少し休んで、さざ波の立つ灰色の水面から葦が飛び出している様子を眺めた。先週の雪の重みで平らにつぶれた斜面。もちろん、シロイヌナズナがこんなところに生えているはずがないことは分かっている。シロイヌナズナは、水気の多い地面にはふつう生えないのだ。だから、地面が乾いている森の中に入った。裸の幹や、午後の強い風になびく枝を見て、少し期待したのだが、そこでもシロイヌナズナを見つけることはできなかった。保護区の端にも、駐車場にも、道にもなかった。

　その後、家で『ノーフォークの植物（"Flora of Norfolk"）』を開いてみた。それには、「*Arabidopsis thaliana* シロイヌナズナ。夏もしくは秋に発芽する一年草。開けた場所、乾いた地面、荒れた土地や壁に多い。6月の雨以降に発芽したものは、9、10月に咲く。重粘土の土地やブロードランド*では、壁の上や砂利道にのみ見られる」とある。そこには、墓石を背景にして砂利の上に育つシロイヌナズナの写真が載っていた。

*ウッズ・エンド：Wood's End

*ブロードランド：Broadland、ノーフォークの河川周辺に発達した湿地帯。英国環境庁は湿地保全対象に指定している。

2月6日　金曜日

　しつこい雨の中、自転車でジョン・イネスに向かった。水滴がリング状の飛沫となって道を打った。

＊ほぼ同じ実験……論文を投稿：科学の分野では、ある発見に関して、その第一発見者しか評価されない。先取権が争われるのである。そのため、新しい発見をした場合は、いち早くそのことを証明し、それを科学雑誌において発表しないと、すべては無駄になってしまう。したがって、もしある発見を証明しようとしている場合、他に競争相手がいるとなると、研究は時間との争いとなる。

一方、論文は投稿しさえすれば雑誌に載るというものではない。投稿された原稿は、投稿先の雑誌の編集部が選んだレフェリーによって吟味され（審査という）、その結果として、しばしば修正意見が付いたり、追加実験が求められたりする。それ以前に、この原稿は掲載に値しない、と拒絶されることも少なくない。したがって、論文の投稿も急がねばならないが、拙速は厳禁である。原稿の完成度も高くしないと、一番乗りは難しい。

ちなみに学会発表は正式な発表とはみなされないので、学会でい

私たちは数週間前に大急ぎで論文を書き、投稿した。こんなに急いだのは、競争相手のグループが、私たちが行なっているのとほぼ同じ実験、結論を書いた論文を投稿＊したことを知ったからだ。

私は、どちらのグループも最終的には素晴らしい論文を発表すると確信している。しかし科学的な競争という現実に直面するたび、落ち着かない気分になる。この気まずさはなぜなのだろう？ 個人的なものなのだろうか？ それとも、この分野の文化、われわれの作法全般に原因があるのだろうか？

2月7日　土曜日

ここ数日は暖かく、クロッカスのつぼみが芝生の中で、ロケットのように立ち上がっている。しかし、今日は寒さが戻ってきた。青い空には雲と霞がまだらにあって、光は結晶のように澄んで堅く、風は音を立て、木々がたわむほど強く吹いていた。つがいのカササギが飛び立ち、一瞬その場にとどまり、風に乗って飛んでいった。

私はあるアイデアを温めていた。ジャックの豆がきっかけで、私の意識の中に生まれた種（たね）だ。野生のシロイヌナズナを、もう少し探してみよう。そしてもし見つけたら、この日記にその成長と生活史とを記録しよう。研究室で長いこと注意深く調べてきたのと同じ植物だ。それによって、驚きの感覚が戻ってくるかもしれないし、私たちの行き詰まった研究を、今後どう進めたら良いか見究めるうえでも、その助けになるかもしれない。これは、新たな自然誌になるだろう。

もちろん私は今までずっと実験研究者であったし、フィー

2月 February　29

ルドでのナチュラリストだったことはない。自然界で起こることを観察し、記録するよりも、より制御された系での研究に慣れてきた。やってみたら、何かしら学ぶことがあるだろうと思う。見えているものを正確に記録することが、鍵だと思われる。観察できる現象をもたらす、目に見えない出来事の説明にいたるような鍵だ。

　要するにこのアイデアは、自然界で起きていることを描写してみよう、というものだ。ある植物の成長を、春、夏、秋を通して記録する。枯れるまでの生活史の各段階、不安定な道筋を観察するのだ。次世代の新たな始まりを見る。これはありがちな、昔からの物語である。しかし私はそれを、今までとは違う形で伝えることができると思う。今まで私は、生命を駆動する目には見えないもの、隠された分子のメカニズムを明らかにすることに専念してきた。そろそろ、古い物語を新しい言葉で語るべき時期だと思うのだ。

　自然誌。この考えで私はまた、歳時記や、マロニエの芽など、学生時代のことを思い出した。では、この自然誌は一体誰が読んでくれるのだろう？　もちろん、私は読む。でもたぶん読んでくれるのは――これは期待に過ぎないが――アリスとジャックだ。でもまだ早い。こうしたものを読むには、子どもたちはまだ幼い。しかし数年後、この本があれば、私が今こうして考えていることを、書かないでいるときより、子どもたちにはっきりと伝えることができるだろう。

くら早く発表したとしても、第一発見者の名誉を得ることはできない。

2月9日　月曜日

　昨晩は、北西の風がうなり声を挙げていた。稲光。雷鳴。

雹(ひょう)に打たれて窓がガタガタと鳴っていた。居心地の良い暖かさと、外の騒がしさを楽しみながら、ベッドに横になっていた。外と内とを比べ、天井と壁に守られているありがたさを実感して。目を見張るほど極端な天候に、子どもの頃のようにわくわくしていたのも事実だ。

２月１０日 火曜日

シロイヌナズナを見つける

寒く、明るく、良く晴れた朝。非常に静かだった。空では飛行機雲が交差している。家ではモリバト*がクークーと鳴いていた。こんな日は、自転車で出かけたくてたまらなくなる。まずはウィートフェンへ、そしてシロイヌナズナ探しへ。すぐにツイードのコートを着て、明るい光の中、茶色の葦原や霜が降りたシダの茂みの中を大股で歩いていった。そうしていると自分が、神の創造した世界の複雑な美しさを誇りに思う、ビクトリア朝の自然科学者にして聖職者であるかのように思えてきた。

ウィートフェンの後は来た道を戻って、セント・メアリー教会と、その周りを囲む墓地とを訪ねた。先週の木曜日に見た写真を思い出して、シロイヌナズナ探しの続きをしに来たのだ。

陽の当たる、フリントの壁の近くでひと休みした。この壁が、墓地と道路の境界だ。墓の列に沿って教会の北に向かって歩いていく途中、突然、期待に胸を踊らせた。ある墓の地面を覆っている砂利の中に、小さく緑に光るものを目にしたのである。

*モリバト：原文はwood pigeon。学名 *Columba palumbus*。全体に黒灰色でくちばしはオレンジ、首に白い帯紋がある。ちなみに日本の離島に棲む同属のカラスバト *C. janthina* は英名を Japanese wood pigeon、black wood pigeonという。

近くへ歩いていき、墓地の中にしゃがみ込んだ。開いた本の形になっている墓石があった。身の丈くらいの細長い敷地。まだら模様をしたクリーム色の大理石の、低い壁に囲まれている。墓石は、1つの角が変に欠けて、そこだけ茶色くなっていた。紙の上に紅茶をこぼしたようだ。砂利はまばらで、湿った黒い土が下にあるのが見える。乾燥と湿気、異質のものが共存する風景だった。砂利の隙間には、いろいろな雑草が生えていた。スカンポ、タンポポ、アザミなどなど*だった。そしてそのあいだにシロイヌナズナが数株。砂利に星をちりばめたかのような、星形のロゼット葉。

　シロイヌナズナ探しは済んだ。私が見つけたのは、3株のシロイヌナズナが描く曲線だった。その3株はすべてほぼ同じ齢で、たぶん去年落ちた種(たね)から発芽したものだろう。日々研究室で見ている植物だが、これは人に栽培されたものでも、人が意図的に播いたものでもなかった。

　まずすべきは、この中から1つを選ぶことだ。3つ並んだシロイヌナズナの、真ん中にあるものにしよう。ロゼットは風に打たれて、だいぶくたびれている。外側のもろい葉が、内側の新しい葉でできたらせんを囲んでいる。これが私のシロイヌナズナ、わが観察対象だ。この植物の一生の過程をノートに記録しよう。これを選んだ時、一瞬、これから起こる出来事を考えてわくわくした。シロイヌナズナは不安定な環境に強い植物だ。やせた土地や壁の上、水の供給が不確実な場所に種(たね)を落とす。こうした場所は乾燥したり、浸水したりと、変化が激しい。シロイヌナズナは、このような変化にも立ち向かえるようにできている。しかしその生活は、常に危

*スカンポ、タンポポ、アザミなどなど：原文はdocks、dandelions、thistles。いずれも日本産のものとは同属ながら別種（群）をさす一般名。

墓のスケッチ

険と隣り合わせである。

　まずは、そう、このシロイヌナズナの描写だ。初めてシロイヌナズナを見るようなつもりで書いてみよう。どこから始めようか？　最初は、遠くから見た様子を、次に、近くで観察した様子を描写してみよう。

　墓石から数フィート[*]下がったところに生えているその植物で、最も印象的なのは何だろう？　まずは、その色だ。灰色の砂利と暗い土を背景に、緑が映えている。この距離から見ても、その色が一様でないことが分かる。若い、真ん中にある葉は、深く青色がかかった緑色で、外周にいくにつれて

*数フィート：1フィートは約30センチメートル。

2月 February

緑色の深みが薄れ、黄色に変わっていく。それぞれの葉の緑はマーブル模様となり、この世界に向けて平らな面を作っている。

次に印象的だったのは、その構造だ。シロイヌナズナは、いろいろな軸に対して対称な形にできている。たとえば、葉の形をとってみよう。先端から葉柄まで、葉の真ん中を通る黄色に近い薄緑色の線が、葉を対称な左右半分に分けている。そして対称性は、シロイヌナズナの全体にも及んでいて、葉の位置も、対称性によって決まっている。横から見るとシロイヌナズナは、周りの土壌に満足して立つ小さな茂みのようになっている。低いところにある葉は浅いアーチ形で、先端と葉柄の基部が地面に接している。高いところにある葉は、より宙に向かって立ち上がっているので、シロイヌナズナは垂直方向にも対称な形をしている。今度は近くに寄って、シロイヌナズナを見下ろしてみよう。ロゼットは星形だ。葉の先端は中心とは反対方向を向いて放射状に並んでいる。先端をたどっていくと、円が描けそうだ。私は、レオナルド・ダ・ヴィンチの、手足を広げた男性の、手先足先に接して円が描いてある絵*を思い出した。今見ている絵では、シロイヌナズナがその円の中心だ。

もっと近くに寄って、数インチ*の近さでシロイヌナズナを見てみよう。私はメジャーで、あちこちの長さを計ってみた。ロゼットの直径は約４インチ。いちばん高いところで、地上から約1.5インチ。その質感もよく見えてきた。植物には毛が多い。この毛が葉柄や葉の表面に輝きをもたらしている。手を伸ばして、葉を２本の指ではさんでみると、ベルベ

*レオナルド・ダ・ヴィンチ……描いてある絵:「ウィトルウィウス的人体像」1490年頃。

*数インチ：１インチは約2.54センチメートル。

対称軸

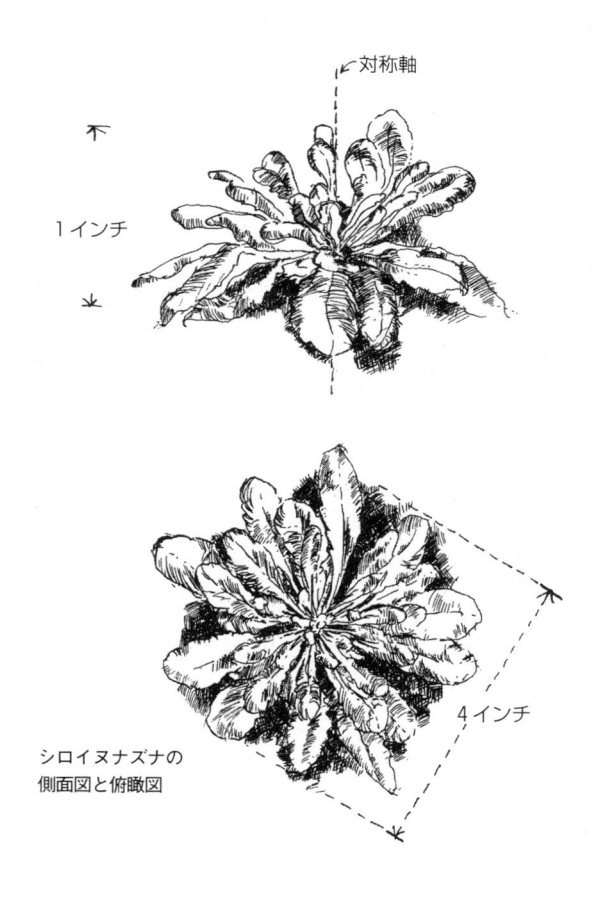

1インチ

4インチ

シロイヌナズナの
側面図と俯瞰図

ットのような手触りだ。葉はしなやかで柔らかく、簡単に曲がる。

　もちろん、シロイヌナズナにはもっと他の、目には見えない構造上の特徴がある。この目に見えぬ特徴、隠された秘密も、もちろん目に見える他の特徴と同じく真実であり、その驚きの源だ。

　今日は、この植物を見つけられて本当に嬉しかった。シロ

2月 *February* 　35

イヌナズナを見つけたのが、世界中の死や再生を、何百年、何千年にもわたって祝福してきたこの神聖な場所だということも、何かふさわしい気がする。土から土へ、灰から灰へ、塵から塵へ、そして、種（たね）から種へ。この雑草は、命の壮大さと儚（はかな）さを体現している。

2月11日　水曜日

　このシロイヌナズナは、どうしてここで育つことになったのだろう。どうやってここに来たのか。種子は墓石の縁よりも内側の地面に散らばったのに違いない。いくつかは石の上に落ち、雨が降ったときに濡れて発芽はしたが、石が乾くと枯れてしまった。他の種子は、もう少し湿気の保てる場所、たとえば、砂利石に覆われた土の中に入った。こうした場所で彼らは、その、種子から若い芽生えまでの傷つきやすい時期を生き延びたのだ。

　これらの種子は、２００３年の８月に発芽したのだろう。そして９月、１０月には、若い芽生えとして身を定めた。小さなロゼット葉を裸の土と砂利の上に広げ、根をしっかり張って。１１月には初めて植物の成長のスピードが落ち、寒さが厳しくなるにつれて成長を止めた。そして今、新しい年の２月に、その成長がふたたび始まろうとしている。

　しかし、どうして種子がこのお墓に落ちたのかは謎である。ことに昨日、墓地を出る前に私は、少しばかりあたりを歩いてみたのだ。生け垣の近くは気をつけて見た。他のお墓も見て歩いた。しかしシロイヌナズナは他の場所では見かけなかった。シロイヌナズナは、この墓地では、私が見つけた場所

にしかないようなのだ。それを見つけた私は、運が良かった。

2月12日　木曜日
遺伝子と敏感さについて

　今日は静かだ。曇っていて寒い。しかし今朝は、季節が変わりつつある確かな感じがした。冬がもうじき終わり、春がすぐそこまで来ている。私がいる北半球が、太陽に向けて傾いていく。

　仕事の帰りに、シロイヌナズナの様子を見に行った。その葉には、厳しい冬を乗り越えた印が刻まれている。古い葉はロゼットの下に隠れていて、色が薄れ、茶色くしおれている。もう自分の重さを支えることができずに地面に着いている。中でもいちばん古い葉は完全に枯れて、経帷子（きょうかたびら）のように地面を覆っている。

　次に古い葉は、中心は緑色ながら、縁は幅広く黄色くなっていた。真ん中はまだ生きているが、縁は枯れかけているのだ。緑は、太陽光を吸収し植物の生命を保つのに必要なクロロフィルという色素の色である。縁が黄色くなっているのは、クロロフィルをそこから取り出し、他の場所で再利用するために、運び出してしまった＊からだ。これら古い葉はひどく痛んでいた。ナメクジやカタツムリ、その他の虫に食べられて、穴が空いたり欠けたりしていた。

　このシロイヌナズナは、厳しい冬にさらされてきた。強風に吹かれた。霰（あられ）に打たれた。霜に焼かれてきた。しかしまだ生きている。これは日頃、当たり前に起きていることだが、

＊運び出してしまった：正確にはこの場合、クロロフィルといっしょに働くタンパク質も、古い葉でいったん分解され、他に運ばれていく重要な要素である。植物の体を作るタンパク質のほとんどは、ルビコスというこのタンパク質なので、資源としてきわめて重要である。これらはいずれも運ばれた先でさまざまに利用される。もとの形に再合成されることもあるが、そうでないこともあるわけだ。

しかしこんなにも傷つきやすい生き物が、これほどまでに厳しい力に直面しても、なお生きながらえることができるというのは、やはり驚異的だ。

　植物がこうして生き延びられる秘密は、環境に対する素晴らしい敏感さにある。植物は感じ、応答し、だからこそ逆境をも生き延びる。この感受性は、遺伝子によってシロイヌナズナに授けられたものだ。つまり遺伝子は、植物に冬を切り抜けさせているのだ。植物は打たれ、痛めつけられ、傷つけられ、そう、それに辛うじて耐えて、なんとか生き延びている。

　突然、日が沈みかけて、家に帰る時間になっていることに気づいた。すぐにでも動き出したい気分になっていた。足がそわそわして、まるで足自体が動きたがっているようだった。この新しいプロジェクトに興奮していた。動き出したい気分になるのは、たいてい新しいアイデアが湧き上がってくるときだ。この気持ちを味わったのは、数カ月ぶりのことだ。

　そして家に帰るまでのあいだ、沼、森、マロニエや石といった墓地の景色と、細胞、核、遺伝子、細胞質、液胞、そして細胞壁などの顕微鏡で見える景色とを重ね合わせてみた。規模は違うものの、そのどれもが、この世界の景色なのだ。

2月13日　金曜日

シロイヌナズナのDNAの精製について

　今朝、朝食の後アリスが、DNAでどういう仕事をしているのか聞いてきた。彼女はすでに、全体の中から一部を分割し、取り分けることが、理解のための1つの道であることを

理解し始めている。植物のDNAの研究をするには、それを単離する必要がある。植物を形作る他のものから、DNAを精製し、分けてやらなければならない。そのプロセスをアリスに説明しながら、私は自分が初めてDNAを単離したときのことを思い出した。シロイヌナズナの芽生えを液体窒素に入れて、腕が痛くなるまで乳棒乳鉢ですり潰す。すると、非常に細かいオリーブグリーンの粉末ができ上がる。沸騰する液体窒素でできた、泥の泉だ。その後、タンパク質を分解する酵素と抽出液とを混ぜて反応させる。それからがいよいよ顕現だ。私にとってDNAを初めて見た瞬間である。教科書的には、「水溶液中のDNAを、エタノールを加えて沈殿させる」というところ。何でもないことのように聞こえる。しかし私は夢中になった。水溶液中に、ゆらゆらと浮いてくるものを見た。暑い日に大気中に見えるかげろうのようだ。DNAの鎖が、下にある水の層から、上のアルコールの層へと移動して、層の境目で沈殿する。そのDNAの動きが2つの液層の光学密度を一時的に変えるので、光を屈折し踊っているように見せるのである。この液層を互いにそっと混ぜながら、徐々にでき上がるDNAの灰白色に毛羽立った球を眺めていた。その翌日、引き続きの精製段階で、紫外線を当てると蛍光を発する色素で目印をつけ、紫外線を当てたとき、ふたたびDNAが見え、興奮はさらに高まった。暗い、濃度勾配がついた液体の中で輝く、オレンジイエローの塊は、晴れた夏の日の雲のようにうねり、でこぼこしていた。その過程はもちろん、化学的、物理的なものである。しかし、私はそれに畏敬の念を抱いた。目の前にあったものは、素晴らしも畏れ

多い生命の本質だった。キリスト降誕を題材とした北方ルネッサンス美術の絵画に描かれたキリストのように、光を放っていた。

　DNAは、目では見ることのできない分子構造である。情報としての構造も持っており、遺伝子を構成している。もちろん、初期の遺伝学者は遺伝子を見ることができなかった。彼らはその存在を、遺伝的形質について研究することによって、推測した。しかし最近になって私たちは、遺伝子がDNAの一部であること、遺伝子が線状に並んだ配列、暗号であることを知った。遺伝子が活性化されると、この暗号はメッセンジャーRNA（mRNA）と呼ばれる第二の分子にコピーされる*。するとこの暗号は、今度はmRNAから読み取られて第三の分子を作るのに使われる。この分子はやはり配列情報を持つもので、タンパク質として知られているものだ。タンパク質は活性を持つ細胞の構成要素で、生命を機能させている。この機能を果たすために、タンパク質はそれ自身の線状の配列を折りたたみ、包み込んで、立体構造を取る。つまり遺伝子（DNA）は、タンパク質のもとになるRNAを作るのである。

　これが、私が今日アリスに説明しようとしたことである。しかし、朝食の時間は慌ただしい。加えて私は、言葉そのものが──DNAやmRNA、タンパク質といった単語が──あまりに多くの意味を内包しているために、理解を受け渡すのに大きな妨げとなっていると感じた。しかしこれらは、生命の過程を科学的に記述する際、今では非常に一般的な言葉となているのである。

＊**第二の分子にコピーされる**：これを生物学上は転写transcriptionという。文中後出の「転写因子」はこの過程を司る因子である。

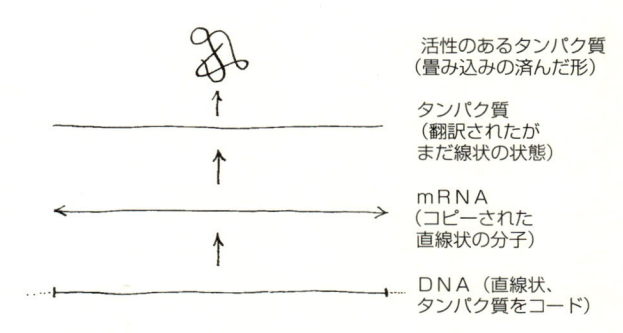

活性のあるタンパク質
(畳み込みの済んだ形)

↑

タンパク質
(翻訳されたが
まだ線状の状態)

↑

mRNA
(コピーされた
直線状の分子)

↑

DNA(直線状、
タンパク質をコード)

DNAがmRNA(メッセンジャーRNA)にコピー(転写)され、それがタンパク質に翻訳され、さらにそれが立体的にたたみ込まれて、最終的に活性のあるタンパク質構造を取るまでの概念図

2月14日 土曜日

　静かで穏やかな日だ。空は低い雲に覆われていた。ウィートフェンは、藁色からさび色にいたるまでさまざまなトーンの茶色に覆われていた。前回来たときよりも、水かさがだいぶ下がった。広々とした沼地の風景だ。この沼地の景色は、地形、気候と、そこに住む生き物たちによって成り立っている。

　これはシロイヌナズナや、それが育つ墓地とまったくいっしょだ。シロイヌナズナが今こうしてあるのは、その内(遺伝子)と外(環境、外界)との相互作用の結果である。冬のあいだ、シロイヌナズナは空気の冷たさを感じ取ると、細胞を寒さから守るタンパク質をコードした遺伝子を活性化させる。ここで活性化されるそれぞれのタンパク質が、どのように機能しているかは、まだ分かっていない。しかしその制御

の一部として、転写因子というタンパク質が知られている。転写因子は特別なタンパク質だ。それ自体が遺伝子にコードされている上に、翻って他の遺伝子の活性化を調節するタンパク質なのである。

　ここで、使うと役に立つ新しい言葉を登場させよう。「コードする」という言葉だ。まったく、私としては少しばかり尻込みしてしまう。しかしこれは遺伝子が、タンパクという構造になる情報を持っていることを、最も適切に表現してくれる単語だといえる。だからこそ、コードという言葉は遺伝学の分野において、こんなにも一般的なものになったのだ。

　昨日説明したように、遺伝子はDNAの一部分からできている。そこにはタンパク質をコードする*部分（ここからmRNAが読み取られる）がある。その前にあるのが、プロモーターと呼ばれる配列だ。転写因子がプロモーター領域に結合することによって、タンパク質をコードしている領域がmRNAへとコピーされ、やがてそのmRNAは引き続きタンパク質に翻訳される。異なる遺伝子のプロモーター領域は、異なる配列を持っているため、特定の転写因子は、それぞれ特定の遺伝子を認識することができる。

　シロイヌナズナの話に戻ろう。１１月になり、どんどん気温が下がっていくと、CBFという名前の転写調節因子をコードする遺伝子が、活性化される。その遺伝子の活性化はmRNAの合成を引き起こし、その結果、立体構造を持つCBFタンパク質が作られる。するとCBFは、他のいくつかの遺伝子（図の中の遺伝子1、2、3などだ）のプロモーター領域に結合し、それらを活性化する。そこで活性化される遺伝子群

*タンパク質をコードする：遺伝子は最終的に特定のタンパク質として働くのがふつうである。しかし遺伝子はDNAでできていて、タンパク質ではない。特定のタンパク質を作るにあたり、その部品となるアミノ酸をどういう順番で並べればよいかは、DNA上にA、T、G、Cの4種の「文字」で記されている。それを本文にあるように「読み取り」「翻訳する」ことで初めて、遺伝子の情報は、タンパク質として取り出されることになる。これを暗号コードの解読になぞらえ、そうしたタンパク質の情報を持つ遺伝子のことを、そのタンパク質を「コードする」遺伝子と表現する。

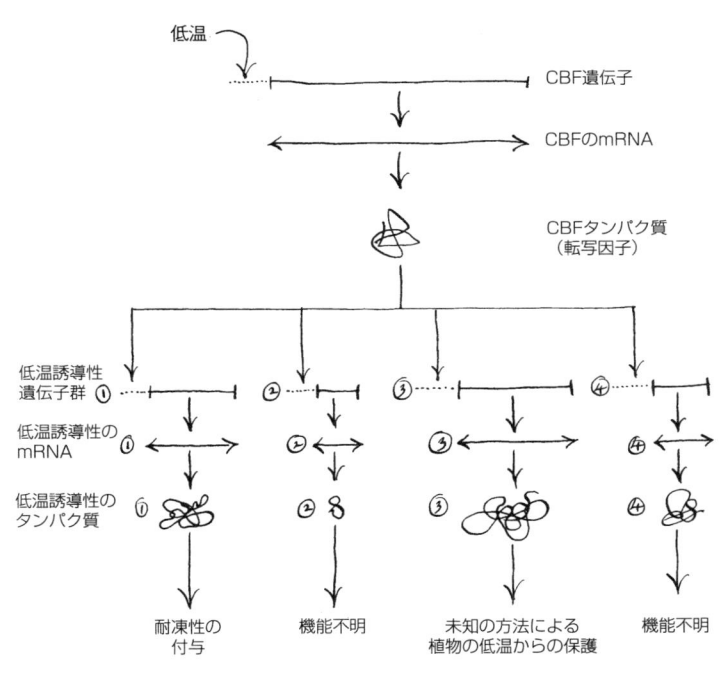

低温によって誘導される遺伝子活性化の連鎖反応（カスケード）。低温によってCBF遺伝子のプロモーター部位（点線の部分）が活性化される。するとCBFのmRNAが作られ、それがさらに活性のあるCBFタンパク質に翻訳される。CBFタンパク質は次に遺伝子1、遺伝子2、遺伝子3といった遺伝子群のプロモーター領域を活性化する。これらのCBFタンパク質によって活性化された遺伝子群が作るタンパク質は、シロイヌナズナが寒さに反応する際、それぞれ異なった働きを持つ。

は、さらに深まる寒さのダメージからシロイヌナズナの細胞を守るタンパク質をコードしている。すべてのプロセスは、こうした一連の出来事のカスケード（連鎖反応）になっており、最初の刺激から始まって次々と反応が進むように繋がっている。寒さによって誘導される2番目の遺伝子群は、植物

の細胞の中で特定の機能を持つタンパク質をコードしている。たとえば、そのうちの1つは凍結を抑制する機能を持つ。植物細胞の大部分を占める水の、物理的な特徴を変えることによって凝固点を下げ、細胞の中身が凍る危険を下げるのだ。こうした遺伝子の機能によって、環境を感じ取り応答できるからこそ、植物は冬を生き延びられるのである。

　私にとって、これは連繋を示すものだ。植物細胞中の分子の世界と、外の世界とのあいだの重要な繋がりを示している。人はDNAを遠くのものと思いがちだ。日常生活とは縁遠いもの、「科学」の文脈の中でしか目にすることのないものと。しかしそれは間違っている。DNAや、DNAからなる遺伝子と、私たちの周りの世界には、直接の繋がりがある。環境が遺伝子の活性を変え、遺伝子が植物の性質を変え、植物が自然界に影響を及ぼす。生活に影響を及ぼす要素はたくさんあって、この循環も、その1つなのである。

2月16日　月曜日

　庭で、今年最初のスイセンが咲いた。例年より少し早いかもしれない。

　先週の金曜日に、論文（2月6日の記述を参照）が受理されたという連絡を受けた。暫定的な受理なので、レフェリーから指摘された、変更すべき点や質問などには、これから対応しなければならない。それでも私は興奮し、同時に安心した。今回、投稿した雑誌の編集者とレフェリーは、驚くほどの手早さで論文を扱ってくれた。それにレフェリーに指摘された点も、比較的簡単に対応できそうなものばかりだ。私は、

最終的な受理も近いだろうと自信を持った。決して確かとは言えないが。

2月19日 木曜日

　明るい。寒い朝だ。花木が、花芽をふくらませ始めている。庭で最初の、クリーム色のプリムラが咲いた。ここのところ、冷たい風が東から吹くようになっている。

　アリスとジャックから、どうしてそんなに頻繁にサーリンガムに行くのか、どうしてウィートフェンやセント・メアリーの墓地に通うのかと、しつこく聞かれている。だから今日は学校が終わった後、子どもたちといっしょに彼らの友達のテスを拾って、車でサーリンガムに連れて行くことにした。

　まずは、風が止まず、強くて凍み通るようなウィートフェンへ。アリスはすぐに凍え切ってしまった。彼女は不機嫌になって、普段なら興味を持つようなことも楽しめなくなってしまった。しかし、いたずらっ子のテスは、ジャックと連れ立ってはしゃいだ。二人はいっしょに走りまわり、危なっかしい様子で木登りをした。

　次に向かったセント・メアリーで、私は子どもたちにシロイヌナズナを見せた。しかしあまり興味を持ってくれなかった。「とても素敵ね、パパ」と、アリスは言った。寒くてまだ不機嫌だったのだ。風から逃れるために早く教会に入りたくて、植物を見ている余裕などなかった。ジャックも、「ただの雑草でしょ？　うちの庭に山ほどあるよ」と、ほとんど見てくれなかった。

　私たちは教会の中に入った。子どもたちは最初、木ででき

た鷲の書見台で、下にフクロウがついたデザインのものをおもしろがって見ていた。しかしすぐに他のことに興味を持ち始めた。手を叩いたり、叫んだりして、その反響を聞いたかと思うと、通路の周りを跳ねまわり、西から東へとかけっこをした。教会の平穏を壊していることで居心地が悪くなったので、彼らを急いで外へ出し、車に詰め込むと家へ帰った。しかし、子どもたちにすべて見せることができたのは嬉しかった。

2月23日　月曜日

　カーテンの隙間から入ってくる光が眩しくて目が覚めた。薄く積もった雪に反射した光が入ってきていたのだ。芝生は平らで白くなっていて、背の高い草がところどころ飛び出していた。

　雪なので、バスで仕事に行くことにした。二階建てバスの二階の、いちばん前の席に座る。目の前に広がっているのは、広い水平線だ。片側に、紫がかった雪雲が近づいてくるのが見えた。私は生命の儚さに思いを馳せた。この天気のための心地悪さ（冷たく濡れた足だ）は、生命の地球への適応を改めて示しているようだった。何と奇跡的だろう。大気圏には、こんなにも広く、生き物が耐えうる環境がある。しかし宇宙の大部分、青い空の外側には、生物が耐えられる範囲をはるかに超えた世界が広がっている。そこへ出たら、生き物は途端に消滅してしまうような、極限環境だ。地球はユニークな場所なのである。

2月25日　水曜日——灰の水曜日

　四旬節の断食の日が来た。簡素、質素を求めて。こうした浄罪を、私の意識に関してもやってみたい。たぶん、あまり根を詰めずに柔軟に考えれば、問題は白か黒にはっきりするのだろう。

2月27日　金曜日
分裂組織について——細胞の分裂と伸長

　夜のあいだにまた雪が降った。今朝はまだ寒い——雪が解けず、残っている。書斎の机に座って、光を眺めていた。さっきまでは不安定にちらちらしていた。しかし数分前から暗くなってしまった。また雪がちらほら降り始めた。それを眺めていると、頭にシロイヌナズナが浮かんできた。あのセント・メアリーの。私はそわそわしてきた。しかし今日は雪が多くて、サーリンガムに行くのは無理だ。いずれにせよシロイヌナズナは完全に雪に埋まってしまっている。想像と記憶を頼りに、その様子を思い浮かべた。

　シロイヌナズナのロゼット葉の中心には、他のすべての部分の源がある。ロゼットをなす何千という細胞*はすべて、もとをたどればロゼットの中心にあるその細胞群の系列に帰することができる。特別な細胞の集まり、「分裂組織」という名前で知られている構造だ。円形をしたロゼット葉の並びとして見えるものはすべて、この、目には見えない分裂組織に由来している。

　実際、分裂組織は茎のてっぺんにある。他の植物と同じように、シロイヌナズナのシュートは、葉が茎を取り囲む形を

---

*何千という細胞：シロイヌナズナの1枚の葉を構成する細胞の数は、葉のサイズなどにもよるが、柵状組織1層分だけをとっても細胞数で数万個ある。1枚の葉全体では10万の単位となるだろう。ロゼット全体ならばさらに1桁上と思われる。

している。しかし、シロイヌナズナの発生のこの段階では、茎はとても短く圧縮されていて、また、その周りをぎっしり囲む葉に邪魔されて、非常に見づらい。発生の過程で、細胞は分裂組織から供給され、下方へ流れていって茎や葉などを作る。

　植物の成長は、細胞の分裂と伸長に依存している。この様子を想像するのは簡単だ。まず、細胞を1つ想像してみてほしい。抽象化したもので良い。四角形だ。壁に囲まれていて、中の核には完全な遺伝子セットがある。想像上の、典型的な細胞だ（どこにもこんな形の細胞は実在しないが）。細胞が長くなって、正方形が長方形になる。すると、細胞は遺伝子を複製する。そして少し休む。それから2つの遺伝子セットが別れて、細胞の両極へ移動する。細胞は自分を2つに分けるような新しい壁を作る。もとは1つしか細胞がなかったところに、2つの細胞ができあがるのだ。これが分裂と増殖で、同時に起こる。1つの細胞から2つの細胞ができあがる。そして2つの細胞はまた伸長を始め、すべてのサイクルをまた繰り返し始める。細胞レベルでの成長はこのように進んでいる。私たちが普段見ている成長は、多くの細胞の分裂と伸長の結果なのだ。

　シロイヌナズナの茎、根、葉が、それぞれ特徴的な形を取るのも、細胞分裂によって可能になっていることである。シロイヌナズナは、今この時も成長している。雪にもかかわらず、また私が書き、考えている数分のあいだにも、初等数学の方式で細胞は少しずつ増えている。分裂組織にある細胞は、私がこのことを考え始めたときよりも、分裂に一歩近づいた

細胞壁 核（遺伝子）

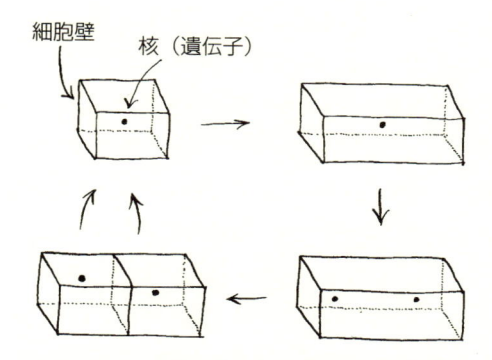

1個の細胞が2つに分裂するやり方　細胞はまず伸長し、それから核の中にある遺伝子を複製する。それから2セットになった遺伝子を2つの核に分けると、次に新しい細胞壁を作って、もとは1つだった細胞を2つに分ける。こうしてできた新しい細胞は、この過程を繰り返すことができる。

はずだ。春が近くなれば、気温が上がるにつれ、増殖のスピードは増していくだろう。良いことを考えついた。シロイヌナズナの分裂組織の細胞分裂のスピードは、太陽に対する地球の傾きで決まっている、と考えることもできるのだ。

　どうしてこの考えが良いと思ったのだろう。私はどういうつもりでこの表現を使ったのだろう？　書いてすぐに、私はこの表現に、もう少し意味があることに気づいた。しかしその意味はとらえにくい。感覚的で不安定で、表現するのが難しい。つかんだと思うと消え、意識のあいだからすり抜けてしまう。この表現を良さそうだと思ったのは、このシロイヌナズナの成長の記録が、少なくとも私にとっては、単なる生活史の記録以上のものだということを証するものだ。

2月28日 土曜日

　この大陸全体が、北からの冷たい風に包まれている。スコットランドではブリザードが吹き、昨夜の気温は零下8℃になったそうだ。ここノーフォークでも、昨日の雪は昼間に少し溶けたが、夜また大雪が降った。窓から見える生け垣も低木の茂みも、雪に覆われて葉っぱの形が目立ち、でこぼこしていた。

　またセント・メアリーに行くのが難しくなった。行っても、シロイヌナズナは雪に埋もれて見えないだろう。だから想像の世界に戻ろう。心の目で、分裂組織の構造を見てみよう。

　ここで見ているものもまた、抽象的なものだ。周辺は無視して、中心に焦点を当てる。そうすると分裂組織が、数百の細胞からなる、直径150マイクロメートル*ほどのボール状に見えてくる。分裂組織にある細胞は、植物の他の部分にある細胞よりも小さい。なぜなら分裂組織の細胞は、伸長の時間が非常に短く、すぐに分裂するからだ。細胞壁の中には、タンパク質と他の高分子が水に溶けてできたゲル（細胞質と呼ばれるものだ）がいっぱいに詰まっていて、核（遺伝子を含む構造だ）も、その中に入っている。この分裂組織のボールは、植物の茎の先端にあるドームの、そのいちばん先端にある。私は分裂組織を、ドームの中にある球として想像し、図にもそのように書いた。しかし実際には、ドームの中の細胞群と、球をなす細胞群とを分ける明瞭な境界線は存在しない。この球は、植物の体の他の部分を作りだす細胞群、分裂組織の場所を強調するために描いたものであって、あくまで抽象的なものだ。

*マイクロメートル：
1マイクロメートルは0.001ミリメートル。

＊娘細胞のうち……押し出され：1つの細胞が分裂してできた2つの細胞を、もとの細胞の娘細胞と呼ぶ。分裂組織が維持されるためには、1つの細胞に由来する2つの娘細胞のうち、少なくとも片方がその場にとどまり、その親細胞と同じように分裂し続ける必要がある。こういう性質を持つ細胞を幹細胞という。幹細胞が分裂しながらも必ず自分自身を再生することは、分裂組織の維持に必須の事項である。分裂した娘細胞がともに他の性質を持つ細胞に「分化」してしまってはならない。こうしたことが続くと、分裂組織を作る細胞がいつか枯渇してしまうからである。

＊ボールの中心から……押し出されていく：実際は、シュート頂の分裂組織はこれほど単純ではない。特に、すべての細胞が、分裂組織の中心奥から湧き上がるようにできてくるような説明は誤り。シュート頂分裂組織は多層構造になっていて、それぞれ分担する層が異なる。

たとえば植物の体の

茎と分裂組織の関係

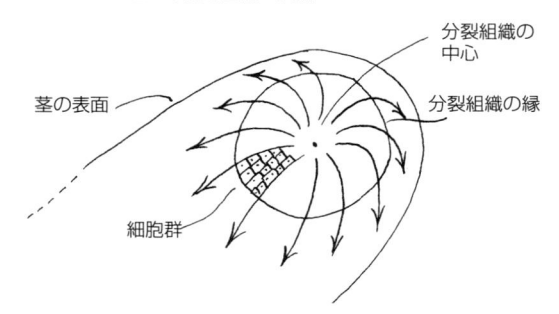

分裂組織の細胞が茎を作る方式 細胞は分裂組織（この図でボール状に示す部分）で作られ、図中に矢印で示す方向へと流れ出していき、茎を作っていく。
＊左に注記したとおり、この図はやや誤解を招きかねない。細胞が流れ出す方向を示す矢印は、分裂組織の奥から湧き上がるように書かれているが、実際には層ごとに細胞が供給される。

　重要な点は、分裂組織の細胞群が、決してじっとしているわけではないということだ。正反対にその細胞は、むしろ常に動いている。分裂組織は、茎や葉を作るための細胞の流れの源なので、そこで作られた細胞は、どんどん移動していくのである。その細胞の流れを図に示した。分裂組織にある多くの細胞は、分裂組織にはほとんどとどまらず、作られては植物の他の部分を作り出すべく移動していく。

　この分裂組織の構造については、その維持を可能とする遺伝子の働きが知られている。その構造は、そこで起きる細胞分裂の速度に依存する。分裂組織のボールの中心にある細胞は比較的小さく、ときどきしか分裂しない。分裂すると、その娘細胞のうちの片方は遠くへ押し出され＊、ボールの表面に移動する。ボールの中心から遠ければ遠いほど、その細胞

2月 *February* 51

はより頻繁に分裂するようになり、遠くなら遠くほど、そこでできた娘細胞たちは、より早く外へと押し出されていく。

ボールの表面では、細胞は比較的速く分裂し、伸長している。この細胞分裂の速度は、WUSCHEL*というタンパク質によって調節されている。WUSCHEL（ドイツ語の「整頓されていない」という意味の単語から名づけられた）は最初、分裂組織の構造が乱れる変異体をきっかけに発見された。WUSCHELは分裂組織のボールの中心にある細胞に対し、茎や葉を作るのに十分な速度で分裂させている。WUSCHELタンパク質が作れない植物では、分裂組織の中心*にある細胞が分裂せず、植物を形作るための細胞が供給されなくなる。一方、WUSCHELをたくさん作り過ぎる植物では、ボールの中心*にある細胞が、過剰に分裂してしまう。さらに正常な植物の場合、このWUSCHELの量をフィードバック*によって調節する第二のタンパク質がある。そしてその第二のタンパク質をコードする遺伝子がある。このタンパク質（WUSCHELの調節因子と呼ぼう）は、WUSCHELをコードする第一の遺伝子の発現を抑えることで、WUSCHELタンパク質の生産を阻害している。翻って、WUSCHELタンパク質は第二の遺伝子の発現を促進する。このような調節のループを、「恒常性」ループと呼ぶ。ある事項の恒常性を維持するしくみとして、生物学の世界では馴染みの言葉である。

分裂組織では、そこでできた細胞がどんどん移動し、出ていくにもかかわらず、常に一定の大きさを保っている。WUSCHELのループは、この、分裂組織を一定の大きさに維持するメカニズムのうちの、ごく小さな一部分に過ぎない。

表面を覆う表皮の細胞は、常に分裂組織の表面にある細胞から作られており、ここでいう「ボールの中心」から作られるわけではない。逆にその内側の層の細胞群は、分裂組織の内側の層にある細胞から作られていて、「表面に移動」することはない（下図）。

シュートの場合、幹細胞にあたる細胞は、分裂組織の中心部にある分裂活性が低い細胞（本文に登場するWUSCHELを発現している細胞にあたる）ではなく、それよりも表面に近い、表層を含む数層からなる細胞群と理解されている。以下の本文中の「分裂組織の中心」はいずれもその細胞群であって、WUSCHELを発現している芯の部分の細胞ではない。

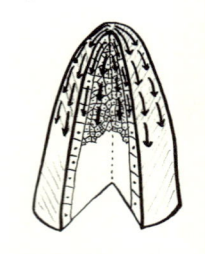

*WUSCHEL：ウッシェルと読む。

*分裂組織の中心：左に注記したとおり、ここでいう「分裂組織の中心」は、分裂組織の芯の部分ではなく、分裂組織の表面を含む数層の細胞群と読み替えるのが正しい。WUSCHELは芯の部分で発現して、遠隔操作的により表面側の数層の細胞群の細胞の分化を制御する。WUSCHELがないと、分裂組織の幹細胞がその娘細胞を幹細胞として維持し続けられなくなり、娘細胞が分化してしまうため、その結果として分裂組織は使い果たされてしまうのである。

*ボールの中心：ここも上と同様に分裂組織の表層を含む数層の細胞群。

*フィードバック：図のように、1つの結果がまた巡り巡ってもとのところに影響を返すようなしくみのこと。生命現象の多くは、このフィードバックによって制御されている。

WUSCHELのループ

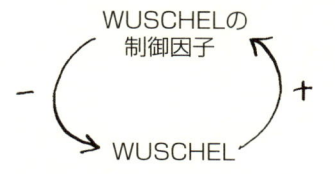

WUSCHELの働き　WUSCHELは、分裂組織の中心奥にある細胞の増殖を促進する。しかしWUSCHELはそれとともに、WUSCHELの働きを阻害する制御因子の合成も促進する。この負のフィードバックが、WUSCHELの恒常性を維持している。

*WUSCHELは訳注にあるように、より表面に近い部位にある分裂組織の細胞（幹細胞）に働きかける。ここで示されているループは、実際のところ、細胞をまたがったループである。

分裂組織の中の、細胞内の遺伝子群が、いったいどうやってシグナルの特定のパターンとか地図とかいったものを作るのだろうと、不思議に思う人がいるかもしれない。このパターンに基づいて、今度は他の遺伝子が分裂組織の細胞の活性を調節する。そのパターンは、描き上がったそばから読まれていくものであって、読むことによって次に描かれるパターンが変わり、また、描くことが読むことにも影響を及ぼすという性質のものである。これは複雑なループで、私たちは、ようやくそれを理解し始めたところだ。

2月29日　日曜日

どのように葉の形作りは始まるのか

昨夜と今日、また雪が降った。今もまだ降っている。雪の質感は昨日と違う。昨日は小粒で固かったので、明瞭で点々

と降ってくる感じだったが、今日の雪は大きくふわふわしている。庭も空も一面、白くて、境目が分からなくなってしまった。雪が積もった小枝や枝は陰影がはっきりしている。表面に積もって、枝の上下がはっきり区別されて見え、木々もより立体的に、エッチングの中の景色のようだ。

　シロイヌナズナも、雪に埋まってしまっているだろう。だから今日は、想像でその分裂組織を眺める３日目になる。昨日の、ボールとドームのイメージが、今日のイメージの基礎だ。でも今日のイメージの方が完成度が高い。葉のでき始めやその位置決めについて説明しよう。

　まず初めに、シロイヌナズナの葉がどのように配置されているかの概略だ。葉は１枚１枚、その葉柄で、ロゼットの中心にある茎についている。このようにいくつもの葉がつくことによって、円盤状のロゼットができあがっているのだ。ロゼットは実はらせんが平らにつぶされたものである。葉のそれぞれの位置は、その前の葉がどこについているかで決まっていて、１つのらせんの上に載っており、このらせんが、茎を

＊角度は、常に137度：２枚の葉のあいだの角度は、必ずしも常に１３７度となるわけではなく、シロイヌナズナのようならせん葉序を取るものでは、ふつう最初の１対の葉は、ほぼ１８０度の角度で作られる。その後、新しい葉が出るたびにその角度が次第に小さくなっていき、１３７度付近の値に収束していくのである。この間の角度の変化は、いわゆるフィボナッチ級数に従った規則性を示す。なおシソのような対生の葉を持つ植物では、２枚の葉のあいだの角度は常に１８０度である。さらに３枚１組の三輪生の性質を持つ種類では、角度は１２０度となる。

葉のはじまり

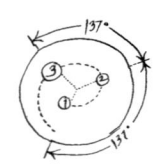

茎頂を上から見たところ　　茎頂を横から見たところ

葉序のでき方　突起の１、２、３は葉の原基で、分裂組織の周りを、茎を登って行くようならせんの上にできる。

＊未だに……謎：最近、この謎については、オーキシンというホルモンを細胞のあいだで輸送するしくみ（本書でもあとで登場する）が鍵であることが判明した。そのオーキシンの輸送に関して、あるルールを仮定すると、「ドーム」の中、オーキシンが高度に蓄積する場所が、らせん状に自動生成するのである。そのそれぞれの場所に葉ができるとすれば、茎の周りに葉がらせん状に並ぶことが説明できる。実際、分裂組織の中でオーキシンが溜まった場所に葉が形成されることは確かめられており、またコンピュータを使ってシミュレーションすると、この自動生成する"葉の位置"は、ある条件のもとで特定の角度に収束していく。条件を変えれば、らせん葉序のみならず、対生の葉などもシミュレートできることから、現在、基本的にこの仮説は正しいのではないかと考えられている。この仮説の詳細については塚谷・荒木編『植物の科学』放送大学２００９年などを参照。

　その先端から根もとまで巡り巡っているのだ。その配置は非常に美しい。1枚の葉とその次の葉、そして茎がなす角度は、常に１３７度なのだ。この角度も、分裂組織が決めている。

　葉の形態形成が始まるのは、分裂組織のドームの脇にある小さな細胞群が、その周辺の細胞群より早く分裂し始めたときだ。この選ばれた細胞群は、外に向かって細胞分裂し、ドームの横に１つの突起を作る。この突起が、新しい葉ができる場所の最初のサインであり、そこには葉を作るもとになる細胞が含まれている。この突起は次々に形成されていく。新しい突起ができる場所は、その前にできた突起との位置関係で決まっていて、ひと繋がりの２つの突起と分裂組織の中心との間の角度は、常に１３７度だ。これらの突起が最終的に葉になるわけなので、顕微鏡下でしか見えない、分裂組織の周りの突起の分布が、結果として茎の周りを取り囲む葉のらせんを作ることになる。目に見えないものが、目に見えるものを作り出すのだ。いったいどういうメカニズムで、ちょうど１３７度という角度が作られているのかは、植物学の中でも非常に興味深い、未だに解決されていない謎＊である。

　これでシロイヌナズナのシュートの、はっきりとしたイメージができた。運が良ければ、今日の雪でも分裂組織は大きなダメージを受けていないだろう。春が近づけば細胞分裂のスピードは上がる。すでに葉は数枚できていて、休止している突起は暖かくなるのを待っている。気温が上がれば、らせんに葉がつけ加えられていくスピードも上がるだろう。

　これらすべてを司る数学には、楽しいものがある。シロイヌナズナのロゼットの構造が、分裂組織の表面で次々にでき

2月 *February*　　55

る突起たちを隔てる円弧のなす角度1つに要約できるということだ。

　時間もずいぶん経って、もう暗くなり、また雪が降り始めた。雪は風に吹かれて、通りの光の中を斜めに落ちてくる。私は、この雪が大陸をすっかり覆って降っている様子を想像した。ここノリッジから、セント・メアリーのシロイヌナズナに、ウィートフェンに、ヤーマス*に、そして灰色の広大な北海に。

　この自然誌プロジェクトはおもしろい。私は楽しんでいる。しかしまだ、これを始めたきっかけとなった問題を解決するにはいたっていない。

*ヤーマス：Yarmouth イングランド中部、ノーフォーク州東部の、北海に面した都市。保養地として古くから知られた港町。

3 月
March

3月1日　月曜日

細胞の構造——生命と非生命を区別する

　季節が変わりつつあるのを、今朝は強く感じた。起きて紅茶を入れるより先に、明るい光がカーテンの隙間から差し込んできたのだ。厳しい寒さの中、自転車で仕事に向かう。凍った雪がタイヤの下で割れ、くだけた氷が泥に混ざる。たぶん、氷点下4〜5℃だろう。それでも、今朝の私はエネルギーに満ちていた。

　それに昨日、最後に降った大雪も止み、太陽がそれを溶かし始めた。溶けた雪が木から流れ落ちてくる。庭に立つと聞こえてくる音が素晴らしい。落ちた水滴が何かを打つ音、雪の塊が滑り落ちていく音、屋根から溝に水が流れ込み、泡立つ音。まるで泉のようだ。山を流れる川の音が、鳥のさえず

りといっしょに聞こえてくる。生き返るような気持ちがした。しかし、やがて私は崇高な景色から、他から隔絶された客観の世界へと自分を切り替えた。

今週の仕事は、改訂版の論文に手直しを加え、雑誌の編集者に返す*ことだ。明日はイギリスにある他の研究所のグループとのミーティングがある。金曜日はウォリック*行きだ。こうしたミーティングのあいだにも、私のチームの研究は進む。近いうちに、予算申請書*も書き始めなければならない。

1日の仕事が始まる前に数分間、想像の世界に戻ってみよう。楽しみとして。昨日の夜、私はシロイヌナズナを研究室から持ち帰って、アリスに顕微鏡の下で見せてみた。アリスは目に映るものに夢中となった。葉の表面の景色—— 表面にある細胞や、葉の内部への入り口となっている穴などの風景に。アリスは、不思議の国のアリスみたいに、葉の表面にある穴をくぐり抜けられるような大きさになった気持ちで、顕微鏡を覗いていたのだろう。今、私も同じような視点で、細胞を想像してゆくことにしよう。セント・メアリーのシロイヌナズナを、葉の裏側から見る形である。一層ずつ進んでゆくので、スケッチが参考になるはずだ。

葉の表面には、表皮細胞の層、植物の皮膚にあたるものがある。その表皮細胞の中には、孔辺細胞と呼ばれる細胞が対になって点在する。ここは、穴状のゲートになっていて、表皮のあちこちで外気と葉の中の空気室とを繋いでいる。この孔辺細胞は、植物からのシグナルに応じて、縮んだり膨らんだりする。それによって、入り口が開いたり閉まったりするのだ。今日は寒いから、この入り口は閉まっていることだろ

*論文に手直しを……
編集者に返す：科学上の発見は、専門誌へ掲載することで初めて、正式な報告と見なされる。その場合、手続きは以下のようなステップを踏む。1．著者が原稿を執筆、掲載にふさわしいと思われる専門誌を選び、投稿する。2．専門誌側では、編集委員会がその論文の意義や主張の正当性を検討するレフェリーを選ぶ。レフェリーは、その研究分野の研究者の中で、編集委員が適任と判断する人物である。3．編集部からレフェリーとして選ばれた人物に連絡が行き、レフェリーは論文の要旨を見て、審査を引き受けるかどうか判断する。4．レフェリーは編集部から送られてきた論文原稿を読み、内容について意見をまとめ、編集部にレポートする。5．編集部は通常、2名以上のレフェリーからの意見を見比べて、原稿が掲載に値するかどうかを最終判断する。ここで掲載が拒否されることも多い。また大枠は掲載可とされたとしても、多くの場合は、レフェリーから修正意見がつ

き、著者はそれに対して対応を取らなくてはならない。ここで筆者は、その修正意見に基づき、修正原稿を用意しようとしている。

*ウォリック：Warwick

*予算申請書：ほとんどの国の場合、大学や研究所など、その所属機関から交付される研究費だけでは、現在の科学研究の多くは賄えない。そこで研究者はそれぞれ、国や民間の助成金を調達することで日々の研究を賄っている。そのため、研究室を主催している研究者の重要な仕事の1つは、資金調達のための書類作成である。自ら計画している研究内容がいかに意義深いものか、等々またその遂行に当たってはどのような規模の研究予算が必要か、を訴える予算申請書を用意し、それによって予算の獲得を試みるわけである。日本の場合は、こうした研究費の多くが、国の競争的資金である科学研究費補助金によって賄われている。

*光合成について……説明しよう：3月11日の項に解説がある。

う。しかし暖かいときには、この入り口は開き、空気室に外気を取り入れるとともに、水蒸気を逃がしている。空気室の壁となっているのは、葉の中にある葉肉細胞の表面だ。これらの細胞は、空気室に入ってくる空気から二酸化炭素を取り込み、光合成（光合成については後で説明しよう[*]）に使う。二酸化炭素はこれら細胞の外壁をなす細胞壁を通って、細胞の中へと旅を始める。この細胞壁は、分子でできた繊維を編んだものだ。布や紙のような織物である。

細胞には、たくさんの水が含まれている。特に細胞の中心には薄い膜に包まれた水があり、これは液胞（えきほう）と呼ばれている。この水の袋の周りを取り囲んでいるのは、薄い層になった細胞質だ。したがって、細胞の構造は一層ごとにとらえることができる。まず、細胞を包んで守っている紙袋のような細胞壁。細胞壁の下には、細胞膜に包まれた細胞質がある。その細胞質の中には、また別の膜に包まれた中央液胞がある。全体から考えると割合は小さいものの、大切なのは細胞質だ。

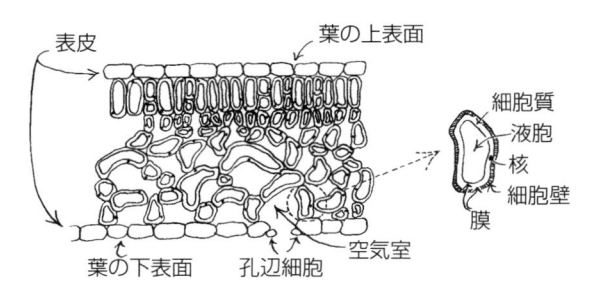

葉の横断面　下面の表皮には孔辺細胞が穴を作っていて、外気を葉の中の空気室に導く。右は空気室の壁に相当する葉肉細胞の拡大図

3月 *March*　59

その細胞質も、さらに細分化することができ、そこには遺伝子群を含んだ核や、細胞の生命活動のいろいろな部分に関わっているその他の構造（細胞小器官と呼ばれる）もある。

　抽象化を進めていくと、その次の段階として、分子がある。細胞のそれぞれの部分には、それぞれ異なるタイプの分子があり、それぞれ異なる性質を持っている。たとえば、細胞壁に含まれる繊維は、セルロース分子からできている。セルロースは炭素と、水素と、酸素の原子が長い鎖になったものだ。この繊維が強いからこそ、細胞壁は強い耐久性を持つのである。核の中にもDNA分子が含まれている。これは遺伝子を担う有名な二重らせんを作る分子であり、原子の集合だ。細胞質のゲルは、これまた異なる分子がいろいろ溶け込んだ濃いスープである。タンパク質、炭水化物、脂質、これらすべてが水に溶け込んでいるものだ。植物細胞の細胞質に含まれる成分は、私たちの体の細胞のものとほとんど同じである。

　生命は層構造だ。私たちはそれを、さまざまなレベルに抽象化して見ることができる。さまざまなスケールでも。分子、タンパク質、炭水化物、セルロース、そしてDNA。細胞小器官、細胞壁、細胞質、液胞、核。細胞、セント・メアリーの墓地のシロイヌナズナ、墓地を囲むマロニエ、沼地、さらに遠くには北海。そこで、私の頭に疑問が浮かび上がった。思いもよらなかった疑問だ。生きているのは、細胞の中のすべての部分なのだろうか。それとも、生きているのはその一部分だけなのだろうか？

　これは今までに考えたことのない疑問だった。しかし、今まで思いつかなかったことが不思議なくらい、本質的で、単

純な疑問だった。何が生きていて、何が生きていないのだろう？ 生物と、非生物の違いは何だろう？

　シロイヌナズナは生きている。植物の細胞も生きている。しかし、こうした細胞の中心にあるのは液胞だ。液胞の中の水は生きているのだろうか。細胞を囲む細胞壁は生きているのだろうか。細胞質は動き、呼吸し、代謝しているのだから、生きているような気がする。しかしそれも分子からできているわけだが、分子は、私の考えでは、生きていないと思う。遺伝子は？ 遺伝子は生きているのだろうか？

　さらに新しいイメージが頭の中に浮かんできた。バラの花びらが一枚落ちていく様子だ。花びらは地面に向かって落ちていく。空中をくるくると舞って地面へ。そして朽ち始める。深紅が茶色へ。花びらは縮れ、よじれる。セピア色の花びらに、暗い色の脈が見える。これが分解の過程だ。細胞は壊れて、それを構成していた分子に戻り、この分子は土の中の水に達する。分子はさらに秩序から放たれてゆき、それを構成していた原子やイオンに分かれてゆく。

　最終的に、花びらはなくなる。まったく何もなかったかのように。今や花びらを構成していたイオン、原子、分子は、地面と空気の中に広がってゆく。数年先にはこの原子が、ふたたび生き物の一部になる。小さい子どもが摘んでその甘い汁を吸う、草の茎の一部に。かつて花びらを構成していた原子が、地面に戻り、草の一部になり、子どもの一部になるのだ。

3月3日 水曜日

　今朝、私は論文の改訂版にいくつか修正を加えた。which をthatに変えたりといった、小さな手直しだ。そのとき、研究チームの一人が、ちょっと来て見てほしいと言ってきた。

　それで私は見に行った。私たちは実験結果について議論し、批判的に吟味し、その実験結果が示していると考えられることを議論したりした。しかし、私の中には疑問が生まれる。実験結果が示す潜在的な意味を考えるなんてもっての他で、私たちは、目の前にあるものをきちんと理解することすらできていないのではないだろうか。

　その実験の結果によって、私たちは、ある遺伝子のDNA上の配列を求めることができるようになった。その結果は非常に興味深い。長年探してきたものが、もうじき手に入ることを示していた。私たちは、この遺伝子に変異が入った植物を探していたのだ。あと数カ月もすれば、ようやく見つけることができそうだ。

　しかし、どうしたら読者の皆さんにこの興奮を理解してもらえるだろう。ここで大切なのは、この実験の背景だ。ところが、これを、その重みと波及効果とを含めて完全に理解して伝えるのは難しい。説明に必要な言葉が、一般的に使われる言葉と違うのが原因だ。ここに専門性という問題がある。これが私たちを分断している。人々はそれぞれ異なる言葉で喋る小さな集団に別れている。それぞれがこの世の中を理解しようと努めているのに、お互い見たものを1つに統合することができないのだ。

3月4日 木曜日

　今日は穏やかだ。光は灰色で、均一な靄(もや)が地面にかかり、同じように均一にたれ込めた雲と混ざり合っている。

　論文が完全に受理*された！ 編集者と雑誌側からの返事は、素晴らしい速さで返ってきた。改訂版の論文を提出したのは昨日の午後遅くのことだった。それが今朝一番にはもう、「論文は受理されました」というメールが届いていたのだ。それで私はシロイヌナズナの細胞について、もう少し考えることにした。以前、私は細胞がどうやって細胞壁によって分割されているかを図に描いた。しかし実は、その図は部分的にしか正しくない。細胞の分割は完全ではないのだ。

　これはある程度、細胞をどのように見るかに依存している。細胞は確かに互いに離れている。互いに離れた島だ。膜と細胞壁に囲まれて、他の世界から分離された、それぞれ異なる島だ。

　しかし、細胞群は1つのコミュニティーを作っている。物理的な意味で、それらは交信している。細胞壁には、そこを通り抜ける糸状の細胞質があって、これが隣どうしの細胞を繋いでいるのだ。細胞どうしは、この糸を通して互いに交信し合っている。細胞のあいだでメッセージを運ぶ物質が、この糸の中を移動するのだ。さらにまた、膜と細胞壁とは、特定の物質のみを選んで通す性質がある。ある細胞から隣の細胞へ移すかどうかを調節しているのだ（これは細胞質の糸による連絡とはまったく独立したしくみである）。

　つまり細胞の島々は実は群島を成していて、別れていると同時に、繋がってもいるのである。

＊論文が完全に受理：3月1日の注にあるとおり、投稿論文は最初、2つの運命をたどる。掲載拒否か、修正すれば掲載可、というものだ。修正せずにそのまま掲載されることは、まずないと言ってもよい。著者は修正意見に対してさまざまな対応をした後、改訂版を再投稿する。編集サイドでは、再投稿された論文原稿をまた審査員に回すのがふつうだが、最初の投稿段階ですでに完成度が高い場合や、運が良い場合には、編集部の独自の判断で掲載が許可されることもある。

3月6日　土曜日

葉の発生

アリスをウィートフェンに連れて行った。

風が少し冷たいが、比較的穏やかな天気だった。空は灰色だが、ところどころ青空も見える。太陽が、雲間にときどき覗く。

沼地の中の、草で覆われた道を歩いて、1本の柳の下に座った。遠くで水鳥の鳴く声が聞こえる。湿地は素晴らしい茶褐色のコラージュだ。チョコレート色の葉を頂きにつけた、薄い象牙色をした葦の茎に、栗色をした蒲の群れ。葦の茎は積み重ねられていて、ところどころ平行な直線が集まった層のように見える。その葦の下からは、誕生の喜びと痛みとを現すかのように。今年最初の緑色の穂が出ていた。平らにつぶれた葉の堆積からは、下に向けて先細りする先端がいくつも見えていた。しかし、長いあいだ座っているには寒過ぎた。アリスは移動しようと私を引っ張った。私はメモを書いていたのだが、寒さで手が動かなくなってきていたほどだ。

森に入ると、木々は逆光を受けてシルエットになった。とてもたくさんの枝。編み目のようだ。木の幹、枝、小枝と、先に行くにつれて細くなっていく様子が、葉がないせいではっきり見える。オーク樫の木の根もとには、ニオイニンドウ*が緑色の芽を出している。駐車場の近くには、スイセンとスノードロップ。

セント・メアリーに行ってみる。今や空は石盤のような灰色で、地平線の縁だけが明るかった。にわか雨だ。教会の墓地は、むっつりと黙り込んだマロニエたちの壁に閉ざされて

*ニオイニンドウ：原文のhoneysuckleは通常スイカズラと訳されるが、英国の本種は*Lonicera periclymenum*で、日本のスイカズラ*L. japonica*とは近縁の別種である。

いるようだ。この憂鬱な雰囲気は、お墓の前に哀れに横たわっている、霜にやられた一束の青いパンジーによってさらに強められていた。シロイヌナズナが育つ墓地に近づいてみると、何か変化があったらしいことに気がついた。地面の様子や色が違う。前以上に砂利が目立ち、緑が減っていた。土が前よりでこぼこしている。誰かがこのお墓の手入れをしていることに気づき、私は焦った。

　もちろん、このプランにはリスクがつきまとうことを、私は初めから認識していた。私が記録している生命の進行を、いつ、誰が止めても不思議はない。しかし、今回は難を逃れた。ほっとしたことに、墓地の他の場所はすっかり裸地となってしまったのに、シロイヌナズナとその周辺の植物は無傷だった。お墓を囲む壁の角に近いところまでは、草むしりが進まなかったらしい。どうして中途半端に草むしりを終えたのだろう。

　最後に見たときから、シロイヌナズナはロゼット葉が作るらせんをさらに延長していた。葉が2枚分増えているのが分かる。細胞が分裂組織から突起へと移動したのだ。その細胞はいろいろな方向に分裂し、伸長しているのである。素晴らしいのは、この細胞分裂が、混沌としたものではないということだ。突起から葉ができあがる過程には、一連の細胞分裂と、細胞伸長との協調があり、それゆえにこれを葉と認識できる代物、数層の細胞からなる平らな葉ができるのである。

　ただし葉の発生の道筋は、まったくの混沌ではないとはいえ、かといって厳格に決まっているわけでもない。混沌とした状態と、制御された状態の、ちょうど中間にあると考えて

いいだろう。この成長は、ある種単純な見方をすれば、数学のモデルで表すことができる。分裂組織の一部に生じる突起（葉の原基、もと）は、それができ始めてから一定時間後に、x個の細胞を持っているとしよう。そしてこの細胞はそれぞれ数回、そう、y回分裂するとしよう。すると葉を構成する細胞の数は、

$$x \times 2^y 個$$

と表すことができる。この数式の中の2は、いつどのように細胞が分裂しようと、その分裂の結果できる細胞は2つであることを表している。植物の細胞は、細胞壁で隣どうしが接しているので、もとのx個の細胞の1つからできた細胞は、増えるにつれ、一カ所に固まった細胞群を作ることになる。つまり葉は、2^y個の細胞からなる細胞群x個によって形成されるのだ。それぞれの細胞群は、突起を形成していたx個の細胞の1つの細胞が分裂してできた子孫に相当する。その細胞のどれもが、いずれは分裂し、伸長していく。細胞は、分裂するか、伸長するか、2つの可能性を持っている。そのどちらに進むかは、その細胞が2つに分裂する度に決まる。こうしたことの積み重ねによって、葉の形ができあがるのだ。

さて、ではこの数式に、位置的な概念を加えてみよう。細胞は、6つの面に囲まれた箱だと想像してほしい。分裂が、その面に対して垂直にしか起こらないと仮定すると、1つの細胞を2つに分ける方法には、① 上下、② 別の角度での上下、そして③ 左右に分裂面を作るという、三通りのやり方が考えられる。つまり、細胞の分裂面が持ちうる平面は三通りあるわけだ。

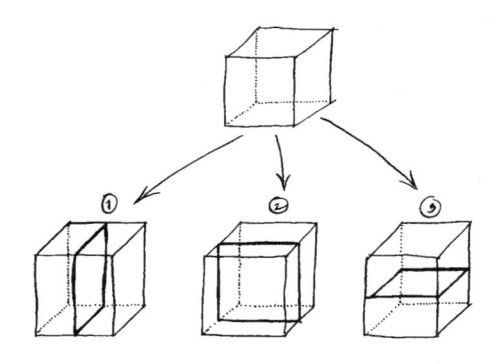

1つの箱を分割する際のいろいろなやり方

　細胞は分裂するときに、こうした平面から1つを選ぶ。ここでどの平面を選ぶかは、その子孫細胞群の塊の、最終的な形に影響する。さらにこの細胞群の形は、個々の細胞が伸長する方向によっても影響が決まる（たとえば、すべての細胞が1枚の壁のように1方向にのみ伸長して、他の方向に伸長しないということがあるだろうか？）。それぞれの細胞群の中でこうした形作りのしくみが働き、その積み重ねによって、葉の形が決まっていく。

　ここで、あることに注目してほしい。ある特定の形、大きさをした葉を形成する上で、x個の細胞すべての分裂、伸長をどう制御すればいいかという問題は、明らかに非常に複雑な問題だ。この問題を解決するいちばん単純な方法は、x個の細胞それぞれに、どのように分裂、伸長するべきかを前もって決め、指示しておくというものだ（たとえば、まず1回この面で分裂し、これだけの長さ、この方向に伸長せよ、その後は今度は反対の面で一度分裂せよ、といったように）そ

うすれば、それぞれの細胞がそのとおりに振る舞った結果として、葉の形ができあがる。この方法は、最も単純な方法であるだけでなく、他の生き物で、実際に行なわれている。たとえば、センチュウ類のある種では、細胞の運命*は発生の過程で、そんなふうに決められている。

しかし、葉はこのような形作りの方法を取っていない。1枚の葉が成長する度に、細胞は厳格に運命づけられた道を正確に進むというよりも、ある傾向に従って道を選ぶと見る方が正しいだろう。この傾向というのは非常に柔軟であって、あらかじめかっちりと決定されたものではない。

シロイヌナズナの葉は、それぞれ1枚1枚異なったやり方で分裂、伸長することによってできあがってくる。これは、ある特定の、1つの個体の話だ。世の中には、非常にたくさんのシロイヌナズナが他にもあり、この瞬間にもみんな、多くの葉を成長させている。これらすべての葉は、それぞれ個性的だ。私が今見ているシロイヌナズナの葉と、まったく同じ細胞の並べ方をしている植物は、1つもない。しかし、その成長の結果は、すべてほぼ同じである。1枚の、見るからにそれと分かる形の、同じような葉になるのだ。しかもそれは、他の種のものと見分けがつく、シロイヌナズナの葉、*Arabidopsis thaliana*の葉の形を示すのである。

いったいどうすれば、こんなことができるのだろう？私たちは、その答えを知らない。しかし、植物が生み出す細胞は、葉を作るための一連のパターンを示す地図を持っているはずだ。個々の細胞はそこに示されたパターンに沿って振る舞いつつ、互いがコミュニケーションを取りながら調節している

***細胞の運命**：*Caenorhabditis elegans*という学名を持つ線虫は、動物の発生のしくみを調べる上で重要な研究材料として扱われてきた。その研究の結果、この生物の場合、個々の細胞はかなり厳密に決まった発生の道筋をたどるよう、あらかじめ運命づけられていることがわかっている。

のだろう。ここで素晴らしい点は、先に述べたように、細胞たちは互いの振る舞いを決める上で、そのパターンを読み取りつつもそれを描いてもゆく、という点だ。

　また雨が降ってきた。服に浸みて体が濡れ始め、アリスも私も寒くなった。帰り道のこと、アリスは私に、あそこに立ってあの雑草をあんなに長い時間眺めていたとき、いったい何を考えていたのかと聞いてきた。それで私は、細胞と葉の成長について少しだけ話して聞かせた。アリスは興味を示した。彼女は頭の中でものごとを見つめるのが好きだ。だから一見非常によく似た葉が、実はそれぞれ異なる分裂や伸長を経た細胞群からなっていることに驚いてくれた。1枚1枚の葉というものは、今までもこれからも、同じものが決して再現しないほどに、個性的なものなのだ。この話で、アリスは最近読んだ本のことを思い出したようだ。その本は、雪の結晶はそれぞれまったく同じ法則のもとで作られているにもかかわらず、どうして1つ1つ形が違い、個性的な形を持つのか、という内容のものだった。

3月8日　月曜日

　昨日は、湿った寒い天気の中、教会の庭を歩いてみた。片側にしか木の植わっていない道があり、その木の根もとではクロッカスが花開いていた。白や黄色のもの、それから、紫の縦縞が入ったものもある。それらが、土を背景にして光っている。私は嬉しくなった。とてもかよわいものなのに、ここ数日の霜を耐え抜いたのだ。

　その後、夕食のときに、突然、脳裏にダーウィンの『種の

起源』のことが浮かんできた。自然選択による進化という、すぐれたアイデアが書かれた本だ。近代生物学の決定的な概念を構築した本でもある。生命の本質に対する、批判的な洞察だ。その主題は、生き物がどのようにしてさまざまな種へと分かれていったか、異なる種がどうして存在することになったのか、である。しかもそれと釣り合う形で、ダーウィンは、異なる種も、相違点よりは類似点の方を多く共有していることをも、その視野に見渡している。

今朝、東からの風はまた冷たさを取り戻していた。今晩は吹雪くかもしれない。私は体調がすぐれなかった。肩が凝り、背骨の付け根に痛みがあった。歳を感じたがそれを受け入れたくはなく、不安になった。

さらに、論文の発表をめぐる最近の競争のことを考えて、突然不安になり、混乱し始めた。競争相手ともっと連絡を取りあった方が良かっただろうか。実験を計画するときに、互いの状況を把握できていた方がいいかもしれない、などなどの懸念だ。

確かに、そうだ。もっと連絡を取った方が良い。しかし、どこで線引きをするかは非常に難しい。実際、何をもって「すべき」ことを決めたら良いのか。もちろん、これは競争だ。栄誉は一番乗りにこそ与えられる。下手に連絡を取ると、相手に先を越される危険性が高まるため、情報交換は行なわれないことが多いのだ。どちらにせよ、計画を立てるのは非常に難しい。サイエンスの道は、決して明確ではない。たいしておもしろくないと思っていた研究が、ある日突然、非常に重要なものになる可能性だってあるのだ。

しかし、こうしたことは好きではない。美しくない。こんなふうでなければ良いのにと思う。私の行動が、正しいと間違っているとにかかわらず、誰かを傷つけているかもしれないと考えると、いたたまれなくなる。私たちの仕事のこうした面に、私は不安になり、胃が痛くなる。しかし今日は、私は行動を起こした。自信を持たなければ。ヤクをあおって戦いに赴く*英雄のように、騒々しく。不安を抑えて。しかし意識の奥では、これらの英雄たちは悲劇を繰り広げていた。

もちろん同時に、反対の考え方もある。競争があるからこそ正直に、かつ、勤勉でいられるのだ。正直でいられる、というのは、自分たちと同じ実験を他の誰かもやっていることを思えば、間違ったことを論文にすることは絶対にできないからだ。勤勉でいられるというのは、その競争で、常にトップにいなければならないからだ。

3月9日　火曜日
遺伝子はどのように葉の表と裏を作るのか

ひどく寒く、風の強い日だった。霙（みぞれ）が窓に当たって跳ねていた。早く暖かくなってほしい。冬と春、寒さと暖かさが、ぐるぐると踊っているようでおかしい。天気予報をするおもちゃの家*の仕掛けから、雨男と晴れ女が出たり入ったりしているようだ。

葉の発生と構造についての話を続けよう。分裂組織の側面に生じた突起の細胞群が、葉のアイデンティティー*を持った構造を作り上げるのと同じように、葉の内部には、その場所ごとに特徴的なアイデンティティーを持った組織ができる。

*ヤクをあおって戦いに赴く：ここは著者のハーバード教授によると、古代ギリシャの英雄をイメージした表現とのことである。

*天気予報をするおもちゃの家：これは著者のハーバード教授によると、子どもの頃にあったおもちゃらしい。雨の予報のときには男が家から出てきて、晴れの予報のときには女が出てくるという仕組みになっていたそうである。「ここ何年も見ていないので、たぶん、今では見られないものかもしれない」という補足もいただいたが、ウエブサイトで検索してみると、確かにそのようなおもちゃの画像が引っかかってくるので、まだ入手は可能なようだ。それにしても、なぜ男の方が雨なのだろうか。ちなみに訳者

葉には、太陽の方を向く上側の面と、地面の方を向く下側の面とがある。ちょうど、葉の平面をその真ん中で上下２つに割くようなもので、頁岩を割ると新しく２つの平面ができるのに似ている。上面の半分と下半分だ。この分割には生物学的な意味がある。上面の半分は、おもに光合成の際に太陽光をとらえることに関わるのに対し、下面の半分は、ガス交換、つまり、大気から酸素と二酸化炭素を吸収することに関わっている。こうした上面半分、下面半分というアイデンティティーは、遺伝子に書き込まれている。葉の上面半分、下面半分になるよう、それぞれ細胞に指令を出すタンパク質をコードした遺伝子があるのだ。これらのタンパク質は、葉がまだ分裂組織の側面の突起に過ぎない頃の、葉の形成の初期に働きかけ、その突起を２つの領域に分けるのだ。たとえば、ある転写因子*は発生過程にある葉の突起の下面半分に存在するが、上面半分には存在しない。この転写因子は他の下面半分

の一人は自他ともに認める雨男である。

＊アイデンティティー：細胞群が具体的な器官や性質を獲得するのに先立ち、特定の運命づけを受けた状態を「アイデンティティーを持つ」と表現する。発生学の重要な概念の１つ。より詳しくは６月９日の項の訳注を参照。

＊転写因子：２月１４日の記述にあるとおり、DNAの配列は、いったんmRNAの配列に転写されて初めて機能する。この転写量は、さまざまな因子によって調節されていて、中でも転写因子というタンパク質の役目が大きい。

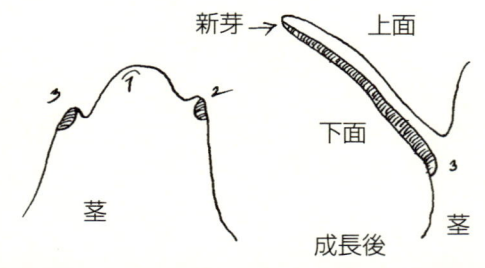

葉の原基で葉の＜下面半分＞を決める転写因子の存在領域　影をつけた領域に、この転写因子が存在する。左：葉の原基となる突起の下半分（２、３と書いたところ）。右：左で３とした葉の原基が後に大きくなってからの状態。この転写因子は葉の下面半分にのみ見られ、葉の上面半分には認められない。

を作るために必要な特定の遺伝子群を活性化することによって、細胞に、君たちは葉の下面半分を構成する部分だということを伝えるのだ。これは、上面半分にいる細胞に起きることの逆である。

3月10日　水曜日

アイデンティティーの本質

東から刺すような冷たい風が吹いていたが、今日もセント・メアリーに行った。植物はまだ成長していた。このあいだのあの周辺の草むしりも、シロイヌナズナにはほとんど影響がなかった。葉の成長は、毎日の温度変化に応じてその速さを変えながら、続いている。日中の暖かいときには速く、夜の寒いときには遅く。しかし、今日は指が痛いくらい寒いので、成長はわずかなものだろう。

アイデンティティーの本質について考えてみよう。葉はアイデンティティーを持っている*。葉の上下の面も、それぞれ領域としてのアイデンティティーを持っている。葉の中の細胞でさえ、それぞれが異なるアイデンティティーを持っている。これらの細胞のアイデンティティーは、葉の、そして領域のアイデンティティーと同じように、遺伝子の働きの結果としてできるものだ。

細胞の系譜が始まる分裂組織の中では、細胞はまだその原型にとどまっている。小さく、細胞質に富み、液胞を欠く。それが分裂組織を離れ、葉になる予定の突起の中に入ると、細胞は伸長し始める*。液胞ができ、広がる。同時に、細胞の変化が始まる。細胞が、ある特定のアイデンティティーを

*アイデンティティーを持っている：発生現象を扱う生物学では、ある細胞群が、あるAという特定の個性を運命づけられた場合、Aのアイデンティティーを獲得した、という言い方をする。まだ見かけ上はAになっていなくても、すでにAとしての個性づけが済んでいれば、そのアイデンティティーを持ったと考えるのである。6月9日の訳注も参照。

*細胞は伸長し始める：実際は「突起」の中では非常に活発に細胞分裂が起こる。その細胞分裂を行ないつつ、一部が細胞伸長を開始するのである。やがて細胞分裂が次第に低下し、その後、すべての細胞が伸長しきり、そうして葉の展開が終結する。

獲得し始めるのだ。細胞の種類の違いが明らかになってくる。こうした細胞の型は、もっともらしい名前を持っている。維管束の細胞である木部と篩部、柔組織細胞、海綿状組織の葉肉細胞などだ。こうした変化の過程、アイデンティティーの受け入れは、葉が成長する間中続くのである。

　この驚くべき変化は、どのように起こるのだろうか。葉の表面には、葉の発生のごく初期、突起の段階から、表皮として知られる一層の細胞の層がある。植物の皮膚だ。比較的均一な細胞層で、そこにある細胞はどれも形や大きさがよく似ている。葉が成長し、他の部分と同時に表皮が広がると、いくつかの表皮細胞は新しいアイデンティティーを獲得する。ここである選択が行なわれるのだ。大半の細胞は発生を続けて、ふつうの、平らな表皮細胞になる。しかし少数のそれ以外の細胞は他の道を選び、2種の細胞のどちらかになる。孔辺細胞（これについては以前触れた）か、トライコームかである。

　トライコームは毛で、ランダムながらある種の規則性を持ったパターンをとって、表皮の表面に散在する。葉を触ると、ベルベット様の感触がするのは、このトライコームがあるからだ。トライコームは、非常に変わったアイデンティティーを持った細胞だ。とがった枝と、固い細胞壁を持ち、平らな表皮の面から立ち上がっている。基本となる表皮細胞からのおおいなる変形だ。ここの変化も遺伝子の働きの結果である。植物は約3万の異なる遺伝子*を持っており、その中には若い表皮細胞をトライコームに変身させるために不可欠な遺伝子が1つある。それは、*GLABRA1**と名づけられた遺伝子で、

*3万の異なる遺伝子：シロイヌナズナのゲノム情報が2000年に解読され、その後も詳細な解析がなされた結果、タンパク質をコードする遺伝子の数としては約2万数千であることが分かっている。

*GLABRA1：グラブラ・ワンと呼ぶ。

この名前はラテン語で「滑らかな、表面にあるべきものがない、毛がない」という意味の言葉（glabrous）に由来する。*GLABRA1*遺伝子は、GLABRA1というタンパク質をコードしている。GLABRA1タンパク質を欠いたシロイヌナズナは、滑らかな表皮を持ち、トライコームはまったくない。これは、GLABRA1が転写因子、他の遺伝子に働きかけるタンパク質だからこそ起きる現象だ。GLABRA1は他の遺伝子を活性化し（おそらくは同時に他の遺伝子の働きを阻害し）、細胞をトライコームへと変身させる活性の、特徴的なパターンを作り上げる。GLABRA1がないと、この活性化パターンができず、したがって細胞はトライコームになることができないのだ。

実際、葉の発生の途中で、GLABRA1の活性は、次第にトライコームになるべき細胞に集中していく。葉がまだ突起であるような段階では、*GLABRA1*のmRNAは、表皮のすべての細胞にある。葉の発生が進むと、mRNAの局在が限られてくる。ある領域では消え、他の領域には残る。その活性が残っているところでは、近接する細胞にパッチ状に見え、そのパッチがだんだん小さくなっていき、最後には、1つの細胞に集中する。トライコームになるのは、mRNAを持つ細胞なのである。どのようにして*GLABRA1*の発現が徐々に制限されていくのかは、まだ明らかにされていない。非常におもしろい現象である。

遺伝学における命名法について1つ説明しておきたい。たいていの場合、最初に単離されるのは遺伝子だ。なぜなら、それが働かなくなると、何かが起こるからである。たとえば、

GLABRA1の遺伝子は、この遺伝子が働かなくなった変異体に毛がなかったことから名づけられた。しかし、この名前のつけ方は、反直観的かもしれない。正常な型の*GLABRA1*遺伝子の機能は、その名前が示すこととは反対なのだ。*GLABRA1*は、毛を作るために必要な遺伝子だ。このパラドックスは、シロイヌナズナの遺伝子の名前によく見られ、植物の発生のストーリーに沿ったこの手の通牒（つうちょう）で特徴づけられる他の多くの遺伝子に当てはまる。名前に関するポジティブなイメージと、ネガティブなイメージを考えると分かりやすいだろう。写真のネガと、その結果である写真のように。まったく反対だが、どちらも正しい描写なのだ。

　命名法に関しては、他の慣習もある。遺伝子の名前は、*GLABRA1*のように、斜体で書く。それがコードするタンパク質は、GLABRA1のように、ふつうに書く。この記述の慣習が、遺伝子とそれがコードするタンパク質の違いをはっきりさせ、より分かりやすくするのである。

3月11日　木曜日

葉の構造はいかに光合成の機能に関係しているか

　シロイヌナズナの細胞の種類は多様であり、それは生物の多様性を彷彿（ほうふつ）とさせる。そしてその多様性は機能と結びついている。葉を形成する異なる種類の細胞は、それぞれが異なる働きをするために特殊化しているのだ。葉の機能を細胞が役割分担しているのである。いくつか例を挙げると、葉は網目状の維管束の細胞（導管と篩管）を持っている。この維管束は、植物の中でネットワークを形成し、根からの水と栄養

を細胞1つ1つに運んでいる。他の例としては、表皮はワックスのようなクチクラを持ち、また、水とガスの出入りを調節する穴を持っている。柔組織と海綿状組織の細胞は、特に光合成（これに関してはすぐに説明しよう）の反応を行なうのに適している。

　この多様性の根元には、調和がある。アイデンティティーを持つ細胞への変化も、葉を構成する細胞のそれぞれの種類も、すべては個々の細胞が持つ遺伝子の中で、それぞれ異なるセットが活動する結果なのだ。さらに、異なる遺伝子セットが活性を持つということは、転写調節因子が、特定の細胞の発生に必要な遺伝子セットのスイッチをオンにしたりオフにしたりして、発現を調節するからである。

　では、これらすべてはいったい何のためなのだろう？　この疑問は、今朝シロイヌナズナのそばから墓地の向こう側の光と陰、芝の生えた土手の方を眺めているときに湧いてきた。私たちは生きている、無秩序が支配する世界、秩序が崩壊した世界に。ではなぜ、このように複雑な、系統立ったな構造があるのだろう？　なぜ茎の周りにらせん状に葉ができたりするのだろう？　いったい何のために？　振り返ると、まるでシロイヌナズナの葉たちが、彼らの目的を思い出させようとしているかのような、不思議な気持ちになった。お墓の角にしゃがみ込むと、まだ新しい若い葉が見えた。その葉は、地面にほぼ平行に平らに広がっている。しかし、地面に対して完全に平行ではなく、若干傾いていた。雲に隠れた太陽に向かおうとしている角度だった。

　葉を太陽に向けると、光合成効率を最大にすることができ

る。非常に巧妙で、かつ不思議な複雑さを感じさせる性質だ。葉にあるクロロフィルが太陽から光エネルギーを吸収し、そのエネルギーを使って水分子から原子を分離する。原子どうしは大きな力で結合されている。水分子を壊したことによって得られるエネルギーは、今度は二酸化炭素から糖を作るために使われる。この糖は、次に植物を成長させるために使われるのだ。すべての植物、動物、そして私たちもが依存する、奇跡的なプロセスである。今朝見たものを思い出しながらこうして書いていると、一見、私は光合成について書いているように見えるかもしれない。しかし、夜の暗い光の中で、鉛筆が私のノートの上を走っているのは、光合成が、それ自体について書いているのだ。

　葉の構造は、光合成に都合良くできている。葉は、進化の過程で、目的を達成するのに最適な形になった。それがこの構造をもたらしたのだ。光合成をするためには、必要なものが3つある。太陽の光、水、そして二酸化炭素である。シロイヌナズナの葉は、光の方向に垂直な、平面的な形をしている。これによって吸収できるエネルギーを最大にしているのだ。葉の上側の層では、細胞はしっかりと詰まっていて、クロロフィルをたくさん持ち、水を供給する脈と十分に連絡が取れている。それに対して、葉の下の層は空気が入る空間（下側の表皮細胞の穴と繋がっている）のある海綿状組織になっている。これにより、光合成に必要な二酸化炭素を取り入れるのである。葉は非常に精巧にできていて、光合成に必要なものを効率的に集めているのだ。形が機能に結びつく、と、生物学者はよく言う。数日前に書いた、下の層の転写因

子は、遺伝子の活性を調節することにより、機能的な構造を作ることに寄与しているのである。

３月１２日　金曜日

大雨の夜

今日、私は植物の最期にどういうことが起きるのかを目の当たりにした。お墓の角で、芝の葉に載った雨粒の、真珠のような輝きを眺めていた。それは柔らかいはずなのに、明るいところで見ると固そうに見えるものだと思いながら。すると、視界の端に何か動きが見えた。ナメクジだ。大理石の壁の足元から這い進み、シロイヌナズナに近づいていく。その体は長く黒く、粘液に包まれていた。頭には２本の触角が伸びたり縮んだりと揺れている。体の真ん中の部分は軽石のようにざらざらして、細くなっていく尻尾の表面には体側に沿って走る畝がある。ナメクジは目標に向かって進んでいた。シロイヌナズナに向かう道に、粘液の跡をつけながら。私は待ち、ナメクジがシロイヌナズナに触る瞬間を見た。ナメクジはシロイヌナズナを食べ始めた。まずは、古い葉の１枚を。その口は左から右へ、そしてまた左へと動く。ナメクジがそのざらざらした体でぶつかると、葉っぱ全体が前後に揺れた。ナメクジは食べるのを止めると、ふたたび進み、さっきと同じ軌道で這い進んだ。ロゼットの中心を目指して。危険だ。シロイヌナズナは葉の一部を失うくらいは平気だ。しかし、分裂組織への損傷は致命的なのだ。数秒のうちにナメクジは若い葉の端にたどりつき、食べ始めた。つい数分前まで私が考えていた、葉の構造や異なる種類の細胞たちを壊しながら。

私はその様子を見ていた。ナメクジが、数秒前に作られた糖や細胞質の中にあるタンパク質、葉という肉を食べるのを。徐々に、ナメクジは先端から基部側に向かって食べ進んだ。葉の形に沿って、ロゼットの中心に向かい、分裂組織にますます近づいていく。

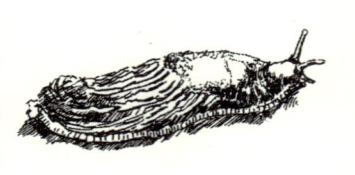

　しかし突然、ナメクジは食べるのを止めて別の方向に這っていった。海の上の船のように、数秒前までは退けようがなく思えたこの予想もしない出来事に、私は驚いてしまった。ナメクジは、他の植物には触れもせずに、新しい軌道を描いて、この小さな宇宙の外へと出て行った。それを見て、私は無意識に震えた。

　どうして私はナメクジを殺さなかったのだろう。そうするのがいちばん妥当だったのではないだろうか。しかし、あの様子を２０分間見続けていて、どうしても邪魔をすることができなかったのだ。ナメクジを殺したい気持ちはやまやまだったが、それは自然誌の精神に逆らうことになってしまう。その進行を妨げるようなことをして、自然の進行を適切に描くことができるだろうか。真の生命を反映した日記を書くのならば、どうしてそのバランスを一方に傾けるようなことができるだろう？

　急いでシロイヌナズナの損傷を確認した。かじられた古い葉は、その先端にかけて、固い脈を残して穴が空いている。食べられた若い方の葉は、ギザギザになった葉身が少し残っ

ているだけで、葉柄の近くまでなくなってしまった。私は、危機が過ぎ去って、ようやく落ち着く思いがした。重大なイベントを目撃したような気がしていた。1つの生命のエネルギーが、もう1つの生命へと移動したのだ。

それから春の灰色の空と、茶色の景色を、ウィーイトフェンに見に行った。淡黄色の葦は乾燥して、角張っていた。静かだ。鳥が飛んでいる。寒い。春が待ちどおしい。

3月13日　土曜日

DNAについて

春の到来の気分が高まる。明け方は薄暗かった。やがて素晴らしい光が射し、ときどき雨雲がやってきて暗くなる。これまでよりずっと穏やかな天気だ。午後には、あと数時間ですっかり春になるかのようだった。窓の外に見えるオーク樫は、枝先の新芽が、目で見えるくらいのスピードで膨らんでいた。

バスで街を横断した。中心部には、土曜日の買い物をする人だかり。突然私は、自分たちがここにいる理由、この都会の風景と木々や野原とがそう遠くない場所にある理由について、みながほとんど気にも止めぬまま、日常を過ごしているという事実が、とても奇妙に思えてきた。私たちはずっと、人間の存在の本質を知ろうとし、それを説明するためにさまざまな神話を作ってきた。今ではその少なくとも一部は、私たちも理解しているが、しかしまだ本質的な理解とは言えない。

私が言わんとしているのは、もちろん、私たちは遺伝子を

形作る物質、DNA分子の性質によって存在している、ということだ。DNAは直鎖状の分子で、2本の鎖が互いに絡み合っている、二重らせんとして知られる構造だ。それぞれの鎖は、4つの塩基*（A、G、C、Tと表記される）からなっていて、これらの塩基が、一見ランダムに、何千、何万と並んでいる。たとえば、GATCGTGTTAACT、というように。図を指でなぞってみてほしい。2本の鎖は互いに鏡像関係になっており、鎖を作る塩基どうしがきっちり組み合わさることで、相補的な対となっている。常に、GはCと、AはTと結合するので、上で例に示した配列の相補鎖は、CTAGCA-CAATTGAという形で、互いにぴったりと組み合わさるのである。この知識と私たちの現存在の理由とを、繋げて考えることをしないのはどうしてだろう。このような知見とは、隔たりを感じる人が多いのだろうか。

　その後は、セント・ジョージ*のコルゲイト*に、コンサートを聞きに行った。質素な内装。寒い。バッハのカンタータ「主よ、人の望みの喜びよ*」を含む素晴らしい演奏だった。トランペットが鳴り響き、背景に流れる音の上を心地よく漂う。私はこの曲の雰囲気が大好きだ。帰属意識が明確で、自分が世界の一部に確固として存在しているという自覚から来る自信を持っている人物（バッハ）ならではのものだ。今の私に欠けているもの。科学は、私たちの理解をより正確にする一方で、断片的にもしているのかもしれない。

3月14日　日曜日

セント・メアリーに行った。朝早く起きて、ここ最近の穏

*4つの塩基：A＝アデニンadenine、G＝グアニンguanine、C＝シトシンcytosine、T＝チミンthymine

*セント・ジョージ：St. George

*コルゲイト：Colegate

*カンタータ「主よ、人の望みの喜びよ」：J.S.バッハ（1685-1750）のカンタータ第147番＜心と口と行ないと生活をもって＞（1723年）の第2部終曲のコラール。さまざまな器楽曲編曲版でも親しまれている。

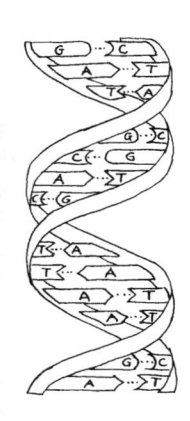

DNAの二重らせん

やかな天気の中、急いで自転車をこいだ。ペダルを踏むと、汗が胸を流れた。

シロイヌナズナのダメージは、前回に見たときからひどくなってはいなかった。休んで息を整えながら、私は、シロイヌナズナやその周りの植物を見て楽しんだ。食われた葉の跡はまだはっきり見える。他の葉は無傷だ。

実際、シロイヌナズナは以前よりも安全になった。しゃがみ込んで、食べられた葉を近くで見てみた。ちぎられた縁の部分は茶色くなり、触ると角質のような、以前とは違う固さになっている。これは、分子レベルで変化が起きたことを示している。新たな細胞壁が作られた。そして、新しい細胞壁も古い細胞壁も、以前より強化されたのだ。これによって蒸散を防ぎ、バクテリアや真菌の胞子から細胞を守る。傷を塞ぎきる前に、微生物が植物の体内に入り込んでしまった可能性もあるが……それは時間が経てば分かるだろう。

さらに他にも防衛線が敷かれている。食べられたおかげで、シロイヌナズナの存在は以前よりもずっと安全になっているのだ。ナメクジに遭遇して、"免疫"を獲得したのである。植物は、自分がかじられていることを感知すると、その時まさに食べられている葉の細胞の核にシグナルを送る。このシグナルは、ある特徴を持ったタンパク質をコードする遺伝子の活性を上げ、そのタンパク質を蓄積させる。この特別なタンパク質は酵素の活性を阻害するものだ。実際には、タンパク質を分解するある特定の酵素群の働きを抑える。ナメクジの消化器にある酵素の働きを阻害するのだ。

ナメクジが唐突に進む方向を変えたのは、消化不良のせい

だったのだろうか。たぶん。しかしそれにしては、ナメクジがシロイヌナズナを食べ始めてから、いなくなるまでの時間があまりに短かったような気もする。ナメクジはただ、他の種類の葉を食べに行きたかっただけかもしれない。どちらにせよ、消化酵素を阻害するタンパク質が蓄積したおかげで、葉は（少なくとも食べられずに残った小さな葉は）あれ以上の損傷を被らずに済んだのだ。

　さらにおもしろいことがある。影響を受けたのは、実際にかじられた葉だけではない。今では、植物全体に防衛線が張られているのだ。ナメクジにかじられた結果、最初に放出されたシグナルは、さらなるシグナル分子の生産を引き起こす。この二番目のシグナルは、植物の維管束に入り込む。するとそのシグナルは地上部全体に広がり、他の葉にまで届く。健全な、ナメクジにやられていない葉に。これらの葉も、消化酵素の阻害タンパク質を蓄積し始める。1枚でも葉がかじられると、全身が防御をするのである。今こうして植物を見ていて、ナメクジの攻撃によって、植物全体の構造が変わったことが分かる。以前よりもずっと、植物全体で、より強固な防御がなされているのだ。

　ナメクジの攻撃によって、植物の防御が増した。これは、生き物の応答の1例、環境の変化に対応して生命に適応をもたらす、進化の力の例だ。ここ数日のあいだ、私はシロイヌナズナのことを、たくさんの部品からなる、素晴らしく複雑な機械として考えてきた。ある刺激がくると、それに対して応答する機械。いつか、植物の生命というものを、見事で複雑な時計のしくみとして完全に理解する日が来るのだろう。

素晴らしい未来像。それで？ そう、私は同時に、これでは
あまりに単純で、簡単過ぎると、かすかな苛立ちも覚えるの
だ。世界にはさまざまな側面がある。たとえば天気。天気を、
確実な予想ができるような形で説明できる日は決して来ない
だろう。

　今日のところはこれで十分。今日は墓地の様子を見ようと、
何とか時間を作って来ただけだ。他にも仕事がたくさんある。
家に帰らなければ。自転車に戻り、チョコレートをひとかけ
口に入れ、そして壁のフリントガラスが光るのを見た。ある
ものが頭に浮かんだ。安全な避難場所に近づくイメージだ。
嵐の中の港。避難場所。この自然誌は私を取り込みつつある。
注意していこう。この場を離れるうちにも、人々は朝の礼拝
のため教会に集まり始めていた。

3月15日　月曜日

　季節は順調に春へと向かっている。昨日はずっと、南東か
らの暖かく湿った風が吹いていた。あちこちで新芽が膨らん
でいる。緑の色が、この暖かさの中に広がっていく。桜の木
には白い花が咲き、散った花びらが風に舞い、踊っている。
ふと、桜の花のいい香りが漂ってきた。

　明らかな開放感がある。セーターやコートなどの暖かい上
着は必要なく、ワイシャツだけで、そよ風を感じながら外を
歩ける。青い空の一部にでもなったような気分だ。唐突に、
この日記にもう１つ話を書き足したいと思った。私は未だに、
自分の研究室の仕事を発展させる方法を見いだせずにいる。
ここに新たに研究の話題を書くことで、進むべき方向を見い

だす助けになればと思う。私のグループの、最近の研究について書いていくことにしよう。

　私たちは成長の研究、植物の成長の研究をしている。私はずっとこの現象に関心を持ってきた。理解したいと常に考えてきた。しかしその本当のゴールは、少なくとも私にとっては、単にその現象をより深く理解することではない。将来役に立つことを目標にしているわけでもない。私は、理解を深めることによって＜自然＞により近づけると考えるからこそ、研究をしているのだ。理解と、自然に対する畏敬の念とが、私の中では繋がっているのだ。このように書くと、うぶに聞こえるかもしれない。もう少し良い表現を探すことにしよう。

　私の研究グループは、遺伝学のロジック（論理）に基づいて植物の成長を研究している。そのロジックとは次のようなものだ。突然変異体の植物の成長、正常に成長しない植物の成長を調べるのである。その変異体がうまく成長しないのは、植物を成長させる遺伝子が正常な機能を失っているからだ。だからその変異体を研究すれば、その遺伝子の本来の機能を推測することができることになる。

　1つ、重要な例を挙げてみよう。15年ほど前、私は*gai*と呼ばれる変異を持つシロイヌナズナの変異体に、特に興味を持つようになった。この系統は矮小性を示す。正常な型の遺伝子を持つ植物に比べて、変異体は深緑色で、茎は短く、葉が小さい。矮小化するのは、細胞増殖（細胞が大きくなっては分裂する、一連のサイクル）が遅くなっているせいだ。このことから、その遺伝子がコードするタンパク質は本来、

*gai：ジーエーアイと読む。植物ホルモンの1つであるジベレリン（GAと略記する習慣がある）に非感受性（insensitive）、という意味である。

*正常な型：本書でハーバード教授は遺伝学でいうところの「野生型」wild typeを「正常な型」normal typeと表現している。本翻訳でもそれをなるべく踏襲することにした。ある遺伝子座について、何をもって正常な型と見なすかは、遺伝学的には相対的なものである。必ずしも自然界に多いタイプが「野生型」とは限らないので、一般向けの書物である本書の場合、この言葉の選択は、ある意味適切といえる。

*ジベレラ：*Gibberella fujikuroi* イネ馬鹿苗病の病原菌である。その病原物質ジベレリンを結晶化し同定したのは日本の藪田等であった。植物は自分でこのホルモンを合成し、自らの成長を制御しているが、それを勝手に大量生産し、いわば悪用しているのが馬鹿苗病菌なのである。

細胞増殖を制御することで、成長を調節していると推測できた。

　植物の成長に影響を及ぼす他の因子として、ジベレリンという植物ホルモンがある（この名前はジベレリンを大量に作るジベレラ*（*Gibberella*）というカビに由来する）。ふつうの植物は、正常に成長するために十分な量のジベレリンを作れるので、成長すると比較的背が高くなる。しかしある種の変異体は、この植物ホルモンを十分に作れないので矮小化する。このようなジベレリン欠損の植物は、見かけ上*gai*によく似た姿となる。しかし*gai*は、ジベレリン欠損の変異体ではない。むしろジベレリンを作ることはできるのだ。矮小化するのは、その細胞がジベレリンに正常に応答できないためなのである。

　このように私たちは、*gai*変異が成長を制御していることを知った。それは植物細胞のジベレリンに対する応答を変えるからだ。当時私たちが知らなかったのは、その遺伝子が本来はどのような機能を持つのか、どのようなタンパク質をコードしているのか、そして変異型の*gai*遺伝子が、いつどのように、植物細胞のホルモンへの応答を変化させているかだった。こうしたことを明らかにするにはまず、*gai*変異体で変異している原因遺伝子を単離しなければならなかったのである。

3月16日 火曜日

花成について

　今朝も穏やかな天気が続いている。雲がすごい速さで流れている。その中を自転車でセント・メアリーに向かうのは、

なかなかたいへんだった。しかしたどり着くと、墓地ではクサノオウが、明るい黄色の花で迎えてくれた。鳥がマロニエの木立の中で歌っている。春の花々が、しっかりと心に刻み込まれていく。それで今朝、シロイヌナズナの花芽ができ始めるのも今日からなのではないかと思った。しゃがみ込んで、指先でロゼットの中心を触ってみた。シロイヌナズナの花芽の形成*がいつ頃始まるかは、茎の先端を触るとだいたい分かる。つぼみがあれば、それが目に見えるようになるよりずっと先に、触ったときにでこぼこした感触がするからだ。指先の皮膚に、とがった先端がこすれるのである。しかし、今日のところはまだ手触りが滑らかだった。

*花芽の形成：花成（かせい）という。この章のサブタイトルである。

　もちろん、花芽形成の決定は、実際にはつぼみが目に見えるようになるよりずっと前になされている。では、その決定が今日である可能性は？　今日、最後のスイッチが入った、ということはないだろうか。植物が、その生活環の次のステージに入るためには、一連のスイッチをすべて押す必要がある。外側にある古い葉は冬のあいだにぼろぼろになり、お腹を空かせたナメクジに食われて穴が空いている。このシロイヌナズナが、今日、花を咲かせる植物に変化したということはないだろうか？　もしそうであれば、今までは葉と根しか作ってこなかったが、これからは、花と葉と根を作るようになる。じきに、ロゼットの中心からすっと伸び上がった茎に、花がたくさんつくだろう。

　花をつけるステージへの転換*は、茎の先端にある球状の細胞群、すなわち分裂組織の細胞群の変化で始まる。この変化により、分裂組織は栄養成長期の分裂組織であることをや

*花をつけるステージへの転換：この転換そのものが花成の始まりである。

88　3月 *March*

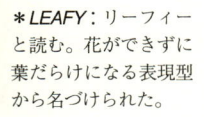

シロイヌナズナの正常な型（左）とga変異体（右）の比較

*LEAFY：リーフィーと読む。花ができずに葉だらけになる表現型から名づけられた。

め、花序分裂組織へと変わるのだ。そして、栄養成長期の分裂組織がその周りをらせん状に取り巻く突起から葉を作るのとちょうど同じように、花序分裂組織は花のらせんを作る。このアイデンティティーの変化を引き起こすのは、植物の内在の因子と、そして外界からくる因子だ。植物細胞には、活性化されると花序分裂組織のアイデンティティーをもたらす遺伝子群がある。このような遺伝子群は、他の遺伝子を活性化するタンパク質、転写因子をコードしている。ここで活性化された遺伝子群がコードするタンパク質は、今度は協調して、栄養成長期の分裂組織を花芽分裂組織に変えるのである。こうしたことは、花序分裂組織のアイデンティティーを決める遺伝子群が働かなくなった突然変異について、その効果を調べる研究から明らかになったことだ。たとえば、このような遺伝子の1つ、*LEAFY*と呼ばれる遺伝子が機能しなくなった植物は、本来なら花を咲かせる時期になっても葉を作り続ける。この変異体では、栄養成長期分裂組織から花序分裂組織への転換が起こらなくなっている。この変化には、LEAFYによって活性化される遺伝子群の働きが必要なのである。

　LEAFY遺伝子は、植物の内在の因子だ。しかし突き詰め

3月 March　89

ると、*LEAFY*を活性化する因子は植物の外界にある。実際、考えれば考えるほど、私には、植物の内側にあるものと、外側にあるものとを区別できなくなる。植物を独立した存在として考えるのは、思考上の利便性を求めての枠組みであって、それあってこそ私たちはあるパターンの意味づけによる文脈に沿ってものをとらえることができるわけだが、そうしたことはそれでもなお、人為的な構築作業に過ぎない。

3月17日 水曜日

いかにして外界は*LEAFY*遺伝子を制御するか

*LEAFY*の活性は、季節の進行に伴う光と温度の変化によって調節されている。去年の秋、シロイヌナズナがロゼットの葉を増やし、冬に向けて成長しているあいだに、もう1つの遺伝子、*Flowering Locus C (FLC)* が活性化されたはずだ。*FLC*は、FLCタンパク質をコードしている。FLCには、*LEAFY*の活性を抑えることで、栄養成長期の分裂組織が花序分裂組織へ変化するのを妨げ、花成を阻止する効果がある。FLCがあると、*LEAFY* mRNAができず、したがって転写調節因子であるLEAFYタンパク質が作られなくなって、花成が

* *FLC*：エフエルシーと読む。花芽形成の遺伝子座C、という意味である。

長い時間の低温経験 ──| FRI ──→ FLC ──| LEAFY --→ 花成

低温による花成の促進メカニズム。低温にさらされる時間が長くなると、*FRIGIDA* mRNA（*FRI*）が阻害される。FRIはFLCを活性化するので、長い間低温にさらされると、*FLC*も阻害される。*LEAFY*を抑制する*FLC*が阻害されると、今度は*LEAFY*が活性化されることになる。*LEAFY*の活性が上がると、花成が促進される。
（図中左から、長い時間の低温経験、FRI、FLC、LEAFY、花成）

* 図中の記号について：生物学の習慣として、矢印は促進する（正の）効果、──| は抑制する（負の）効果を示す。

抑制される。シロイヌナズナが冬の間に間違って花芽を作らないですむのは、活性化されたFLCのおかげなのである。

　FLCは、*FRIGIDA**と呼ばれる遺伝子がコードするもう1つ別のタンパク質によって活性化されている。*FRIGIDA* mRNAの量は、何らかの機構で、時間と温度による調節を受けている。植物は、自分が寒さにさらされている時間を計っているのだ。その時間が長くなるにつれ、*FRIGIDA* mRNA量は減少していく。したがって、昨冬の終わりまでには、*FRIGIDA* mRNA量は非常に少なくなっていたはずだ。気温が高くなってきたとしても、植物は、冬を越してきたことを覚えている。それが、このシステムのすごいところだ。このような記憶のおかげで、*FRIGIDA* mRNA量はふたたび上がってしまうようなことがないのである。*FRIGIDA* mRNA量が減少すると、FLCの活性が下がり、LRAFYの抑制が外れて、そして花成が促進される。だから、3月半ばの暖かい今日、数週間前に*FRIGIDA*のmRNA量は十分に減少したのではないか、それによってFLCの量は、もうシロイヌナズナの花成を抑制できないレベルにまで落ちたのではないか、と思うのだ。

　しかし、実際に花が咲くまでには、他にもたくさんのステップがある。FLCが十分に減少することは、*LEAFY*を活性化し、花成を始めるのに必要な条件である。しかし、それだけでは足りない。他にも必要な条件があるのだ。

* *FRIGIDA*：フリジダと読む。

3月18日　木曜日

日長による花成の制御

　花成への次のステップとして、植物には、後押しをするよ

うな刺激が必要だ。*LEAFY*の活性を阻害する因子を単に除くだけでなく、*LEAFY*を特異的に活性化する必要がある。日の長さに後押しされて最後のスイッチが入ったのが、今日だったりはしないだろうか？

　この、最後のスイッチは、*FRIGIDA*-FLCのスイッチと非常によく似た働きをする。内在の因子と外部の因子とを繋ぐ働きだ。ここに出てくる内在の因子は、またしても他の遺伝子群の活性を調節するタンパク質、転写因子である。このタンパク質は、*CONSTANS*＊と呼ばれる遺伝子によってコードされている。この名前は、この遺伝子の変異体が、日長とは関係なく、ほぼ同じ日齢＊で花を咲かせることに由来する。墓地にあるシロイヌナズナは正常タイプなので、そのような挙動は示さない。あのシロイヌナズナは、*CONSTANS*遺伝子の働きを使うことで、日の短い冬ではなく、日の長い春と夏に花を咲かせることができるのだ。

　*CONSTANS*の発現は、植物の体内時計によって調節されている。植物が時間を計るために持つ、24時間周期の、夜明けにリセットされる時計だ。*CONSTANS*のmRNA量は、夜明けには少なく、一日を通して徐々に増加していく。春、徐々に日が長くなると、日暮れ時の*CONSTANS* mRNAの量は、日ごとに高くなっていく。夜のあいだは、その量が維持されるが、夜が明けると低下してまたもとの量に戻る。この変動は、mRNAがコードするCONSTANSタンパク質の量に反映されている。しかし、日暮れ時の量それ自身では、花成を促進するには不十分である。CONSTANSは、光によって活性化される必要があるのだ。植物は、光に感受性のあるタンパ

＊*CONSTANS*：コンスタンスと読む。

＊同じ日齢：シロイヌナズナのような植物は光を受け取って基本エネルギーをまかなっているので、日長が変わると1日あたりの植物体の成熟度合いは変わってしまう。そのこともあって、植物の齢は日齢ではなく、葉の枚数で数えた生育段階で表現するのが普通である。ここも正確には、葉の枚数で見た場合、同じ日齢で花が咲く、という状態を示す。

ク質を光受容体として使い、その働きを通して、光を感知する。こうした光受容体による光の吸収によって、CONSTANSを活性化する連鎖反応が起こる。ひとたび十分量のCONSTANSが活性化されると、*LEAFY*遺伝子が活性化される。そうして分裂組織が、栄養成長期のそれから花序分裂組織へと変化するのだ。植物の花成は、2つの独立の要素が合わさることで誘導されるのである。1つは、CONSTANSを必要量作るのに十分な日長。もう1つは、CONSTANSを活性化するための光だ。

このようにして、最終的なスイッチが入る。このシロイヌナズナもじきにその最後の垣根を超えるだろう。そうしたら、すべてが変わる。そう、茎頂の分裂組織は、その周囲に盛り上がるように成長する細胞群からなる突起を、一定の間隔で作り続ける。そして、これらの突起は、やはりらせん状に配置されていく。しかし、この変化が起きた後は、ここにできる突起は、以前とは異なる性質のものとなる。葉ではなく、花芽分裂組織になるよう運命づけられた突起である。これは反覆のよい実例だ。この性質は、前使っていたものを変形するやり方で支えられている。だから完全に新しい点はほとんどない。花とシュートとは、互いに派生形の関係にあるわけだ。

もちろん大切なのは、季節が移り変わっていく中、植物が正しい時期に花を咲かせるということである。ここ3日間のこの日記でいちばん言いたかったのは、あらゆる植物が、環境の変化を感知し、それに反応しているということだ。ある遺伝子群が、他の遺伝子群の活性を調節するというような、

遺伝子の働きの階層構造によって、このような制御が可能になっている。「ある遺伝子群が他の遺伝子群を調節する」という話は、今やここでは連禱*めいてきたようだ。

3月19日　金曜日

*gai*に関する最初の実験

今朝は素晴らしい春の陽が射していた。仕事に向かう途中、森から、キツツキが木を打つ音が聞こえてきた。

*gai*遺伝子の話題に戻って、どのようにそれをクローニング*したか話そう。その遺伝子をクローニングするまでには、長い時間を要した。たいへんな仕事が何年も続いたが、その甲斐はあった。変異型の名前は*gai*と表記する。正常な型の遺伝子は*GAI*と書く。変異型の遺伝子を持つ植物は矮性を示す。ここにまた習慣がある。正常な型の遺伝子（*GAI*）は大文字で、変異型（*gai*）は小文字で表記するという習慣である。そして前にも書いたように、この名前は変異体の見た目に由来している。その遺伝子が本来の機能を発揮できないときに、植物がどうなるかを表した名前だ。

*gai*の性質の1つは、遺伝学的に優性な（遺伝学的に優性であるということの意味については、すぐに説明する）変異だということである。シロイヌナズナは二倍体で、細胞が2つのゲノムを持つ。1つは母親から、もう1つは父親から来たものだ。つまりシロイヌナズナの細胞は、両親から1つずつ受け取った遺伝子をそれぞれあわせて2つずつ持っている。*GAI*遺伝子を2つ持つ植物は大きく成長する。*gai*遺伝子を2つそろえて持つ植物は矮小化する。*GAI*と*gai*を1つずつ

*連禱：れんとう。司祭が祈願を唱えた後に、会衆がそれに唱和する形式。ある遺伝子が他の遺伝子を調節すると、その遺伝子がまたその他の遺伝子を調節する、という繰り返しを喩えたもの。

*クローニング：遺伝子のクローニングとは、ある特定の機能を持つ遺伝子DNAの全長について、そのA、T、G、Cで書かれた暗号をすべて読み取ることである。もともとはその操作上、そのDNA分子を、遺伝子組換によって多量に増やしていたことから、DNA分子のクローン増殖という意味でこの言葉がある。

持つ植物も矮小化するが、*gai*を2つそろえて持つ植物ほど矮小ではない。*gai*を1つだけ持つ植物の矮小化の程度が、*gai*を2つそろえて持つ植物よりも軽いという事実は、私たちの実験の最初の鍵だった。これについてはまたすぐに説明しよう。

　遺伝子に入る変異の中で最も一般的なのは、遺伝子の機能を損なうものだ。このような変異で損傷された遺伝子は、もう機能を発揮しない。このような変異を、遺伝学的に"劣性"であるという。これは、先に少し述べた"優性"とは反対の言葉だ。"優性"と"劣性"は、それぞれ次のようなことを示している。正常な遺伝子を1つと、機能しない変異型遺伝子を1つ持つ植物は、ふつう、見た目が正常な植物と同になる。このとき、この変異型遺伝子の効果は"劣性"という。それに対して、"優性"の変異型遺伝子は、正常な型の遺伝子の有無にかかわらず、その効果を発揮する。このような優性変異は、その遺伝子の機能を欠損するような、単純な変異とは違うものだ。この優性の性質が、*gai*には現れていた。このことから私たちは、*gai*が単純な機能欠損型ではないことを推測していた。*gai*は産物を作り、そこからタンパク質もできるが、そのタンパク質には少し異常があって、植物の成長を制御する上での機能が少し変わっているのだろう。この仮説では、*gai*は機能を欠損した遺伝子ではなく、異常な機能を持った遺伝子ということになる。

　この仮説を検証する1つの方法は、この遺伝子にさらに変異が入った植物を探すことだ。もし機能が変わった*gai*変異体にさらに変異が入ったら、その遺伝子は完全に壊れるだろ

う。その結果、この壊れた遺伝子は、異常な機能を持つタンパク質を作るのではなく、まったくタンパク質を作らなくなる。遺伝子が壊れたかどうかは、その成長への影響によって明らかとなるはずだ。

　遺伝子の正体も分からないうちに、どうやってその遺伝子に変異を入れることができるのだろう？　植物の成長への影響から、その存在を推測するしかないのだろうか？　実際はそのとおりで、遺伝学者は、DNAの構造を変える試薬を用いて、長年、この作業を続けてきた。こうした試薬を使うことによって、ゲノムの中のいくつかの遺伝子に、ある程度ランダムに変異を導入することができる。変異体を見つけるためには、処理をした植物（もしくはその子孫）から、他の植物とは異なる姿を示す個体を、くまなく探さなければならない。遺伝子の構造の変化に起因すると思われるような違いをである。

　今でこそ、遺伝子がDNAで構成されることは明らかになっているが、それを知らないずっと昔の遺伝学者も、変異体を用いた同じような手法で、遺伝子の構造や機能について多くのことを明らかにしてきた。いったいどうしてそんなことができたのだろうか。事実、DNA以前の遺伝学者たちの成果は、徹底した観察と、素晴らしい想像力の賜物である。染色体（今ではDNAの糸であることが分かっている）上での遺伝子の位置や、遺伝子が酵素*（タンパク質）をコードしていること、遺伝子の活性、遺伝子が染色体内のある場所から他の場所へ移動できることなどに関する、鋭い洞察があったのだ。

＊酵素：一般に遺伝子はタンパク質の形でその機能を発揮する。そのことが初期に確かめられた例の多くは、酵素タンパク質として働く遺伝子だった。今では本文で述べられているような転写因子や構造タンパク質など、酵素ではないタンパク質として働く遺伝子も多く知られている。

ここからが、私たちの最初の実験の内容だ。これは、DNA以前の遺伝学でも行なわれていたような古典的な実験で、"gaiは異常な機能を持つタンパク質を作る" という仮説に基づいたものだった。この機能が変わったタンパク質は植物の成長を抑制する。それならgaiを壊してしまえば、その植物は矮小型にはならず、むしろ背が高く成長するはずだと考えたのだ。

　私たちはまず、6万粒の種子を使うことにした。この種子には、変異型のgai遺伝子を2つそろえて持つ細胞でできた胚が入っている。この種子に、強力な変異源であるγ線を照射した。γ線は高エネルギーを持ち、それに当たったDNAは損傷する。6万個ある胚を構成する細胞の、それぞれの遺伝子すべてがターゲットになりうる。私には、γ線照射後の種子が、それ以前と変わらずすべて同じに見えることが不思議だった。その種子の中、遺伝子を構成するDNAのレベルで見たら、すべて違うものになっているはずなのに。

　私たちは、その6万粒の種を播き、発芽するのを待った。しかし、発芽にはずいぶん時間がかかった。γ線の強さをちょうど良く設定するのは難しい。種子のγ線に対する耐性は、種子が含む水分量によって異なるが、水分量をきちんと推定することはできない。γ線が強過ぎると、種子は死んでしまう。私たちは、γ線の強さを正しく調節できたのだろうか？もしかしたら、すべての種子を殺してしまったかもしれない。

　しかし待っていると、ついに種子が発芽した。その芽生えには、γ線照射後の植物に特徴的な性質が見られた。最初の

葉が出てくるのが遅く、形が異常になっている。多くの芽生えがこのステージで死んでしまうが、大半は成長を続ける。

　発芽や、芽生えの形成にずいぶん時間がかかったが、その間に、何が起きていたのだろう。2月29日にも書いたが、葉を構成する細胞は、茎頂分裂組織から供給される。しかし、γ線にあたって、その分裂活性を持つ細胞のDNAが損傷を受けた。この細胞のうちいくつかは、深刻な影響を受けて死んでしまったかもしれないが、大半の細胞はそこまで大きな影響は受けない。ときどきDNAの配列に異常が残ることがあるが、細胞は、DNAの損傷を直す機能を持っているのである。

　分裂組織の一部を取り出すという古典的な実験によって、分裂組織は素晴らしい再生能力を持つことが示されている。数細胞からなる非常に小さな一部分を取り出しても、その細胞群から新しい分裂組織を再構築することができるのだ。だから、おそらく、私たちの実験で発芽が遅れたのは、この再構築が行なわれていたためだろう。生存力のある細胞と、それに準ずる細胞が、それ自体とその子孫細胞から分裂組織を再構築し、γ線によって死んだ細胞を置き換えたのだ。

　徐々に、損傷を受けた分裂組織が、損傷の少ない、分裂できる細胞に置き換えられた。これらの細胞は、植物の茎の源となる細胞群だ。この細胞群がこれから作る植物体について、おもしろいことが分かっている。茎、枝、葉、花のすべてが、究極的には、分裂組織の1つの細胞に由来するということだ。植物の地上部は、いくつかの組織からなるジグソーパズルだと考えることができる。その組織を構成する細胞は、もとも

とは分裂組織の1つの細胞の子孫である。このことが、私たちの実験の成功の鍵だった。

　すべての種子に、1つの胚が入っている。私たちの実験で考えれば、6万個の種子に、6万個の胚が入っているのだ。そのターゲットになる遺伝子は3万個*（シロイヌナズナが持つ遺伝子の総数）と非常に多いので、ある1つの遺伝子（私たちの場合には*gai*）がγ線で損傷される可能性は非常に低い。しかし、6万個の胚のうちどれか1つで、分裂組織を構成する100～200個の細胞のうち、ある細胞の*gai*遺伝子がγ線で損傷を受けたとしよう。この遺伝子を、損傷を受けた（damaged）という意味で、*gai-d**と呼ぶことにする。するとこの細胞は、1コピーの*gai*と、1コピーの*gai-d*とを持つことになる。この細胞が、植物の地上部を形作る、大きな組織のもとになる細胞だと考えてほしい。この組織が作る茎や葉が、どのようになるかは、予想することができるはずだ。私たちはすでに、*gai*遺伝子を2コピー持つ細胞の成長や分裂のスピードは、それを1コピー持つ細胞よりも遅いということを知っている。だから私たちの実験では、*gai*と*gai-d*を持つ植物は、他の植物（*gai*を2コピー持つもの）よりも背丈が高く成長するはずだ。

　これがまさに、私たちが探していたものだった。周りよりも大きく成長する植物。私たちは、植物がどうなっているかを見に、毎日温室に通った。成長のスピードに対するもどかしさと、期待とが入り混ざった気持ちだった。やがて私たちはそれらしいものを見つけた。他の植物よりも背が高く成長する植物が13個体。6万個体から13個体だ！　これを探

*3万個：3月9日の訳注を参照。

*gai-d：ジーエーアイ・ディーと読む。この表記はシロイヌナズナ遺伝学においてはやや変則で、通常は-dを後ろに付ける場合は、dominantの頭文字から、優性の変異を示す。この*gai-d*場合は機能を欠損しているので、むしろ劣性になる。

し出すのはたいへんだった。最初は自信の持てない系統が山ほどあった。植物の成長を静止画として眺めているような気分になった。最初は、怪しいと思う個体がいくつもあり、これは他の植物よりも少し大きいかもしれない、いやそうでもないかもしれないなどと話しあった。その翌日も自信が持てず、はっきりとした違いを見いだせなかったりもした。しかし日にちが経ち、植物が成長してくると、自信は強まった。私たちは選び取った系統の中から、間違っていたいくつかの植物を捨て、その13個体に絞った。

それまでは良かった。しかし私たちは、それらの個体の背が高いことが、本当にgaiに入った変異と関係があるのかどうかの、確認を取っていない。私たちが見ていたのは、いくつかの植物での、一時的な現象に過ぎない。この成長の変化は、果たして次の世代にも受け継がれるだろうか。私たちが見ているものがgaiと関係があるもので、シロイヌナズナの他の3万個の遺伝子のせいではないと、確信を持って言えるのだろうか？ これらの質問に対する答えを得るためには、さらに実験が必要だった。

その13個体は花をつけ、私たちはそれを自家受粉させた。私たちが、背の高い植物の中にあると仮定している$gai\text{-}d$遺伝子は、精子と卵とを通して、植物の次の世代に引き継がれるだろうか？ 基本的な遺伝学から、gaiと$gai\text{-}d$を持つ背が高い植物の花の自家受粉で得られる種子には、gai/gaiのセット、$gai/gai\text{-}d$のセット、$gai\text{-}d/gai\text{-}d$のセットを持つ胚が、それぞれ1：2：1の比で入っていると期待される（これは、グレゴール・メンデルのエンドウを用いた古典的な実験で、

最初に示された比だ)。背の高い個体の子孫からは、異なる背丈の植物が、このような比で得られるだろうか？

非常に喜ばしい結果が出た。１３個体のうち４個体で、まさにこの推測に一致する結果が得られたのだ。この結果を初めて見た瞬間のことは、今朝起きたことよりもずっと鮮明に覚えている。最初にテストした２１株の場合、うち５株が矮小化して濃い緑色（*gai*遺伝子を２コピー持つ植物に見られる表現型）、１１株が*gai*遺伝子と*gai-d*遺伝子を１コピーずつ持つときの表現型、そして最も興味深いことに、残りの５株は正常型と同じ背丈に成長したのだ（しかしもちろんこれらの植物は正常な型ではなく、*gai-d*遺伝子を２コピー持つ変異型だ）。５：１１：５は、およそ１：２：１だ。

この実験からすでに１０年以上経っているが、こうして書いていると、当時の興奮を思い出す。この世界について仮説を立て、確かめ、その仮説と一致する結果を得るというのは、とてもわくわくする作業だ。私たちはさらに、植物の成長に関して、まったく新しいことを発見した。まず、ふつうの植物は、ジベレリンに応答して成長を制御するタンパク質（GAI）をコードする遺伝子*GAI*を持っている。そしてその変異型遺伝子*gai*は、異常のあるタンパク質をコードする。この異常によって、そのタンパク質はジベレリンに非感受性になる。さらに、今まさに説明したように、*gai*にはもう一度変異を導入することができた。すると新しい変異型遺伝子*gai-d*ができ、この遺伝子は異常な機能を持つのではなく、まったく機能しないのだ。*gai-d*を持つ植物は、正常な植物（*GAI*遺伝子を持つ正常な植物）のように大きく成長する。

これが、今では植物の成長の制御をする基本因子として知られているDELLA*の、その理解に繋がる最初のステップだった。私たちはそれ以来ずっと、DELLAを研究対象としてきた。少し先走りして話しておくと、ここで大切なのは、この最初のステップが、この遺伝子自体をどのように単離するかという問題に対しても、鍵を提供してくれたということだ。どのようにそれを分離してくるか、シロイヌナズナの３万個の遺伝子の中からその遺伝子を単離してくるか。それは、干し草の山の中から１本の針を探し出すようなものだった。

＊DELLA：デラと読む。

　この最初のステップで始まった一連の研究によって、シロイヌナズナだけでなく、すべての植物の成長についての理解が深まった。書斎机の外にあるオーク樫の木も、セント・メアリーのマロニエも、湿地の葦も。しかし、このような表現に不安を覚えてしまうのはどうしてだろう。これはほぼ確実に真実なのに。科学の世界には、正確さを求める習慣があり、思考が飛躍して、あるものごとを関係のない他のものと繋げてしまうような事態を防いでいる。他の多くの植物でも、GAIに似たタンパク質が、必須の成長制御因子であることが分かっている。しかし、葦やオーク樫でもこのようなタンパク質が機能しているという、確かな証拠はない。これらの植物でも、GAIが成長を制御している可能性が、そうでない可能性よりもずっと高いことはよく分かっているのだが。

３月２０日　土曜日

根の構造

　夜明け前に、ジャックに起こされた。気持ちが悪いという。

しばらく様子を見ていると、だんだん体調が良くなり、無事に病いは去った。ベッドに戻すと、ジャックはすぐに眠ったのだが、今度は私が寝付けなくなってしまい、夜が明けるのを眺めていた。光がゆっくりと戻ってきて、青白い光に目が痛んだ。空の上の方にピンクの線が入った。突然、生け垣の方から雀のさえずりが聞こえてきて、意識はそちらに集中した。その後はふたたび、深い静寂があたりを包んだ。さえずり。静寂。高らかなさえずり。そしてもう一度、さえずり。今回は遠くから、小さな声ながら応答があった。おそらく、オーク樫のあたりからだろう。すると今度は、クロウタドリの大きな鳴き声が、茂みのあたりから聞こえてきて、それに対する応答が、庭のどこかからすぐに聞こえてきた。そしてまたもう一回、するとよりはっきりした音がして、それを背景に、引っ掻くような、チュンチュンいうトレモロが、静寂を破って休みなく始まった。その声が強まってゆくにつれ、数分のうちにいろいろな鳥の声が絡み合い始め、最後には私は、クロウタドリの詩歌と応答とが、トランペットか何かのように鋭く交差する不協和音のただ中に、放り込まれてしまった。

その耳障りなシンフォニーを聞いていて私は、シロイヌナズナに関して、説明し忘れているものがあることに気づいた。栄養成長から生殖成長への変化への移行の話に夢中になって、根について話すのをすっかり忘れていたではないか。

根の説明を忘れても、あまり驚く人はいないだろう。根は、暗い地下にあり、私たちはいつでも、木々の幹や枝ばかりを見て、地下にある根を見ることはない。

着替えて、墓地へ出かけた。シロイヌナズナの中で、地上ではなく、地下で何が起きているだろうと想像しながら。根を思い描いた。根は植物が生きている間中、成長をし続ける。土の中の石の隙間を探しながら、ゆっくりと地中へと掘り進んでいるのだ。今頃、根は地中1フィート*かそれ以上に成長しているだろう。しかし、骨が埋まっているような深くへは、まだ到達していないに違いない。

*1フィート：約30センチメートル

根の形を、複数の次元に分けて描写してみよう。根は柱状の器官である。まずは、長さ方向、長軸方向の断面だ。先端には、分裂組織がある。根をつくるすべての細胞が作られる場所である。分裂組織からずっと上に上がったところには、細胞が伸びる領域があり、そこで細胞は、さまざまな細胞に分化すると考えられている。

もちろん、根とシュート*の成長には、類似点がいくつもある。根は、シュートと同じように、その先端近くにある分裂組織が新しい細胞を作ることによって成長する。細胞が分裂組織から押し出されるために、根は槍状の形をしているのだ。槍の穂先における細胞伸長、細胞分裂の力によって、根の先端は、地面の中を掘り進むことができるのである。そして細胞は分裂し、伸長しているあいだに、分化していき、それぞれ特定のアイデンティティーを獲得してゆく。

*シュート：植物の地上部は、茎の周りに葉が集まったものだ。本文のとおり、葉も茎も、ともに同じ分裂組織から作られてくるので、植物形態学では両者をまとめて一つの単位と見なし、シュートという。古くは苗条とも訳したが、今ではshootをそのままカタカナ表記するのがふつうである。花も、シュートが特殊化したもので、その構成要素に当たる花弁や萼片、雄蕊はみな、シュートの構成要素である葉が変形して特殊化したものに当たる。

2つ目は、根の横断面だ。これを見ると、根が放射相称であることが分かる。根は柱状で、同心円状に並んだ細胞の層によってできている。真ん中には導管があって、根から吸収された水を、上にある茎頂へと送り届けている。その外側には篩管があって、これがシュートから根へと、下に向けて糖

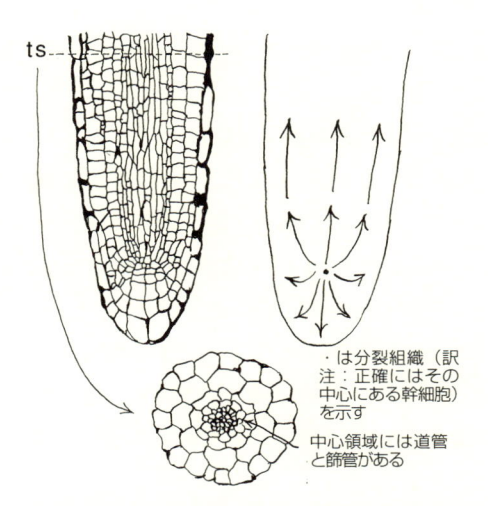

シロイヌナズナ芽生えの根の縦断面（上左）、根端分裂組織から供給される細胞の流れ（上右）、根の横断面（下図は上左図のtsの位置で切ったところ）

・は分裂組織（訳注：正確にはその中心にある幹細胞）を示す
中心領域には道管と篩管がある

分やその他の栄養成分を送り届けるのである。

3月21日 日曜日

*GAI*のクローニング

今日は四旬節四回目の日曜日だ。昨夜からの激しい風と雨が、今もまだ続いている。雨のとらえ方には、どのようなものがあるだろう。一面に落ちてくるもの、点の集まり、中心と表面がある球体（それぞれの中に小さな世界がある）、H_2O分子の集まり。これらの見方を1つにまとめる方法はあるだろうか。

今日は暖かい。強い西風に、木々は絶えずなびいて、うなり声を上げている。湿った暖かい空気が大西洋から入ってく

る。大きなエネルギーを感じる。木がある形から一瞬で次の形へと変わる。わくわくする。

　庭には、花が咲き始めたもの、つぼみが大きくなってきているものがたくさんある。プリムラ、プルモナリア、ラッパズイセン、スイセン、ヒヤシンス、それにワスレナグサも咲き始めた。みな、風でいっせいに揺れている。セイヨウツゲの生け垣も、私のとても好きな薄緑色の新芽をつけ始めた。その新芽は昨年できた深緑色の葉の中で特に栄えている。

　セイヨウハシバミの芽鱗（がりん）に包まれた新芽も、小枝の先と、その途中で膨らみ始めている。この数日間は、それをよく観察することにしよう。

　*gai*のクローニングの話を続ける。私たちは、*gai*遺伝子を壊せることを示し、さらにその遺伝子を破壊できたかどうかを検出することもできた。遺伝子を見て、それが壊れたことを目で確認しているわけではない。私たちが見ることができるのは、その遺伝子を壊した結果だ。*gai*遺伝子を持つ植物は矮小化するが、*gai*遺伝子にさらに変異を導入してできた*gai-d*遺伝子を持つ植物は、背が高くなる。その表現型から、遺伝子が破壊できたかどうかを判断するのだ。

　この単純な観察によって、シロイヌナズナのDNAから、ある特定の遺伝子、*GAI*の単離への道が開けた。私たちが*GAI*を単離したかったのは、それによってGAIタンパク質がどのように植物の成長を制御しているかを、よりはっきりと知ることができると考えたからだ。どのようにして*gai*変異体が細胞分裂を抑制し、植物を矮小化するのかについて、ヒントを得ることができるはずである。

しかし、それは簡単なことではなかった。シロイヌナズナのDNAの中の約3万個の遺伝子は互いに非常に良く似ていて、どれも巨大なDNAの紐のごく一部分に過ぎない。その中の1つを他とはっきりと区別する点はないのだ。この3万個の中から、どうしたら*GAI*遺伝子を見つけることができるだろう？

　私たちは、*GAI*遺伝子を単離しうる方法を思いついた。すでに他の人が、ある遺伝子を単離するのに使った方法だ。しかし、この方法をあまりあてにすることはできない。必ずしもうまくいく保証のない、単離したい遺伝子によってはその有効性が違う方法だったからだ。この方法を使うのは危険だと思った。

　その方法は、「トランスポゾン-タギング」と呼ばれている。トランスポゾンという、変わった特徴を持つ小さなDNA配列を使うものだ。トランスポゾンは、長いDNA分子の中で（たとえば、1本の染色体の中で）、ある場所から他の場所へとジャンプすることができる。トランスポゾンは他のDNA分子の中に入り込む*ことができ、入り込んだ先の本来のDNA配列を分断できるのである。

　このトランスポゾンの挿入によって、遺伝子に変異を入れることができる。トランスポゾンの挿入先が、ある遺伝子の中なら、その遺伝子の機能を破壊することができるのだ。*GAI*の単離の鍵となるのは、トランスポゾンのこのような性質だった。私たちはすでに、γ線照射によって*gai*を破壊した植物が矮小化せず、正常型のような背丈になることを示した。放射線照射ではなくトランスポゾンの挿入で、これを再

＊トランスポゾンは……入り込む：トランスポゾンは短いDNA断片で、その両端に特別な配列を持ち、DNAの鎖の中での自らの位置を勝手に変える性質がある。本文で後述のトランスポゼースという酵素の働きを借りて、周りのDNA配列から切り取られて自由になり、そしてまた他の位置のDNAの鎖の中に入り込む（挿入する）のである。トランスポゾンに入り込まれた先のDNAは、この挿入のせいで配列が途中で分断されてしまうことになる。本文にもあるとおり、もしそこに遺伝子の配列があった場合には、その機能は壊れてしまう。

現することができるだろうか？　もしできれば、私たちは*GAI*を単離することができる。なぜなら、トランスポゾン自体のDNA配列はすでに分かっているからだ。*gai*遺伝子に挿入されたトランスポゾンが'目印'となるので、*GAI*の単離が可能となる。

　しかし、そんなにうまく行くだろうか。うまく行くかもしれない。いや、でもやはり、そんなに簡単ではないだろう。道のりは長く、その過程にはたくさんの障害があることが分かっている。このアイデアは非常に魅力的だけれども、ほぼ確実に、ストレスの溜まる仕事になるはずだった。そして、これは最終的に行き止まりに終わるかもしれない。何年もさまよい続けた挙げ句、私たちの求める目的地に達することを妨げるような壁にぶち当たる道かもしれない。

　かくして私たちは、この冒険に乗り出した。心配と期待とが入り混ざったような気持ちで。トランスポゾンは、もともと挿入していた場所の近くにジャンプすることが多い。そこで私たちは、*gai*遺伝子の位置の近くにトランスポゾンが入っていることが分かっている植物を使って実験を始めた。トランスポゾンの移動は、トランスポゼース*というトランスポゾンの切り出しと挿入とを触媒する酵素によって起こる。この実験は、目隠しをされ、的の場所もおおまかにしか知らないアーチェリーの選手に、的の中心を打てというようなものだ。私たちは、選手と的の距離をできるだけ短くすることで、成功の可能性を少しは高めたが、それでも選手はほとんどの場合、的を射損ねるはずである。

　もう一度、私たちは*gai*遺伝子を2つそろえて持つ植物を

*トランスポゼース：トランスポゾンの両端にある特殊な配列を認識して、その周りのDNA領域からトランスポゾンを切り離す酵素。トランスポゾン転移酵素。

*スクリーニング：たくさんの候補から、ある特定の性質を持つものを探すこと。ここではトランスポゾンがDNA上を移動できるようにした*gai*変異体を数千個体育て、それぞれの胚の中でトランスポゾンが移動した結果として、背が高く育つようになったものを探したのである。

数千個体スクリーニング*し、*gai*遺伝子を1つと、*gai-t*（トランスポゾンが挿入された、という意味だ）という新しいタイプの遺伝子を1つ持つ、背の高い植物を探した。このような植物を自家受粉させれば、その次の世代の植物の4分の1が、正常な背丈なみに成長すると考えられた。ここで得られる背の高い植物は、*gai-t*遺伝子を2つそろえて持っているはずである。

始めてすぐ、私たちはスクリーニングの結果を見て自信を持った。背の高い植物があったのだ。すべて独立に誘導された変異で、すべて私たちの追い求める独立の事象を示すものだった。さらに幸いなことに、その次世代の種を播いた時、4つの系統で、ほぼ4分の1が正常な型と同等の背丈に成長した。私たちは楽観的に、これらを*gai-t1*から*gai-t4*と名づけた。

しかし、そこで問題が起きた。次のステップは、新しく得られた*gai-t*系統で、トランスポゾンが新しい場所に挿入されているかどうか、それも、期待どおりに*gai*遺伝子に挿入されているかどうかを確認することだった。しかし調べてみると、新しいことが何も見つからなかった。得られた*gai-t*系統の中には、新しい場所にトランスポゾンが挿入されている植物はなかったのだ。

実は、このようなことが起こる事態を予想してはいた。この結果に対する説明をすることもできる。当時、シロイヌナズナでのトランスポゾンタギング法は、まだ未完成な技術だった。たとえば、狙った遺伝子にトランスポゾンを挿入するのに最適なトランスポゼースの活性は分かっていなかった。

3月 *March*

トランスポゼースの活性が高過ぎると問題が起こることは、知られていた。この場合、トランスポゾンはある場所に挿入した後、すぐ次の場所にジャンプしてしまう。こうしたことが起きても、トランスポゾンが出入りした遺伝子には、変異が残る可能性がある。今回起きたのはこの現象だと、私たちは考えた。トランスポゾンが、*gai*遺伝子の中に入り、壊しはしたけれど、すぐにそこから出て行ってしまったのだ。*gai*遺伝子が壊れたため、その植物は矮小化せず、正常な植物なみの背丈にはなった。しかし、トランスポゾンはもうそこにはいないため、遺伝子に目印は残っておらず、遺伝子を単離することができなかったのだ。

がっかりした。あと少しだけ、トランスポゼースの活性を弱くしていれば！ もちろん、やり直すことはできた。しかし、トランスポゼースの活性の強さが、この問題の真の原因である確信もなく、私たちはしばらく動き出せなかった。これは、スタート地点に戻ったのと同じことだった。数ヶ月の仕事が無駄になった。それにこの先の数ヶ月も、成功する確信は持てない。

しかし、もちろん、私たちはもう一度挑戦した。活性が少し弱いトランスポゼースを使って。他にできることもなかった。今回は、前回よりも数千個体多くスクリーニングしたのだが、2個体しか背の高い植物を得ることはできなかった。それもそのはずだ、と私たちは思った。トランスポゼースの活性が低いのだから、トランスポゾンの移動も少なくて当然だ。どちらの変異も次の世代に受け継がれ、そのうち4分の1が背丈の高い植物だった。私たちはこれらの系統を、*gai-*

t5、*gai-t6*と名づけた。

　私たちはまず、*gai-t5*のDNAを調べた。あまり期待はできなかった。結果を見て、さらに落胆した。またトランスポゾンがなかったのだ。心の中に暗雲が立ちこめ、私たちは*gai-t6*も諦めかけた。同じ結果になると思ったのだ。しかし、私たちは間違っていた。これが最後だと思いながら、私たちは*gai-t6*の中に移動したトランスポゾンがあるかどうかを探した。すると、何と、見つかったのだ！この結果を見た瞬間には、ついに境界線を突破し、可能性に溢れる新しい世界へ入ったような気持ちになった。これがブレークスルーの瞬間だった。*gai*遺伝子の活性がなくなった*gai-t6*の植物では、トランスポゾンが新しい場所に挿入されていたのだった。

　ストレスが、一瞬で喜びに変わった。素晴らしい機会をつかんだのだ。私たちみんなが、それを理解していた。しかしまず最初に、本当に*gai*遺伝子に目印を付けることができたのかどうかを、確認しなければいけなかった。その時点で把握していたのは、*gai*遺伝子が不活性化された植物（矮小化されずに、正常型のように成長する植物）を入手したということ、そしてこの植物では、トランスポゾンが切り出され、新しい場所に挿入されているということだった。そのトランスポゾンは、シロイヌナズナのゲノムの中の、どこに挿入されていてもおかしくない。私たちは、*gai*遺伝子の不活性化がトランスポゾンの挿入によって引き起こされたものかどうかも、トランスポゾンが*gai*遺伝子自体に挿入されているかどうかも、まだ知らなかった。

　そこで、あるテクニックを使った。この手法を使うと、

DNAの中の、新たにトランスポゾンが挿入された部位だけを精製し、その配列を調べることができる。その配列を調べていったところ、私たちは、タンパク質をコードするDNA（open reading frame、読み枠、と呼ばれる配列だ。これについては、またあとで説明する）に特徴的な性質を見いだすことができた。さらに*gai-t6*系統では、この読み枠に、トランスポゾンが挿入されていた。これは非常に心強い結果だった。私たちは興奮し、この先の実験に期待を抱き、喜んだ。この新しい結果は、*gai-t6*系統で切り出され、そしてふたたび挿入されたトランスポゾンが、ある遺伝子の働きを邪魔していることを示唆していた。そして、まだ断定はできないが、*gai*が不活性化された系統でこれが起きていることから、この新たに発見した読み枠の配列こそが、*gai*遺伝子の読み枠の一部であろうと考えられた。

これについて、私たちは次の実験で確認を行なった。*gai*の読み枠と思しきDNA配列が分かったので、今度はこれをもとに、*gai-d*系統の読み枠を決定することができる。これは以前作成した、γ線で不活性化した*gai*遺伝子を持つ系統だ。すると最初に調べた*gai-d*系統では、この読み枠が明らかに損傷していた。他の系統も同様だった。証拠を得ることができ、私たちは喜んだ。ついにやり遂げたのだ。ここまで来れば、あとは順調に進めることができる。ようやく、遠くまで見渡せる場所に登りつめたのだ。

この結果が出たのは、１９９６年の夏の初めだった。クローニングするべき*GAI*を持って、カリフォルニアからイギリスに帰ってきたのは、その７年前だった。ここでついに私は、

112　3月 *March*

目標を達成することができたのだった。

３月２２日　月曜日

根はどのように地面に入っていくか

　さらに春めいてきた。暖かい陽が射すのに、雨が降る、おかしな天気だった。夜は激しい土砂降りだった。今朝は、水浸しになった地面から来るつんとした匂いが、私の思考を刺激した。マロニエの芽が膨らみ、表面の粘液が光っている。

　セイヨウハシバミの新芽が開き始めた。以前よりだいぶ大きくなっている。飛び立つ直前のコガネムシの羽のように、芽鱗が立ち上がっている。その隙間からは、小さな、ビロードのような緑色の葉の先端が見えていた。

　いたるところで、黄色いクサノオウの花が一面に咲いていた。庭にも、沼地にも、墓地の庭にも。花弁にはニスを塗ったような光沢がある。融合した心皮*でできた針刺の周りは、ドーナツ状に葯が並び、さらにそれを囲むように、花弁に光沢の輪ができている。１つ摘んで、茎を親指の爪で２つに裂いてみた。切れ目から液がにじみ出てくるのを見ていて、これは顕微鏡レベルではどう見えるだろうかと想像してみた。私の爪が、こちら側から反対側へ、茎を貫通し、細胞の列を２つに分ける。私の爪に触れている細胞は、ほぼつぶれるか壊れるかしているだろう。その中身は細胞外に流れ出ている。私はまた、生きているものと生きていないものの違いを考え始めた。ある２つのものの間に明確な境界がない場合、一方からもう一方に流れ込むのはどんなふうに見えるのだろう。クサノオウが始まり、地面が終わる境目を見極めるのは、困

*心皮：雌蕊を構成する基本単位。

難だ。

　数日前、私はシロイヌナズナの根について書いた。しかし、今朝それを読み返していて、少し欠けているところがあると感じた。植物が自ずと成長するように、根も、世界の他の何にも頼らず、自らを構築する。

　だから私は、この限定された見方を広げることにした。ふたたび墓地の端に経ち、うつむいてシロイヌナズナを見下ろした。シロイヌナズナの根は、ふたたび私の足の下へと伸びていく。今回は、それぞれの根端がどのようにして外界のことを感受しているか、という点について考えてみた。根端は、そのおおまかな位置と、地面の中の土の質とを、同時に感知している。

　まず、根端の、その位置に対する感受性について説明しよう。根端のナビゲーション能力についてだ。根は、自分が今どこで育っているのかを感知している。そして根端の成長方向が、重力の方向、すなわち、私たちがいる地上の点と地球の中心とを結ぶ線の向きと、どのような関係にあるかも感知している。去年の秋、この芽生えの最初の根は、地球の中心に向かってまっすぐ土を押しのけていった。それは、その根端が持つ細胞の中に、成長するべき方向を示す細胞群があるからだ。これらの細胞は、細胞質の中にデンプン粒を持っている。このデンプン粒は、細胞質よりずっと密度が高いので、重力に引っ張られて、細胞の底に集まる。どうにかして細胞は、このデンプン粒が細胞内のどこにあるかを感知する。そして、デンプン粒の位置から、重力の向きに対する根の成長方向を割り出すのである。このデンプン粒を含む細胞群は、

この情報を根のずっと後方、軸の中にある、実際に今伸長している細胞群に伝える。もし根端が動いて、そのデンプン粒が位置を変えると、デンプン粒を持つ細胞はその変化を感じ取る。その結果、根の伸長領域の片側で細胞伸長が抑制されて、反対側の細胞のみが伸長するという現象が起こる。これによって根は曲がり、成長方向が重力の方向と一致するように調節される。

　このように、根は、外界によって制御されている。その成長は、重力がかかる方向を感知する能力によって、重力の方向と一致するようになっている。根は、方向や位置を認識している。自分が今どこにいるかを知っているのだ。

　話は変わって、2つ目の、根が土の質を感知するとは、どういうことか考えてみよう。シロイヌナズナの根が、成長する様子を想像してほしい。地面の下1フィートくらいの場所だ。先端は、その直後にある細胞が伸長することによって前へと押し出され、石や、枯れた植物の腐食した繊維、棒や砂粒など、地面を構成するものの中に、道を見つけ出して成長する。昨夜の雨で、根の細胞は膨らみ、早く、精力的に成長している。しかし、根の先端が、ある障害物にぶつかった。大きな石だ。その中を通り抜けることはできない。伸長領域にある細胞は、まだ根端をどんどん前に押し出そうとしている。根端は、固い石に押しつけられてしまう。根はこの問題を、この事態に応答することによって解決する。根端の細胞は、あるシグナル、単純な構造を持つエチレンという植物ホルモンを出す。エチレン分子は、炭素原子と水素原子が2つずつで構成されている（C_2H_2と表す）。その生産は、細胞が

ストレスや圧力を受けると誘導されるしくみになっている。根端のずっと後ろ、伸長領域にある細胞には、エチレンの存在を感知する受容体がある。根端で生産されたエチレンが、伸長領域の細胞に到達すると、受容体に結合し、その形を変え、細胞内のシグナル伝達系を活性化する。このシグナル伝達系は、伸長領域にある細胞の伸長を抑制する。根の成長を遅くして、根端の分裂領域にあるデリケートな細胞が衝突によって傷つく危険を回避するのだ。根の成長がゆっくりになると、根は石の周囲に沿って道を発見する。このように、成長中の根は感受性が高く、触感を通じていちばん良い道を見つけつつ、土の中を進んでゆくのである。

その場所に立ったまま、地面を見下ろしているうち、不意に、私が特別の注意を払っているこの植物は、もうじき枯れてしまう、という思いが浮かんできた。この一貫した複雑さを抱えた観察対象、数えきれない構成要素から成り、高い感受性を持つ根は、一時的なものに過ぎない。

そのあと、この日の午後は、仕事をしていても、元気が出なかった。何にも興味が持てなかった。たぶん、私はこのあいだ論文が受理されて大喜びして以来、気分が落ち込みぎみなのだ。すべてのものが、シロイヌナズナの成長のように、ゆっくり動いているように見える。変化がなくて、つまらない。同じものが、こんなにも違って見えることが不思議だ。時として、植物の成長や春の進み具合は今朝のようにたいへん早く感じる。時としてそれは、この午後のように、すべて止まってしまったかのように見える。ある時は堅固そうに見える。またある時は、非常に壊れやすいものに感じられるの

116　3月 *March*

だ。

　そして私は未だに、自分たちの研究で目指すべき方向が見いだせずにいた。このことを私は、繰り返し違う表現で書いていて、もう飽きてしまった。「未だに行き詰まっている」と言えば済むことだ。しかし、どんどんプレッシャーも大きくなってくる。いずれ何かが起きて、新たな洞察が事態を打開することだろう。

3月24日　水曜日

葉の展開

＊バニンガム：
Banningham

　昨日、バニンガム*の旧牧師館で開かれたオークションに行ってみた。春らしい美しい光の中、最初はにわか雨が降っていたが、雨は次第に強くなり、ひさしの布に当たって大きな音を立てるようになった。しかしやがて陽が照り始めると、建物の中に、不快な熱がこもった。そして私はというと、これが不調だった。特に欲しいアンティークがあったのだ。ライオンの顔の形をした石と、最も美しいと思ったのは、古代ローマの、大理石でできた納骨棺だった。クリーム色で簡素で、荘厳で、安定感のある彫刻で、ドングリに果物、その果物をついばむ鳥が描かれていた。しかし、その2つとも、他の人に競り落とされてしまったのだ。

　セイヨウハシバミの新芽は十分に開き、もう葉が展開していた。以前にもまして、飛んでいるコガネムシのように見える。小さな葉が広がっている。葉は広がっているが、芽鱗は広がっていない。これを見ていて、このような小さな葉が、大きな完全展開した葉になるのは、細胞分裂ではなく、ほぼ

細胞伸長に依存したプロセスだということを思い出した。これはシロイヌナズナと同じだ。葉は、まず分裂組織の端に、細胞の突起として現れる。最初は、新しい細胞を作ることと、細胞の伸長が同時に行なわれているが、葉の展開が始まると、新しい細胞はほとんど作られなくなる*。葉の成長に関与するおもな要因は、細胞伸長なのである。植物の細胞と動物の細胞の大きな違いは、この点である。植物細胞は、その体積を、分裂直後よりもずっと大きくすることによって、葉を成長させる。それに対して動物の成長は、より多くの細胞を作ることによって進むのである。

3月25日　木曜日

花芽分裂組織の形成について

目で見たもの、考えたもの、感じたもの、すべてが混ざり合って、私たちの世界の認識が決まる。そしてその認識こそが、科学そのものだ。

ジョン・イネスのオフィスの窓から、青い空をゆっくりと動いていく雲を見ていた。雲の動きはゆっくりとしているにもかかわらず、そこから射してくる光は不安定で、まるで花が咲くように大々的に照ってみては陰り、そしてまた照る、というような具合だ。セント・メアリーにあるシロイヌナズナのことを考えた。花は咲き始めただろうか。もちろん、咲いていたとしても、見るに値するような花ではない。しかしもし咲いていれば、茎の先端にある分裂組織の性質が変わっているはずなのだ。

栄養成長時の分裂組織は、花序分裂組織になり、それはさ

*葉の展開……作られなくなる：ここで著者は、話を簡単にするために、葉の展開が始まると細胞分裂はほとんど見られず、葉の成長はおもに細胞伸長だとしているが、実際にはシロイヌナズナの場合、細胞分裂は葉の基部付近でかなり長期にわたって見られ、その時期は細胞伸長の時期と大幅にオーバーラップしている。シロイヌナズナ以外でも、冬芽の展開のような場合を除けば、葉の成長のかなり後期になるまで、細胞分裂は葉の面積拡大に大きく貢献しているのが通例である。

らに他の性質を持った分裂組織、花芽分裂組織になるように運命づけられた突起をたくさん作る。これは、花を構成する萼片、花弁、雄蕊、雌蕊を作り出す細胞群だ。三つの異なる分裂組織、栄養成長、花序、花芽の分裂組織は、連続的に植物の地上部を作っていくのである。シロイヌナズナには、花芽分裂組織に、君らは君うを作り出した花序分裂組織とは違うんだぞ、と活性化されたときに教える遺伝子群がある。それは、*APETALLA1*と*CAULIFLOWER*[*]として知られる遺伝子だ。これらの遺伝子が機能しないと、花芽分裂組織になるべきものが、花序分裂組織であり続ける。*APETALLA1*と*CAULIFLOWER*の両方を欠いた変異体は、奇抜な形をしていて目を引く。この植物では、花序分裂組織が、花序分裂組織でできたらせんを作る[*]（本来は花芽分裂組織のらせんができるはずなのに）。新しい花序分裂組織は、さらに花序分裂組織のらせんを作り、そしてさらに各々が花序分裂組織のらせんを作る。これがずっと続いていくのである。どんどん分裂活性のある組織が増えていき、本来は花になるべき部分が、カリフラワーの食用部に見えるような構造に置き換えられてしまう。そして、これは実際にカリフラワーの食用部で起きていることとまさに同じ現象だ。なぜならカリフラワーでは、シロイヌナズナの*APETALLA1*と*CAULIFLOWER*に相当する遺伝子に変異が入っているのである。*APETALLA1*と*CAULIFLOWER*は、転写因子をコードしている。この転写因子は、花序分裂組織を花芽分裂組織に変えるのに必要な

**APETALLA1*と*CAULIFLOWER*：アペタラ・ワンとカリフラワーと読む。apetallaとは、花弁がない、の意味。カリフラワーは文字どおり、野菜のカリフラワーの意味である。

*花序分裂組織でできたらせんを作る：正常なシロイヌナズナの花は、その花序分裂組織の周りにらせん状に花を作る。ところがこの二重変異体では、花序分裂組織の周りに本当は花芽をらせん状に並べるべきところ、すべて花序分裂組織を作ってしまう。その花序分裂組織は、その周りにまた花序分裂組織を作ることを繰り返す。そのため、花序は無限に枝分かれしていき、非常に混み合った器官ができてくる。まさに野菜のカリフラワーの状態になるのである。

産物をコードする遺伝子を活性化する。単純だが、アイデンティティーのこの大きな変化は、花の咲く植物の大半で起きることなのだが、この変化は、目まいのするほど細かく分かれたカリフラワーの発生過程では、欠損しているのである。

　カリフラワーが属するアブラナ科の植物は、驚くような形態の可塑性を持っている。キャベツ、ブロッコリー、芽キャベツ、コールラビ、そしてシロイヌナズナ、これらの間には、形や構造に驚くべき幅がある。しかし遺伝子のレベルでは、これらに大した違いはない。この形や構造の違いを生むのは、異なる活性を持つようになったいくつかの遺伝子群だ。何百万年ものあいだに起きた小さな、遺伝子の活性の変化が次々と積み重なり、遺伝子ごとに加わってゆくことで、ついにはカリフラワーを我々ヒトから分けていったのだろう。

3月26日　金曜日

　寒いけれど明るい。まばらな光が入ってくる。部屋から見える雲はまるで絵画のように美しく、ロマンチックで、空想に浸りたくなるような景色だった。実際私は、今週の頭にバニンガムで非常に美しいものを見て以来、すべてのものの美しさが今までとは違って見える気がしている。このような景色、構造、形、地形、岩の露出、ぼんやりとかかかった霧、遠くを漂っている1つの風船。そして雲は、ただの水蒸気であるはずなのに、今日は特に固そうで、立体感がある。雲の色は多様だ。青い空に映えるクリーム色、また他の場所では、筆で書いたような灰色の幅の広い雲。太陽の光と、陰の世界。こんなふうにものごとを見ることでしか、私は自分の今のビ

ジョンの欠落を補うことができない。

　今朝は、数週間後に予定されている同僚たちに向けたプレゼンテーションの準備を始めた。研究の現状と、今後の研究計画について発表するのだ。これは良い機会だ。現状を打開するきっかけを得られるかもしれない。

3月30日　火曜日

　週末で、サマータイムに移行した。突然、暗い時間よりも明るい時間が長くなった。開放的な気分になる。春がすぐそこまで来ているという安心感もある。

　よりいっそう春らしくなってきた。庭には、クサノオウ、ボリジ、ヒヤシンス、コンフリーが咲いている。セイヨウカジカエデ*の新芽が薄緑色になっていて、すぐにでも開きそうだ。オーク樫、セイヨウボダイジュ、マロニエももうじきだ。ヨーロッパブナの生け垣も、枯れた茶色の葉をじきに落として、新しい葉に置き換わるだろう。このような環境のただ中にいることがたいへん嬉しい。緊張感が和らいでいく。

　セイヨウハシバミの葉は、ついこの間まで新芽を覆っていた芽鱗よりも大きく広がっている。その葉は、開ききった時の葉の、完全な縮小版だ。畝があり、脈があり、縁には鋸歯がある。葉脈は、鋸歯のそれぞれ先端で終わっている。葉は、玉虫色のような緑だ。私にはこの色をうまく描写することができない。"緑色"と書いただけでは表現しきれていないのだが、他にどのように説明すればいいか、私には分からない。

　昨日、今までに書いたものを読み返してみた。何か、一貫

---

*セイヨウカジカエデ：原文はsycamore。ヨーロッパ原産のカエデ属の一種で、学名は *Acer pseudoplatanus*。材は家具や弦楽器などに用いられ、ホワイトシカモア、シカモアカエデとして知られる。

したテーマがあるかどうか気になったのだ。庭や湿地、森での季節の移り変わり、その一部としてのシロイヌナズナの成長、研究室での出来事、成長の隠された秘密を明らかにしようとする私たちの研究の説明。こうしたことが、この本のおもなテーマになっていると思う。

　しかしこのように書いていて、また、自信がなくなるのを感じた。"研究"という言葉が原因だ。何かを"調べる"、そしてその何かが、"生物学"だ、という点に、居心地の悪さを覚える。どうしてこのような気持ちになるのだろう。どうしてこんな言葉で、私の思考が止まってしまうのだろう。

　この言葉が、あるものを孤立させる意味を持つからだろうか。セイヨウハシバミの葉の成長や遺伝子の活性を"調べる"ということが、その対象を外界から単離することによって始まるからだろうか。このように外界から切り離すことによって、他のものとの繋がりを減らすことになるからだろうか。

4月 *April*

4月2日 金曜日

　昨日ついに、もう1本の論文が受理された[*]という連絡を受けた。前の論文とは違い、今回はかなり長引いた。投稿したときにレフェリーからひどく批判されたのだ（そのうちのいくつかは公正な批判だった）。今回受理されたのは、それを修正した論文だ。しかし、レフェリーからの賞賛のコメントには、まだトゲがあった。一人のレフェリーは、未だに疑っているようで、この論文を発表するにはリスクがある、と言っている。

　このようなコメントを読んで、私は不安になった。論文を発表するときには、いつもこうしてプレッシャーを感じる。この結果を発表するのはまだ早いかもしれない、まだすべて

---

[*] 論文が受理された：3月1日の訳注にも記したとおり、科学上の発見は、専門誌への掲載によって初めて正式に報告・認知される。そのためには原稿を投稿後、編集部との攻防を経る必要がある。ここで著者はレフェリーから指摘された修正意見に基づき、修正原稿を再投稿した結果、編集部から掲載許可＜受理＞を受けたところである。

を調べ尽くしたわけではなく、どこかに間違いがあるかもしれないという不安が、常につきまとうのだ。それに加えて、自分たちの研究の次の方向性を未だに定められないことにも、苛立ちを感じていた。少し無理をしているのかもしれない。猟犬にあたりの匂いを一生懸命に嗅がせ、何も見えていないのに、その匂いだけを頼りに獲物を探しているような感じだ。匂いが消えてしまったときに助けになるものが、私には何一つ見えていない。

4月4日　日曜日

パーム・サンデイ*

ウィートフェンへ行った。光が美しい。空は、綿のボールみたいな雲の塊が転がっていき、動画のようだ。東からの風が、強く冷たい。

昨日は、家でグランド・ナショナル*のテレビを見た。あの命がけの感覚、馬の全力疾走、はやる気持ち、そして優勝した騎手が胸の前で十字を切る様子が、とても良かった。私たちは賭けをした。あと一息でジャックが勝つところだったのだが、彼が賭けた馬は最後から2つ目のフェンスで転んでしまった。ジャックはひどく不機嫌になってしまった。

そして今日はパーム・サンデイだ。時間はどんどん過ぎる。

湿地へ行った。去年育った植物は厳しい冬にくたびれて枯れ、汚くなってしまった。葦の茎は非常に細く、もろくなり、節の部分で折れている。淡い黄色みを帯びた茶色だ。しかし地表近くでは、それが緑色に塗り替えられつつある。草の新芽、葦の新しい葉だ。葦の葉のでき方には、シロイヌナズナ

*パーム・サンデイ：Palm Sunday。日本で「シュロの主日」と訳されている休日。イースター前の日曜日を指す。もともと小型の椰子の一種をイメージした言葉なのだろう。たまたま日本には、小さい椰子とも言えるシュロが自生しているため、この訳が使われているが、シュロを含むシュロ属の椰子は、日本からヒマラヤにかけての固有属なので、中東をイメージしたキリスト教の文脈には本来、そぐわない訳語だ。

*グランド・ナショナル：Grand National。リヴァプール郊外の競馬場で、毎年4月に開かれる障害物競馬。世界で最も苛酷な障害物レースとして知られている。

と共通する点も、相違点もある。分裂組織の側面の突起として葉ができ始めるという点では、シロイヌナズナといっしょだ。しかしシロイヌナズナとは異なり、葦の葉は、細胞が葉の長さの方向に分裂・伸長することによって成長する。かたや丸い葉を作るシロイヌナズナの細胞は、もっと複雑な方向に分裂・伸長するのである。

このところ、春が日ごとに進んでいることは一目瞭然だ。あちこちで新芽が芽吹いている。先のとがった葉がまとまって出てくるセイヨウサンザシに、今私がその根もとに座っている柳。しかし、セイヨウトネリコの芽はまだ黒く、固く閉じていた。

蒲(がま)の穂は、今や以前とは見違えるようだ。以前ここに来たときには、その先端はまだ固く、濃いチョコレート色をしていた。今ではそれは白い綿のボールのような、種(たね)と綿毛の塊になって、風に揺れている。1本、私よりも背が高いものがあった。その茎を曲げて、綿のボールを自分の背丈まで引き下ろし、近くで見てみると、綿毛の向こうに青い空が透けて、まるでその綿毛が雲の一部のようだった。

けれど、風が冷たくなってきたので、風を除けるために森に入ることにした。森に向かう途中、少し野原に立ち寄る。沼地よりも風から守られ、ここでは、色と質感が調和している。遠くにある猫柳の花は、点描で描いた綿毛のようで、その黄色が灰色の霞のような枝や新芽に映え、さらにその下の葦の淡黄色と調和している。池には2羽の白鳥。それと小さなカイツブリのつがいも、泳いだり、突風の風圧でときどきくぼみさざめく水面の下に、潜ったりしている。今、蝶が飛

んだ。…しかし種類を見極める前にいなくなってしまった。これらすべての上には果てのない青い空が広がり、雲はゆっくりと進んでいく。

　森に入ると、守られている、安全なところにいるという気持ちになる。いろいろな鳥の鳴き声が聞こえる。木の上の方では風がうなりをあげているが、地面の近くではそよ風しか感じない。うなりが遠くで聞こえるというのは、いかにも自分が守られているという気がして、快適であると同時にわくわくする。私は気分が落ち着いてきた。すべてが素晴らしく、楽しく、一時的なものながら、この上ない幸せを感じる。私はこの場所と、ここにいる時間とが好きだ。

　いろいろな新芽が次々に開く春とはなったが、森の中ではまだ、葉よりも枝が目立っている。じきにこの様子も違ってくるだろう。緑の葉が生い茂って日陰を作るようになれば、枝の直線的な質感も和らぐはずだ。

4月8日　火曜日

　不安定な天気だ。どんどん変わっていく。近づいてきた雲は数分のあいだに空一面を覆ってしまう。その下の景色は鉛色だ。霰（あられ）が地面を叩きつける。霰は丸く、角がなく、ゆがんだ球形だ。と、またすぐに明るくなる。しかし、寒さだけはずっと続いている。

　シロイヌナズナはまだ咲きそうにない。ずっと、茎の周りに葉を作り続けている。数日前に花芽分裂組織の形成について説明したが、せっかち過ぎたようだ。

4月11日　日曜日—復活祭—

イースターを祝いに、ヨークシャーはウォーフデール*のスターバトン*へ行った。聖金曜日以降ずっと曇っていて、寒い。ここではノーフォークほどは春が進んでいないようだ。今朝の空は初め穏やかで、灰色の雲が一面にかかっていた。しかし、それからゆっくりと太陽が顔を出し、数分のうちに空は晴れ上がって、雲もなくなった。陽が照り、明るく澄み渡った。

　私は突然、自分がいかにこの景色を愛しているかに気がついた。私が子ども時代の大半を過ごした場所だ。光が射し、陰ができると、地形がきわだつ。灰色の岩と、それが点在する斜面、長く連なる低い山々。遠くから見ていると、これらが暗闇を背景とした、丸い彫刻群として浮かび上がる。その形や姿を見て楽しんだものだ。この景色を眺めていると落ち着き、安心した気持ちになる。こうした形に対する親しみの気持ちを、タンパク質の構造について持ったことがあっただろうか。

　もう1つ、安心感を抱く要因がある。この谷は、氷河の作用でできた谷に特徴的な、優美なU字型の曲線を描いている。その谷間は、エメラルドグリーンの肥沃な平地だ。その平地と荒れた峰々とは、谷の斜面で結ばれている。底の平地の豊かさと、その上の険しさが示す見事なコントラスト。その対比によって、安心感がより強調される。風の強い日に家の中にいる、あるいは、嵐の日に港の中にいるような感じがする。

*ウォーフデール：Wharfdale
*スターバトン：Starbotton

4月12日 月曜日

スターバトンからケトルウェル*まで楽しく散歩して、帰りも歩いた。子どもたちは、私たちの周りを飛び跳ねていた。まず、石の多い急坂を登ってカムヘッド*に向かい、ケトルウェルに続く長い緑の小道をゆっくりと下る。ウォーフデールからの眺めは雄大だ。左手には巨大なグレート・ワーンサイド*の亀甲に、枯れたヒースと、赤茶けたシダの茂みが春の陽射しを浴びている。ケトルウェルでは、シロイヌナズナが壁に生えているのを何度も見かけた。もう花が咲き始めてずいぶん経つようで、細い茎が長く伸び、白い花をつけている。どうして、ノーフォークのシロイヌナズナは、最後に見に行ったときにも咲いていなかったのだろう。系統の違いだろうか。

ケトルウェルからスターバトンに戻るときは、ウォーフ*の土手沿いを歩いた。1羽のミソサザイが、甘酸っぱいような、チュンチュンいう声を立てながら、芽が一面に散りばめられたセイヨウサンザシの中でぴょんぴょんと跳ねていた。

*ケトルウェル：Kettlewell

*カムヘッド：Cam Head

*グレート・ワーンサイド：Great Whernside

*ウォーフ：Wharfe

4月15日 木曜日

私はこの本に、世界の一側面をなすものとして科学を描こうとしている。特定の対象にだけ狭く狭く焦点を絞り込み、そこに見えるものだけを囲い込んで閉じ込めてしまうような、ありがちな科学の描き方はしたくない。

今日私たちが見た景色はというと、これが何と素晴らしかったことだろう。明るい陽射しに、涼しい風が吹く1日だった。川岸に沿って、スターバトンからバックデン*、ハバホ

*バックデン：Buckden

*ハバホルム：
Hubberholme

*バックデン・パイク：Buckden Pike

ルム*、そしてその少し先まで歩いた。木々が——セイヨウカジカエデとマロニエが——葉を広げている。谷はなだらかで、バックデン・パイク*が太陽に照らされて輝いていた。

　散歩の途中、私の意識に不思議なことが起きた。気づくと、GAIのことを考えていたのだ。雲の形が数分のあいだに変化するのを眺めていたとき、GAIタンパク質が植物細胞の中でどのような形をしているのか気になってきたのである。私たちは、GAI分子の構造がその機能に重要であること、GAIは構造を変えることができて、二通りの構造を取るということ、その構造の変化が機能上重要であることを知っている。しかし奇妙なことに、この２つの構造というのが実際にはどのようなものなのか、私たちは知らないのだ。ただ、このように書いてしまうと、GAIの話題に関して、ずいぶん先走りしているかもしれない。

　夜、アリスとジャックは、テープを聞いて大笑いした。

*マーティン・ジャービス：Martin Jarvis

*『Just William』：リッチマル・クロンプトン（Richmal Crompton、1890-1969年）作。マーティン・ジャービスがナレーションを担当したものは、BBC Young Collectionとしてオーディオ・カセットが販売されている。

マーティン・ジャービス*が読む、『Just William』*だ。テープの終わりには、ピアノの、ラグタイム風のダンスチューンが流れた。１つ１つの拍子が、二度と戻らない時間の流れをよく表現していた。エネルギーを大量に消費しながら生きる、私たちの存在の危うさそのものだ。

4月16日　金曜日

　スターバトンで過ごす最後の日だ。曇りで、また寒く、霧雨や雨が降った。バックデン・パイクの斜面を歩いて

4月 *April* 129

スターバトンからバックデンへ行き、それから川の土手沿いに帰った。雲は低かったが、バックデンの上からの眺めを邪魔するほどではなく、アッパー・ウォーフデール*にヨッケンスウェイト*、さらにその向こうまで見渡すことができた。

日常の生活とはまったく違う、短い休息の時間が、ほぼ終わってしまった。しかし仕事に戻る準備はできていた。来週予定されている仕事のレビューのことが、頭の隅にいつもあったような気がする。が、きっと問題なくこなせるだろう。

＊アッパー・ウォーフデール：Upper Wharfedale
＊ヨッケンスウェイト：Yockenthwaite

4月18日　日曜日

ノリッジに帰ってきた。風の強く、暗い、じめじめした日だった。しかし１０日間留守にしているあいだに、春は驚くほど進んでいた。オーク樫の木にヨーロッパブナの木、セイヨウボダイジュまでもが、いろいろな芽吹きの段階にあって、あるものは若い葉を広げ始めていた。桜も咲き、ワスレナグサもたくさん花が咲いていた。どこもかしこも新緑に包まれ、木々の輪郭は見違えるように柔らかくなった。

4月19日　月曜日

仮説

今日研究室に復帰した。明日の仕事のレビューに向けた準備だ。

またGAIの話に立ち返り、GAI遺伝子のクローニング*によって何が明らかになったかを書こう。「抑制緩和の仮説」についてである。植物の成長を統一的に理解するためのステップの１つだ。春の庭の葉や花で何が起きているかを説明する

＊クローニング：３月１９日の訳注を参照。

ものでもある。

　ここには、2つのものがある。まず実際に見たもの、実験結果だ。そして展望、実際に見た結果から想像されるものがある。もちろんその境界は曖昧で、はっきりと区別することは難しいが。

　では、私たちが見たものは何だったろう。*GAI*の単離によって何が明らかになったのだろうか。*GAI*遺伝子のDNA配列が分かった。DNA配列を一見しただけでは何も分からない。それは4つの文字の羅列であり、数千もの塩基対が、特に規則性もなく並んでいる。しかし、DNAの配列をコンピューターを使って分析すると、その構造の大枠の特徴が見えてくる。たとえば読み枠。読み枠というのは、DNAの、タンパク質をコードしている部分のことだ。

　読み枠を決めるものは何だろう。DNAは3塩基で1組として認識される。この組はコドンといって、その1組1組が、タンパク質を構成する20個のアミノ酸のうちどれか1つに相当する。たとえば、AGT TCT AGA AAC CTTという15個の塩基からなる配列は、5つのアミノ酸からなるタンパク質の配列、ポリペプチドをコードする。この配列の場合は、セリン、セリン、アルギニン、アスパラギン、ロイシン*の順となる。しかし、いくつかの3つ組塩基（TAGなど）は「ストップコドン」と呼ばれ、特定のアミノ酸を指定せずに、タンパク質の配列が終わることを意味する。タンパク質はまず必ずメチオニン（ATGで示される）で始まり、300かそれ以上のアミノ酸で構成される。このことを利用して、コンピューターは、素のDNA配列から、読み枠らしい場所を探し

＊セリン、セリン、……ロイシン：この5つはすべてアミノ酸の名前。DNA上の遺伝暗号は、原則として3文字1組で1つの種類のアミノ酸を意味する。AGTはセリン、TCTもセリン、AGAはアルギニンという具合だ。ただし、すでにお分かりだろうが、どれを3文字セットの始まりにするかによっては、意味が違ってきてしまう。たとえば本文の例だとAから始めるのではなくその次のGから始めると、GTT CTA GAA ACC...となり、これだとバリン、ロイシン、グルタミン酸、スレオニン……となる。そういう誤読がないように、DNA上には、本文で記されているような暗号の読み始め（メチオニンに読み替えられるATG）や、読み終わり（ストップコドン）なども書き込まれている。

4月 *April*　131

出すことができる。このような領域とは、ATGで始まり、アミノ酸をコードするコドンが３００組以上続き*、その後にストップコドンが出てくるような領域だ。

　私たちがGAI遺伝子の読み枠を見つけることができたのも、この分析をしたからだ。GAIの読み枠よりも前にあるDNAの配列はタンパク質をコードしないが、GAI遺伝子の活性を調節する役目を持つ。GAIの発現のオンとオフを決める、プロモーターと呼ばれる領域だ。

　GAIの読み枠は、GAIタンパク質を構成する５３２のアミノ酸をコードしている。しかしタンパク質はただの単純な直鎖の形ではなく、三次元構造を取る。折り畳まれ、捩れてできる形だ。タンパク質は、そこに含まれる特定のアミノ酸配列（それぞれ異なる化学的性質を持つ）の働きによって最終的にその構造が決まる。GAIのアミノ酸鎖も折り畳まれて、独特な形を取る。分子の彫刻作品だ。その全体としての形や、表面にある隙間やくぼみ、突起など、その形の特徴すべてが、GAIが機能を果たすための、分子レベルでの相互作用*にかかわっている。これを想像するには、何か際立った特徴のある形を思い浮かべるといいだろう。見慣れた風景や、ヘンリー・ムーアの彫刻などはどうだろう。

　コンピューターを使えば、タンパク質の配列の中から、特定の領域を見つけることもできる。たとえば、新しいタンパク質の配列が分かると、その配列を、すでに分かっている数千の配列と比較することができる。私たちもこの作業を行なって、GAIの後半３分の２ほどの長さの配列が、植物の他のタンパク質、SCARECROW*（SCR）とよく似ていることを

＊コドンが３００組以上続き：現在、生物の遺伝情報からは、これほど大きな、長いアミノ酸の鎖（ポリペプチド）だけではなく、もっとずっと短いポリペプチドをコードする遺伝子も多数見つかっている。

＊分子レベルでの相互作用：生命活動は、さまざまな分子が互いに作用しあうことで営まれている。遺伝子DNAがコードするタンパク質も、何か他の分子と相互作用して初めてその機能を発揮するのである。

＊SCARECROW：スケアクロウと読む。

知った。SCRは、他の遺伝子の活性を調節するタンパク質、転写因子だと考えられているので、GAIも転写因子として働く可能性が高い。私たちの推察では、GAIは、植物の成長を実際に制御する実行部隊である酵素や構造タンパク質について、それらをコードする遺伝子群の発現調節をすることで、植物の成長を制御していると考えられる。

しかし特に興味深いのは、GAIの残りの3分の1の配列だった。この部分は、既知のタンパク質のどれとも似ていない、まったく新しい配列だったのだ。未知の領域。そして私たちは、この配列に対して、gai遺伝子の配列が分かったときに、さらに強い興味を抱くようになった。

非常におもしろいのは、GAIとgaiのDNA配列を比べた結果、gaiはGAIタンパク質の、例の3分の1の領域に変異を持つことが明らかになったことである。この発見は非常に満足のいくものだった。なぜならこの結果は、「gaiはタンパク質をまったく作らないのではなく、異常のあるタンパク質をコードしている」という、私たちが何年も前に考えたアイデアを支持するものだったからだ。gaiは、GAIの読み枠、タンパク質をコードする配列が一部欠けたものだったのだ。それも、問題の3分の1の領域のうちの、17個のアミノ酸が抜けただけだった。この抜けていた配列が、今ではDELLA領域として知られるようになった配列である。DELLAというのは、抜けた17アミノ酸の、最初から5番目までのアミノ酸の名からつけた名前だ（アミノ酸の種類は、ローマ字1文字で表記できる）。今までのことをより分かりやすくするために、GAIタンパク質とgaiタンパク質の大事な特徴を比較

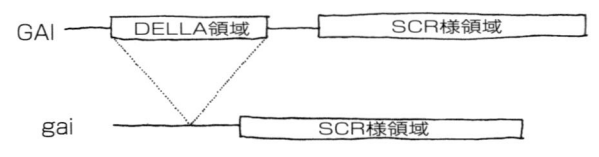

```
GAI ──┬──[ DELLA領域 ]──┬────[ SCR様領域 ]────
      ⋮                 ⋮
gai ──┴─────────────────┴────[ SCR様領域 ]────
```

正常なGAIタンパク質と変異型gaiタンパク質の違い。両方ともSCR様の領域を持つが、gaiタンパク質の方はDELLA領域を欠く。(図の縮尺は適当に描いてある)

した図を描いておこう(実際には折り畳まれているものを、直線として描いてある)。

　こうして、私たちは自分たちの予想を証明した。*gai*遺伝子の変異は、遺伝子を壊すようなものではなかった。*gai*遺伝子は、まだタンパク質をコードしており、そのタンパク質は何らかの機能を持っている。しかし、それはDELLA配列を欠いているため、構造が変化している。この構造の変化が、タンパク質の性質を変え、その働き方を変えていたに違いない。究極的には、この変化が、植物の背丈を高くなくし、矮性とするのである。この構造の変化はわずかで、タンパク質自体が目に見えないのと同じように、目には見えない変化だが、植物の成長に、目に見えて大きな影響をもたらすのだ。

　ここで私は仮説を思いついた。これは論理だけではない、何か他のものも加わった思考の過程だ。この思考過程は、夏の終わりの灰緑色に覆われた葦原で、生い立った茎が風になびくのを眺めているときのものに似ている。私はこのような景色を見ると、見えているものから、想像を膨らませずにはいられないのだ。実際には茎と葉の繋ぎ目は見えていなくても、私はその2つを繋げる線や輪郭を見たい。だから、茂み

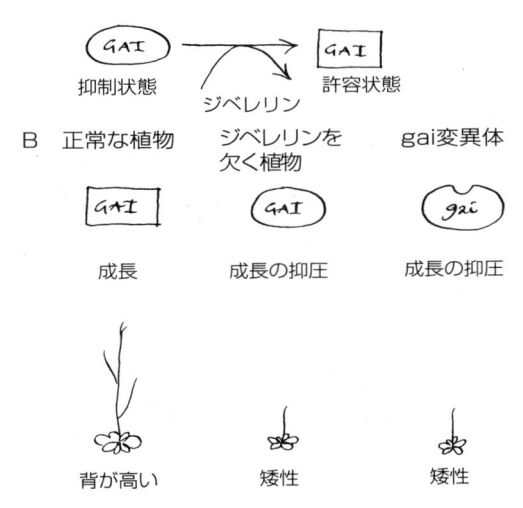

A　GAIタンパク質の２つの状態

抑制状態　ジベレリン　許容状態

B　正常な植物　　ジベレリンを欠く植物　　gai変異体

成長　　成長の抑圧　　成長の抑圧

背が高い　　矮性　　矮性

GAIがどう働くかの仮説　A：GAIタンパク質の2つの状態。B：正常な植物では、ジベレリンがGAIを、成長許容型に変えるため、背が高くなる。ジベレリンを欠く植物は、GAIが成長抑制型のままなので、矮性となる。gai変異体では、変異型gaiタンパク質が許容型に変換できないため、矮性を示す。

の奥深く想像を入り込ませる。そして、そよ風の向きと並ぶ平行線とを計算に入れる。実際、目にしたものに少し想像を加えることで、目で見たものが意識の中で変化するのだ。新たな関係を繋ぎ、よりよく現実と合わせるために、ちょっとつぶしてみたり、何か差し引いたり加えてみたりする。こうした作業は仮説を立てる過程にもある。「AがBならCである」という論理をおしのべた形のものだ。

　さて、その仮説は植物の成長を説明するものだ。GAIタンパク質が、２つの異なる構造を取ると考えよう。ふつう、

GAIは「抑制状態」にあり、目で見たときの成長として私たちがとらえているような細胞増殖を、抑制している。GAIのもう1つの状態は「許容状態」で、この形を取っているときは細胞増殖が許可される。成長を促進する植物ホルモン、ジベレリンが、抑制状態にあるGAIを許容状態へと変え、成長を促すと考えよう。ジベレリンを欠損した変異体が矮小化することは、以前説明した。もしこの仮説が真実なら、ジベレリン欠損の変異体が矮小化するのは、ジベレリンが欠損することによって、抑制状態のGAIが蓄積するからだ。ここでさらに、変異型のgaiタンパク質は抑制状態になることができて、成長を抑制する機能を維持していると考えよう。しかし、構造が変わってしまっているので、このタンパク質は許容状態になることができない。このように仮説に沿って考えると、gaiは抑制状態にロックされたタンパク質だということになる。このタンパク質を持つ植物は矮小化し、ジベレリンを加えても回復しないのだ。

　これは仮説である。実は、最初からこの考えが気に入っていた。ただ単純に正しいと感じたのである。この仮説を当てはめれば、一見繋がりのない一連の観察結果も辻褄が合う。植物の成長を、ジベレリンとGAIの関係から説明することができる。こんなにも魅力的で、いろいろと将来性のあるアイデアなのに、まだ仮説に過ぎない。検証を受ける必要がある。

4月21日 水曜日

　昨日の仕事のレビューはうまく行った。あのような機会があると、より広い視野でものごとを考えることができて、助

けになる。しかし、残念ながらその議論の中では、私が必要としているような、新しくて期待できそうなアイデアは出てこなかった。

　レビューが終わったので、私は自分に褒美を与えることにした。エルハム*の森に、ブルーベルが咲き始めたかどうか、見に行ったのだ。しかし現地に着いてみると、花茎は十分伸びていたのだが、花はほとんど開いていなかった。近いうちにまた行くことにしよう。

*エルハム：Earlham

　今日は素晴らしい春の陽気だ。空は柔らかい灰色で、そのせいであらゆるものの新鮮さと、その勢いが強調されている。ここ2、3日はペースが早い。2月から3月、4月頭にかけては、過酷なほど季節の変化がのんびりしていた。しかし今ではまるで、堰を切ったように、花が咲くのも、新芽が芽吹くのも、葉が開くのも、何もかもが突然簡単になったようだ。庭全体が、興奮と新鮮な緑の息吹で溢れている。

　このような新緑の広がりが、私たちが見つけたタンパク質、GAIによるものだということを考えるにつけても嬉しい。GAIは、春という、みなに愛されているものの一部をなしている。肝心なのは、春の美しさと、そのタンパク質に関する理解とを、同時に頭に置いておくことだ。簡単なことではない。私もよく失敗する。しかしこれができると、思考が充実するのである。

4月22日　木曜日

四次元空間について

　シロイヌナズナをまた見に行くことができた。ここ数日は

レビューの準備で忙しく、それ以前はヨークシャーに出かけていた。いくつかの理由で、今日の私の思考は、すべて直線的になっている。すべての次元が、直線やベクトルだらけだ。繋がりを求めて湧き立つ思いだ。出かけられることでわくわくしていたのである。一時は私の頭のてっぺんから、太陽に向かった直線が出たほどだ。しかしそれは、セント・メアリーに自転車をこいでいるあいだに、思考の表面から蒸発してなくなった。

　それから、シロイヌナズナの生えている場所に着くとすぐ、私は、上に向かってまっすぐ伸び始めた茎を発見した。ロゼット葉の真ん中に見える、すごく短い、茎とも言えないほどの茎。4分の1インチ*か、それにも達しないくらいだ。茎の先端には、たくさんのつぼみがらせん状について、冠のようだ。私が留守にしていた一週間ほどのあいだに、こんなにも成長していたのだ。ついに、ついにシロイヌナズナが花芽をつけ始めた！茎はとてもかよわいが、その成長は速い。

*4分の1インチ：6ミリくらい。

　すると私の頭に、直線が戻ってきた。今日新しく見つけた茎や、地中を掘り進む根——どちらも、円筒状の直線だ。これについてざっと考えてみた。細胞でできた同心の円筒の中心には、動物の血管に相当する維管束系、木部と篩部が走っている。この維管束は、茎や根の細胞が成長するためのエネルギー源となる、水や栄養を運んでいる。この大事な維管束系は、枝が広がれば、自ら細胞を作り足してその中に広がっていく。養分を供給するべき組織に近づくと、維管束は二股に分かれ、枝分かれし、網目状の支流になっていく。最終的には、葉全体に広がり、葉の骨格となるスポンジ状のネット

ワークを形成するのだ。維管束の先端は、養分を供給するべき細胞群のあいだにがっちりと組み込まれていき、そこでは細胞と維管束とがしっかり抱き合った状態になっている。

　このように抱き合う細胞と維管束系とのあいだには、直線的に示される位置関係がある。空間を、一連の直線によって定義してみよう。まず1つ目、1本の直線だ。これが一次元目。2番目は、1本目の直線に直角に交わる直線だ。この2本の直線が、二次元目、平面を作る。3つ目の次元を決める3本目の直線は、上から下へ走り、立体的な、私たちが慣れ親しんだ三次元空間を作る。4番目…4番目？　そう、4番目は、その三次元空間に、流木の虫食い穴のように、たくさんのトンネル状の穴が空いた状態だ。空間の表面は、その穴を通って、空間そのものの中へともぐってゆく。生き物とその維管束系との関係は、この四次元目に相当する。

　脈のネットワークがこのような四次元目の性質を持つようになった理由は、2つ考えられる。1つは、このシステムを最初に獲得した生物が、他の生物よりも成功したということ。もう1つは、細胞どうしを最適な方法で繋ごうとすると、必然的にこの構造に行きつくということだ。単細胞生物は自己充足的な生き物である。生命を維持するために必要なこと——物質やエネルギーを外界と交換したり、それらを外界から吸収したりすること——は、すべて自分自身でできてしまう。しかしひとたび多細胞生物ともなると、細胞は専門分化して、それぞれ異なる性質を持ち、異なる役割を担うようになる。植物では、根の細胞は土から水分や栄養分を取り込むことに特殊化し、一方、葉の細胞は光合成（太陽光のエネルギーを

とらえ、栄養に変えること）のために特殊化している。これらの異なる性質を持つ細胞群は、互いに連絡を取り合う必要がある。この細胞群は、互いに依存しあっているのだ。大昔、こうした相互依存が成立するとともに、ある圧力がかかるようになった。つまり、多細胞生物のある部分から他の部分へ、より効率的に物質を運ぶ方法を作り出す必要が、出てきたのである。

　多細胞性は、植物と動物とでは独立に進化したが、どちらも脈系を持っている。動物の脈系とは動脈と静脈で、その支流は全身に血を運ぶ。この脈はネットワーク状に分岐し、植物と同様に、体の中の細胞群にきつく抱き込まれていく。植物では、木部と篩部は、ある場所と他の場所とを結ぶ水路として機能している。どちらの場合にも、供給する側（脈）と、供給される側（細胞）とがある。自然選択圧は、こうした脈構造をして、供給する側と供給される側の接する面積が、最大になるように向かわせた。効率の良い物質交換をもたらし、生体内での物質輸送も最小限の時間とエネルギーで行なえるようにしたのである。

　このアイデアは、「体の形は、大小にかかわらず、このような四次元の関係によって決定される」ということを意味している。たとえば、ロゼット葉の中心から太陽に向かって伸びる、新しく短いシロイヌナズナの茎。これには、ある決まった直径がある。茎の直径は、その植物の体全体の質量に応じて決まるのだ。そしてこれは、植物の大きさにかかわらず、すべての植物に当てはまる。植物の重ささえ分かれば、$D=kM_b$という式で、その茎の直径を推定することができる

のである。これは単に、茎の直径（D）は、植物の質量（M）をb乗したものに比例する、ということを意味しており、kは定数である。ここでいちばん大切なのは、bの値だ。そしてこのbの値には、今までに積み重ねられてきた実験的観察結果からして、それはフラクタル構造[*]（四次元構造）を考えると理にかなっている。4分の3がいちばんよく当てはまる。分母が4なのは、植物の形を決定する脈系が四次元の性質を持つからだ。自然界には、質量の4分の3乗に比例するものがたくさん知られている。生物の構造、その代謝速度、成長速度などがその例である。この法則はスケーリング則と呼ばれている。このように、木々や植物、動物の形はまったく異なって見えるものの、視点を変えると、すべてが4分の3乗ルールという基本則にしたがっているという点で、非常に類似しているのである。

　この理論は、さまざまな生物のことを統一的に説明するという点で、非常に魅力的だ。現代生物学は、あまりにも差異にとらわれ過ぎている。ある種が他の種とどう違うか、ある遺伝子の変異が、正常な型と変異型とのあいだにどのような違いを生むか。私の仕事も、大部分は違いに頼ったものだ。スケーリング則説は、共通点——ある生物が他の生物とどのように類似しているか——を見せてくれる。だから特に新鮮なのだ。あらゆる生き物がまるで、水路や配管によって繋がれた1つの構造であるかのように、互いに繋がり、関連するものとして見る方法を提供してくれる。この見方をすると、この1つの構造と、外の、無限の沈黙にある宇宙との違いを考えれば、個々の生物にある違いなど、大したものではない

*フラクタル構造：あるパターンの繰り返しからなる構造になっており、その結果として全体の形とその一部の形とが自己相似となっているもの。ブノワ・マンデルグロが数学的に扱ったことからマンデルグロ図形ともいう。

4月 April　141

という気持ちになる。

　しかし、私は少々脱線してしまったようだ。強調すべきことは、今日はシロイヌナズナの生にとって、重要なイベントが起きた日だということだ。ずっと待っていた茎が、ついにロゼットの中心から出てきたのである。そしてその伸びゆく茎の周りには、らせん状に並んだつぼみがある。中央にある分裂組織のアイデンティティーが変わったのだ。それはもはや栄養成長分裂組織ではなく、花序分裂組織である。花こそまだ咲いていないものの、このシロイヌナズナは、もう花開いたも同然だ。

4月23日　金曜日

原子のレベルで考える

　太陽の光、暖かい空気、新緑があちこちに溢れている。もうすっかり春だ。数週間前のような不安定な気候ではない。一時的な寒の戻りも減るだろう。このような陽気になって、私は何か、可能性のようなものを感じる。開放感だ。春、夏、そして初秋が、この先ずっと広がっている。冬を抜けるというのは、何という開放感なのだろう。間違いなく、季節は人の意識に影響を及ぼす。すべての生き物が、ひと月かそこら前より、ずっと気楽にしているようだ。.

　あちこちで花が咲いている。黄色いクサノオウにキンポウゲ、そしてタンポポ。シロイヌナズナの花が咲くのも、もうじきだ。

　今日また、私は立ったまま、シロイヌナズナを見下ろしてみた。墓地の中で、約1インチ*ほどに育った茎とつぼみが、

*1インチ：およそ2.54センチ。

そよ風になびいている。思い起こすと、私はこれまで、植物を構成するものについてほとんど考えてこなかった。シロイヌナズナを構成している、塵(ちり)のように小さな要素の性質について、考えてみた。

　植物のことをこのように考えたことがなかったのは、おそらく単に見落としていたのだと思う。いやしかし、違うかもしれない。植物を見る方法はたくさんあって、それらには、これといって優劣があるわけではない。そうした考え方をすれば、植物からは、それを聞く気になるだけで、数知れぬ響きが聞こえてくるはずだ。

　シロイヌナズナを元素記号で表すと、それが今、私が立っている地球の一部であることを、よりはっきりと示すことができる。その茎をなびかせる風の一部であることも。まずは原子だ。原子から始めよう。これを説明するのはなかなか難しい。原子の匂いをかいだり触ったり、味わったり見ることができたらいいのに。それにまた、私は専門家ではない。最近の物理学者が考えている原子は、私がこれから描こうとしている原子の姿よりは、もっと柔軟なものかもしれない。私の考えるこの構造は、原子よりも小さな粒子に分解できるもので、これら粒子は、電荷やその他の力によって互いに結合してできている。原子は、それを構成する粒子の数や性質に応じて、さまざまな性質を持つ。このような、原子よりも小さな粒子1つ1つの性質によって、異なるタイプの原子が、互いに異なる親和性を持つのである。相互に高い親和性を持つ原子どうしは、電荷を分け合って結合する。原子どうしを結びつけ、分子を作るのはこのような結合だ。

シロイヌナズナの体を構成する分子は、さまざまな種類の原子のうち、ごくわずかなものからできている。水素、酸素、炭素、窒素、硫黄、リンに、あと数種程度のものだ。たとえば水。水は、水素原子2つと酸素原子1つから成る（H_2O）。植物中に最も多い分子だ。セルロースは細胞壁を構成する繊維で、グルコース分子の鎖であり、そのグルコースは炭素、水素、酸素原子から構成される。植物を構成する他の分子としては、細胞質にあるタンパク質や、膜に含まれる脂質、DNAやRNAのような核酸などがある。どれも、さまざまな原子を特定の組み合わせと配置で結合することによって作られていて、その結果、それぞれが特徴的な性質を持つ。植物の体それ自体も、特徴的な性質を持っている。これは、植物を構成する分子の性質を組み合わせた産物だ。分子は、それを構成する原子によって、それぞれ特徴的な性質を持つ。その原子の性質は、原子よりさらに小さな粒子によって決まる。植物という存在は、目に見えない小さなところから、目に見える大きなところまで、すべてのレベルの各階層を通じて存在している。植物を、このすべてのレベルで同時に眺めることができたら、もっとよく植物を理解できるだろうに。しかしそれは難しい。

　今、その茎がそよ風に踊っているこのシロイヌナズナという存在は、静的な構造などではない。それどころではない。それを構成する分子は常に変化しており、細胞質の中で、絶えず作られては壊されている。たとえば植物は、光合成をするときに、太陽エネルギーを使って水分子を壊しているし、そこで得られたエネルギーを使って、自分を構成するための

分子を作っている。植物の細胞質は、分子を合成し破壊する、複雑な反応釜だ。

　生化学は、複雑で膨大なこの混合物を図表に示してきた。分子がAからB、そしてCへと、徐々に変わっていく様子を、結合を作ったり、壊したりするところ、ある原子を足したり引いたりするところ、そして他の分子と融合したり分離したりするところを、段階を追って示してきたのである。これだけではない。この図表は、酵素群（特別なタンパク質）がどのようにして各種の反応を触媒し、反応速度を調節しているかも示してきた。生化学は、植物の代謝を地図にして示してみせてきた。しかし、私にとっては、分子を化学の古典的な方法で表現すること、無味乾燥な化学式や、色の違うプラスチックボールでできた分子の立体モデルなどは、構造やその造形の驚くような幅 —— その味や匂いといったような —— をうまく表現できていないと思う。複雑に分岐した反応経路で、分子を合成し、破壊する。その過程で放出されるものすごいエネルギーが、この方法では伝わってこないのだ。

4月24日　土曜日

ノリッジでシロイヌナズナを見つけた

　夕方、ランニングに出かけた。突然、私はカレッジロードの裏にある袋小路で立ち止まった。壁の丸石や、崩れたレンガの隙間に、花をつけたシロイヌナズナをまず1つ、続いてすぐにそれが群落となっていることに気づいたのだ。セント・メアリーのシロイヌナズナとはずいぶん違って見える。葉はそんなに茂っておらず、紫がかって乾いていて、もろい。

4月 *April*　145

花はずいぶん早く咲き始めたようだ。おそらく、栄養の供給面から、安全策をとったのだろう。このような環境で育つ植物は、大きな危険にさらされている。その存在自体が、非常に心許ないものだ。このような環境は本質的に乾燥していて、水分は雨に頼るしかない。十分な水分を含まず、その中に十分に根を張ることのできない土だ。セント・メアリーのシロイヌナズナは地中深くに根を張り、よりたくさんの水分を得ることができている。すると、シロイヌナズナは安心していられる。急いで花を咲かす必要はなく、十分に種子を作れるだけの、大きな体を作ることができる。しかしここでは、夏が来て、乾燥して枯れてしまわないうちに、急いで種をつけなければならない。ここにシロイヌナズナがあることに、今日初めて気づくなんて不思議なことだ。私はこの5年間、いつもこのシロイヌナズナやその祖先の脇を走っていながら、気づくこともなく素通りしていたことになる。野生のシロイヌナズナを観察すると、目も心も開かれる。

　ランニングを続けた。花をつけたスグリの茂みの、焦げたようなピリっとした匂いにさしかかったところで突然、ある記憶が蘇ってきた。ほこりっぽい部屋の中、私は古い、赤いカバーのかかった肘掛けイスに座っている。友人が紙巻きタバコに火を点けた。香りの良い、青い煙が部屋を満たした。秋のたき火のような匂いだ。子どもの頃を思い出した。その安心感、お茶の時間や、家の暖かさ。彼は数回吸うと微笑んで、タバコを私に手渡した。初めての経験だった。しかし私は安心感に浸っていて、肺の奥深くに、うまい煙を吸い込んだ。

その後いつ精神状態が変化し始めたのか、私ははっきりと記憶していない。覚えているのは、煙を肺に入れた数分後におかしな不安を感じ始めたこと、そしてその友人と、大学のグラウンドの周りを散歩しに出かけたことだ。モリバトのつがいが、広くきれいに刈られた緑の芝を横切り、並んでこちらに飛んでくる。私はそれを、意識の奥に沸き起こった、不安のどん底から眺めた。その2羽は輝いて、この上ない美しさを放っていた。完璧であるがゆえの光だと思った。2羽は、初めはまっすぐ一直線に飛んでいたが、私たちに近づくと、互いに同じ距離を保ったまま、方向を変えた。離れたところの、ある行き先に向けて、美しいカーブを描いた。それは鮮明かつ完璧な一瞬であり、私の心の中でいよいよ高まってきた不協和音にかぶさる鐘の音もまた鮮明にして完璧だった。

　不安はいや増してきた。歩くとそれがいくらか収まるので、私たちは大学を離れ、外に向かって歩いた。パブへ入ったが、そこも癒しの場ではなかった。バーの周りの混雑に、私の意識が悲鳴をあげたのだ。耐えられなくなって、私は一人で歩き続けることにした。

　暗くなっていく中を歩き続けた。早く歩けば歩くほど、恐怖が遠のくことに気づいた。意識のある部分で恐怖が湧き上がる一方で、歩いていると、意識の中の別の部分が、その恐怖を見つめられるようになるらしかった。恐怖におちいった意識を眺めていると、いかに結論を出さずに次々といろいろなことを考えているかが見えてきて、それが気になってしかたなかった。

　美しい、しかし奇妙なものが見えた。暗闇の中を近づいて

くる車に、まるで目があるみたいに見え、ヘッドランプの光で私を探しているようだった。気味の悪い光る深海魚のように、ライトで暗闇の中に探りを入れている。私の思考を読もうとしているのだ。

しかし、意識の一部は客観的だった。ある声が、私の精神状態を説明した。「大麻草は、ある酵素をコードする遺伝子を持っている」と。「その酵素は、δ-9-テトラハイドロカナビノール（THC）の合成を促進する。THC分子は肺から血流を経て、脳へ行く。その形は神経にあるタンパク質に、鍵と鍵穴のようにぴったりと合い、そのタンパク質の形を変え、精神状態に変化をもたらす」。

数時間歩くと、道が交差して四角形になっているところに出た。私はそれを、しつこく何周も歩いた。その四角形の一カ所で強く漂っていた香りが、これを思い出すきっかけになった、スグリの花の、甘く鋭い香りだったのである。1つのことを繰り返していることに安心感を覚え、しばらくすると苛立ちは収まった。私は歩いて家に帰り、ベッドに横になった。そしてたちまち、待ちわびていた眠りに落ちたのだった。

これは恐ろしい経験だった。二度と繰り返してはいけない。しかし、同時にビジョンの瞬間でもあった。記憶の中に、いつまでも残る時間の断片だ。このことについて今書いてみて、私は、その極限の状態で見たものと、私が今つかもうとしているビジョンとのあいだに類似性があるような気がした。新しい研究の方向性に少しでも良いから近づきたいと、がむしゃらになっている状態に。

4月25日　日曜日

茎の成長について

　今日は素晴らしい日だった。空には湧き上がる白い雲。風は湿気を含み、地面は暖かい空気に覆われていた。エネルギーが湧いてくる。

　自転車でサーリンガムへの道を急いだ。シロイヌナズナと湿地をぜひ見たかったのだ。楽観的で、強気だった。春が進み、夏が近づいている。

　まず、湿地へ行った。茶色から緑色へどんどん塗り替わっていた。緑のとがった葉や茎が、茶色の織物と化した葦の茎の堆積の中から顔を出している。スゲの類も花が咲き始めた——稜(りょう)のある茎の先端に、真っ黒な花がついている。上が雄花、下が雌花だ。突き抜けた葯に花粉が出て、黒から黄色になっているものもいくつかあった。今年最初の蝶が飛んでいる——先端がオレンジで、硫黄色をした蝶[*]だ。

　セント・メアリーへ行った。例のものはちゃんとあった。あのシロイヌナズナだ。直立した花茎は今や数インチ。そよ風に揺れている。そのてっぺんには、密ならせん状に並んだ、まだ開いていないつぼみ。つぼみの下には茎があり、葉がある。葉と茎との接点にはよりたくさんのつぼみがある。葉の下には、ロゼットの茂みの中に茎の一部は埋もれている。

　これらの茎は、細胞でできたある単位の繰り返しだ。葉や花と同じように、この1つ1つの単位を構成する細胞も、茎頂の分裂組織に由来する。分裂組織の側面にある細胞群が、まず最初の突起を作る。すると、ある一定の距離をおいて、

---

[*]**硫黄色をした蝶**：原文はpeacockとあり、これはふつうはクジャクチョウを指すが、色の描写からすると、あるいはツマキチョウか（埼玉大学・奥本大三郎教授の示唆による）。

まわりこんだ位置にある他の細胞群が、次の突起を作る。これが続いてらせんとなるのである。このとき２つの突起にはさまれた分裂組織の表面は、将来葉や花になる部分を分ける、茎の表面となる。茎の中にある細胞列は、分裂組織の基部にある細胞からできてくる。

　今日、驚嘆することがあった。シロイヌナズナの茎のユニークさだ。今までもこれからも、このシロイヌナズナとまったく同じシロイヌナズナは存在しない。もちろん細胞は、今までもこれからも、同じように協調して茎を作るものだ。しかし、今まさにここにある茎の構造は、唯一のものである。ある一定の規則の制約の中で、唯一、１回しか起きないアドリブによってできた構造なのである。

　ひと度茎の部分が決定されると、成長が始まる。最初は分裂組織の中に作られる小さな、顕微鏡を通してしか見ることのできない構造だ。じきにそれは広がり、肉眼にもはっきりと認識できるものとなる。ここ数日のあいだに、成長する茎を構成する細胞は、分裂し、伸長してきた。暖かくなってきたため、そのスピードは増している。このスピードも、植物の側、GAIタンパク質によって調節されている。なぜそんなことが分かるのかというと、ジベレリン欠損変異体の茎は、正常な個体に比べて短く、そこに含まれる細胞も小さくかつ少ないからだ。かの「抑制緩和の仮説」にしたがえば、ジベレリンが減ると、GAIによる成長阻害が促進される。この仮説は、分裂組織にあって眼には見えない原基から、目に見える茎ができるまでの過程を、説明できるものである。

　茎がそれぞれ個性的な性質を持つのは、それが細胞分裂に

抽苔している
シロイヌナズナ

よって成長する器官だからだ。細胞分裂という過程は、ある程度の予想は可能であるものの、ランダムな要素も含むプロセスである。茎になる予定の領域が分裂組織を離れる時点では、それは数百の細胞でできている。それが成長を終える頃には、何千個もの細胞となっている。このプロセスを制御するメカニズムはいくつかあって、細胞増殖の速さや細胞分裂の方向、伸長の方向を決めている。しかし、その構造を具体的に記した運命地図があるわけではない。それぞれの細胞に、どのようにふるまうべきかをいちいち正確に指示するような、厳格なパターンはないのである。この点、葉の成長と同様だ。いくつかの「ルール」によって一部制限されてはいるものの、その範囲内で、それぞれの細胞系列はある程度自由にふるまうことができる。その数千もの細胞の1つ1つについてみても、決められた範囲の中で、それぞれある程度自由に独自の決定をしているのだ。細胞からなる構造として、1

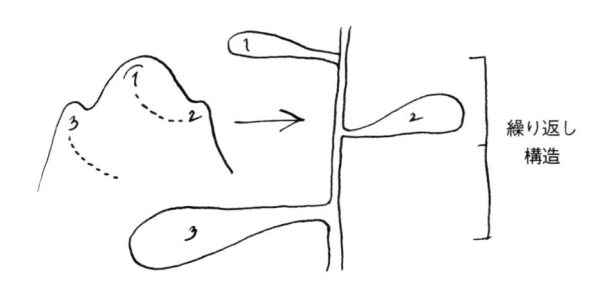

茎を作る繰り返し単位の成長様式　まずは茎頂での葉原基（左図の1、2、3など）のあいだの部分として決定される。それからこの単位は成長して茎を構成する。栄養成長期にロゼットを作る時期のシロイヌナズナの茎は短いままだ。花をつけた（抽苔した）茎を構成する単位はずっと長くなる。

つたりとも同じ茎ができないことは、自明だろう。

　シロイヌナズナの茎を見ながら、私はそれをいくつか重層したものとしてとらえて見ていた。よく知っていて、ある程度予想のつくもの。しかし同時に、世界に１つしかない驚くべきもの。世界はこうした、ある程度は予期できるが、思いがけないもので成り立っているのである。

４月２７日　木曜日

新しいアイディア

　ここ数日、いい天気が続いている。暖かい。１８〜２０℃くらいある。霧の層を通して、柔らかい太陽の光が入ってくる。このような天気だと、あらゆることに対して、安心しきった気分になる。

　今日はブルーベルを見に、エルハムの森へ行った。あれは本当に素晴らしい。私は１本の丸太、一面の青と、ユリ科のかすかに苦い香りとに囲まれた小島の上に座った。ブルーベルの海は、私の周りに層構造を作って広がっている。いちばん上は、青や紫色の花の層だ。次には、緑色の茎の層。茎は、地面に垂直に立ち、互いに平行に並んでいて、花をつけた先端でだけ曲がって、混じり合っている。そしていちばん下には葉の層がある。つやつやした、光沢のある緑色の葉だ。紐状に茎の根元から放射状に伸びていて、触れたりすると、互いにこすれてキシキシと鳴る。そしてこれらすべての上にはヨーロッパブナとマロニエの新しい葉を通して見える空。下には地面。去年の落葉が混ざった、カビの匂いがする茶色い土だ。

＊6枚の花弁：正確には3枚の萼片と3枚の花弁に相当する。

　花はというと、少しずつ違った青や紫の色合いが素晴らしい。完全に一様な色をしているのではなく、構造によって少しずつ違う。下側の花弁は、中央に深い紫のラインが入っていて、その両側は淡い藤色だ。どの花にも6枚の花弁＊があり、6個のチャコールグレイの葯の周りを丸く囲んでいる。その葯は、1本の雌蕊を囲む藤色の雄蕊の先端についている。雌蕊は、丸みを帯びた基部が淡い紫色で、上に行くにつれて色が濃く、先端の柱頭で特に濃い紫になる。それほど微妙で繊細な配色だ。

　たくさんのブルーベルの中に、形の上では他と見分けのつかない個体があった。それは、輝くような白い個体で、均一な青い風景の中に、1つだけ孤立して存在していた。変異体である。数万とある遺伝子の中の、ある1つの遺伝子に変異を持っているものだ。通常、特徴的な青や紫色の色素を作る代謝経路の一部として働く酵素をコードしている、ある遺伝子のDNA配列に小さな偶然の変化が生じたのである。変異が入った遺伝子はもはや機能せず、色素も作れず、そしてその結果、花が白くなったのだ。

　ブルーベルに囲まれて、その景色に見とれて座っているうちに、ずっとこれからも続くであろう幸せに気づいた。これは、一生忘れることのない瞬間だ。私の頭の中の分子が、特別なものとして記憶するものだ。私はそれと同時に、いろいろなことに思いを巡らせた。一度記憶してしまえば、分子がその景色を作りだせるということ。GAIがブルーベルの葉や花弁の成長を調節していること。酵素が色素を作り、その色素によって花に色がつくということ。そして、その青い色素

それ自体も、分子であるということ。

　私は新しいアイディアを思いついた。植物の成長に関する、「抑制緩和の仮説」と、「組織の膨圧モデル」——植物の成長は、膨圧、つまり細胞の膨潤という水圧の力によって駆動されている、とするモデル——とを繋げてみたらどうだろう。このアイデアは発展するだろうか。やってみなければ分からないが。

4月28日　水曜日

　空が暗い。ずっと激しい雨が降っている。地面は水浸しだ。シロイヌナズナの茎が成長するには絶好の天気だ。しかし、今日は私は見に行けない。セミナーをするために、サウサンプトン*に行かなければならないのだ。

*サウサンプトン：Southampton

4月30日　金曜日

植物を成長させる力について

　サーリンガムに帰ってきた。先週の火曜日以来だ。そしてまたシロイヌナズナは、留守中に素晴らしく成長していた。茎は以前よりも2分の1インチ*ほど伸びている。成長が加速したのは、間違いなくここ数日続いた雨のおかげだ。地面は水浸しになり、川の水かさは増し、湿原は沼地と化した。マロニエの葉もとても大きい。

*2分の1インチ：1.3センチくらい。

　前に、植物の成長は、対立する2つの力の産物だと書いた。GAIによる抑制的な力があり、成長を促進する力に対抗している。しかしその、成長を促進する力とは何だろう？　あるレベルでは、それは地面から由来するものだと考えることが

できる。地面が植物の成長を後押しして、茎や葉の伸長や展開を促進する圧力を作り出すというわけだ。では、そもそもこの圧力の大元は何だろう？　いったいどこから来るのだろう？　これは実際には、溶媒としての機能を持つ水の性質によるものだ。植物細胞の中の水は、純粋な水ではなく、水溶液の形を取っている。他の物質が溶け込んだ水だ。ある程度抽象化して言えば、細胞の細胞質は、膜に包まれた大きな分子群*の濃厚な水溶液と見ることができる。それに対して、土壌中の水分は、比較的薄い濃度の水溶液だ。圧力を生むのは、この２つの水溶液の差なのである。水分子は膜を通り抜けることができる。しかし細胞質の水溶液中にある大きな分子は、膜を通り抜けることができない。この系は、必然的に、平衡に近づこうとする。平衡というのは、膜をはさんでその両側の水溶液が、同じ濃度になった状態だ。大きな分子は、膜を通り抜けられないし、細胞から土壌中へと出ていくことができない。平衡に近づくための唯一の道は、土壌中の水分の方が細胞の中へと入ることだ。その結果が、圧力なのである。

　この圧力は、常に細胞壁を押し続ける。その効果は、今朝、私の目にも明らかだった。この圧力がなければ、茎は、雨や風の中で、あれほどしっかりと立ってはいられない。植物の細胞は水でぱんぱんに張っている。植物は、地下から来る水の圧力でその形を維持している、噴水のようなものなのだ。

　これと同じ圧力が、植物の成長を促進している。あるレベルでは、この圧力は次のように働く——成長は拮抗する力の産物だ。細胞壁による抑制的な力と、成長を促進する土から

*大きな分子群：ここでは、２月１３日で触れたRNAやタンパク質あるいは糖など、分子サイズの大きな分子をイメージしている。巻末、用語解説の「高分子化合物」も参照。

の水圧の力。成長が始まると、遺伝子群が活性化される。ここで活性化される遺伝子は、酵素をコードしており、その酵素は細胞壁を弱くする。細胞壁として、編み込まれた繊維どうしを繋ぐ化学結合を緩めるのだ。細胞壁による抑制の力が弱くなると、細胞の中に入り込んだ水の圧力によって、細胞伸長が駆動する。そして伸長すると、細胞は新たに物質を作って細胞壁に継ぎを当て、ふたたび補強するのである。

　エネルギーは、昔から、古典的には、仕事量として理解されている。では、成長を促進するエネルギーの根源的な燃料源は何だろう。成長を促進する水圧を作り出す仕事、細胞壁を構成する物質を新たに作る仕事。これらの仕事を行なうためのエネルギーは、どちらも太陽に由来する。光が細胞の代謝を促し、その代謝が膜をはさんだ物質の濃度勾配を作り、その結果として圧力が生まれるのだ。細胞壁を構成する新しい物質も、代謝の産物だ。究極的には、成長とは、光なのである。

　私が数日前に、ブルーベルの咲く森で気づいたのは、2つのことが同一かもしれないという可能性だった。GAIは成長に対して抑制的な力を発揮する。今まで私は、GAIと細胞壁とは、別々に成長を抑制するものだと考えていた。しかし、そのひらめきの瞬間に私が思いついたのは、これらの抑制的な力の発揮には、共通した側面があるだろうということだった。まったく同一のものである可能性さえある。この考えはこれから、新しく一連の疑問を生んでくれるだろうか。私もついに、新しいことを考えついたのだろうか？

5 月
May

5月1日 土曜日

北ノーフォークの海岸へと出かけた。柔らかい陽光の中、ホルカム※へ。さまざまな木々のでこぼことした塊に、膨らみ、広がりつつある葉。一部はまだ新芽で、開きかけているもの、もう平らになったもの、その間のありとあらゆる段階がある。とても多様だ。ホルカムには、美しい砂浜と青く縁取られた海とが広がっていた。

車で家に帰る途中、月の光が道路を照らしていた。地球の豊饒さと、光を反射しているあの月の貧しさとを比べてみる。それから宇宙の９５％が、暗黒のものでできていることを思う。暗黒物質に、暗黒エネルギー。私たちを構成する物質とは、まったく異なる性質のものだ。あまりに違い過ぎて、

＊ホルカム：Holkham

その性質は分からない。

5月2日　日曜日

GAIの機能の普遍性について

　以前にも書いたように、gai変異体はふつうのシロイヌナズナとはまったく異なる。矮性で、色が濃く、ずっと深い緑色をしている。その矮性の表現型は、ジベレリンを与えても治らない。さらにgai変異体は、ふつうの植物よりもずっと多くジベレリンを蓄積する。これは、ジベレリン自体がジベレリンの蓄積量を調節しているからだ。gai変異体はジベレリンに応答しないので、この制御系がまったく機能せず、ジベレリン量が上昇する。それとgaiは優性の変異だ。

　しかし私たちのgai変異体に対する興味に関しては、ある重大な疑問が浮上していた。私たちが魅了されているこの変異体が、単なる変わりものだとしたら？ シロイヌナズナの成長にとっては特徴的だし、それ自体注目に値するものではあるが、もしそれが、数百万種ある植物の中で、シロイヌナズナ1種にだけの現象だとしたら？ それとも、私たちの観察はもっと根本的なもの、すべての植物に共通する何かを反映しているのだろうか。

　この疑問に対する答えが必要だ。1つ、関連のありそうな事実としては、他の種の植物にもgaiと同じような表現型を示す変異体がある、という点が挙げられる。たとえば、トウモロコシの$D8$変異体は矮性で、深い緑色をしている。ふつうのトウモロコシの背丈は6フィート*以上あるのに対し、1フィートほどしかない。その葉は短く、薄い刃の剣、幅広の

＊1フィート：約30センチメートル。

ダガーナイフのような形をしている。この変異体は、トウモロコシのジベレリン欠損の変異体とよく似ているが、ジベレリンを加えてもその表現型は回復しない。それに加えて*D8*変異体は、ジベレリンの蓄積量が非常に高い。さらには遺伝学的に優性である。コムギにも、*Rht*という、非常に似た性質を持つ変異体がある。この*gai*との平行関係は非常に興味深い。可能性に満ちているといえる。おそらく、私たちが求めているような繋がりを、実際に示すものだろう。

　トウモロコシとコムギは近縁の植物どうしだが、シロイヌナズナはどちらともずいぶんと遠縁だ。こんなに異なる植物種の成長が、すべて共通する何かによって調節されているなど、あり得ないことだろうか? その「何か」は、GAIだったりしないだろうか。

　私たちがこうしたことを考えていたのは、ちょうど、他のさまざまな植物でDNAの全長配列を決定するプロジェクトが進んでいる時期だった。私たちはすでに、GAIとgaiのタンパク質の比較から、DELLA領域がGAIの生物学的機能に必須であることを知っていた。だから私たちは、シロイヌナズナ以外の植物の、それまでに読み終わった配列データの中に、DELLA領域に似た配列(もしくはそれに関連した何か)をコードする配列がないか、探してみた。

　するとたいへん驚いたことに、DELLAに似た配列が見つかったのだ。想像力を刺激する結果だ。イネのある配列の中の、GAIのDELLA領域によく似た配列。イネには*gai*のような変異体は知られていなかったけれど、イネはトウモロコシとも、コムギとも非常に近いので、この新しい配列は、トウ

モロコシとコムギの両方から*GAI*に類似した遺伝子群*を単離する道を開いた。

しかし、シロイヌナズナ以外の植物から*GAI*様遺伝子群を見つけるだけでは、最初の疑問に答えたことにはならない。この疑問は、根本的には機能に関するものであって、そのような遺伝子が存在するか否かを問題にしているわけではない。しかし、*GAI*様遺伝子群を見つけたことで、私たちは新たに、機能に関する疑問に取り組むことができるようになった。新しく組み直した疑問はこうだ。トウモロコシとコムギの*GAI*様遺伝子群も、シロイヌナズナのGAIと同じような方法で、成長を制御しているのだろうか？ もっと具体的には、*D8*や*Rht*変異体では、トウモロコシやコムギが持つ*GAI*様遺伝子群に変異が入っているのか（*gai*変異体が、*GAI*遺伝子に変異を持っているように）、ということだ。

ここで、大きな困難にぶつかった。科学では、しばしばこのようなことが起こる。技術的な問題のせいで、研究が進まないことがあるのだ。頭が麻痺するようなフラストレーション。簡単に片づくはずだったことが、終わらないのだ。理論上は、DNA断片の配列（たとえばコムギとトウモロコシの*GAI*様遺伝子群の配列）さえ分かってしまえば、ポリメラーゼ連鎖反応（PCR）という技術を使って、ゲノムDNAから直接、目的の配列だけを増幅する*ことができる。シロイヌナズナのDNAでは、このプロセスはほとんど問題なく進む。しかしPCRは、増幅される配列の性質にも影響を受ける。何らかの理由で、コムギの*GAI*様遺伝子群は増幅できなかった。しかし、なんとかしなければならない。コムギの正常な型の

* *GAI*に類似した遺伝子群：以下、*GAI*様遺伝子群と訳す。原文は*GAI-like genes*。こうしたものが見つかること自体、シロイヌナズナもコムギもトウモロコシもイネも、みな共通の祖先から進化によって生まれてきたことを示している。

* 目的の配列だけを増幅する：配列の増幅とは、特定の配列に関し、その解析に必要な量にまで、大量にコピーを作ること。PCRについては、巻末「用語解説」を参照。

植物と*Rht*変異体とのあいだで、*GAI*様遺伝子の配列を比較したいのだから。

　数カ月間、私たちはこの問題と格闘した。取っ組み合ったと言ってもいい。考え得ることはすべて試した。特別理にかなったアプローチがないことが苦痛だった。実験は料理みたいになってきた。当てずっぽうでレシピを変えるという次第。そうこうしているうちに、ある日突然、うまくいった。やけくそになって、私たちは、特別長いDNA配列を増幅するときに使う方法を試してみたのだ。増幅しようとしていた配列は特に長いわけでもなく、この方法でうまくいくという理由も特になかった。だが、何とこれで成功したのである。

　ようやく、*D8*と*Rht*変異体で*GAI*様遺伝子の配列を決定することができた。そしてその結果は、非常におもしろいものだった。どちらの変異体の*GAI*様遺伝子も、変異型だったのである。コムギの*Rht*変異体の*GAI*様遺伝子は、正常なものとは違う配列だった。トウモロコシの*D8*変異体の*GAI*様遺伝子も、正常な*GAI*様遺伝子とは違った。私たちは、シロイヌナズナの*gai*変異体のときと同じように、*D8*、*Rht*変異体の矮小化が、*GAI*様遺伝子の変異のせいであると結論づけることができたのである。

　私たちは疑問に答えることができた。コムギとトウモロコシにおいても、GAIによく似たタンパク質が成長を制御していることを明らかにしたのだ。ここからさらに、私たちはおしなべてゆくことができる。この制御がすべての植物の成長を司っているのだと。セント・メアリーの、モデル植物であるシロイヌナズナから、それを囲むマロニエ、湿地の葦も。

北海の向こう、ヨーロッパ大陸にアジア、アメリカ、世界のすべての景色が、GAIの活性によって形作られているのだ。

今回の進展が非常に魅力的である理由は、もう1つある。これ以前に私たちは、変異型のgaiタンパクが植物の成長を抑制するのは、正常な型のGAIとは異なる構造を持つためだ、ということを示している。それは、DELLA領域という特別な配列を欠損しているからである。私たちは、gai遺伝子と*D8*、*Rht*変異体の*GAI*様遺伝子とのあいだに、驚くべき類似点があることを見いだした。どの*GAI*様遺伝子も異常なタンパク質をコードしており、その変異はgaiとほぼ同じところに入っていたのである。つまり*D8*や*Rht*変異体にコードされている変異型タンパク質は、gaiのように、異常なDELLA配列を持っているのだ。「抑制緩和の仮説」では、DELLA領域に変異が入ったGAIは成長を抑制し、成長を促進しようとするジベレリンに対して非感受性になる。これらのタンパク質は、基本的にはすべて同じなので、私たちはすべてに共通する部分に基づいて、名前をつけ直すことにした。共通部分とはDELLA領域のことだ。私たちは、これらのタンパク質をDELLAタンパク質群、略してDELLAと呼ぶことにした。

DELLAタンパク質群は、私たちの日常生活に影響を及ぼしている。今最も一般的なコムギの品種は*Rht*の変異、つまり植物を矮小化するDELLAタンパク質をコードする変異を有している。こうした矮小型品種の方が、背の高い品種よりも、収量が多いのだ。*Rht*変異を持つコムギの品種は、第二次世界大戦後、メキシコで初めて作られた。その品種の利用は、徐々に世界中に広がり、世界中でコムギの収量が増えた。

いくらかなりと、食料不足は緩和された。もし変異型のDELLAタンパクを持つコムギが導入されていなかったら、世界は、政治や社会は、いったいどうなっていただろう。

　しかし私は、一般性に関する疑問から、この話を始めたのだった。最後もその話題で締めくくることにしよう。私たちは、コムギやトウモロコシでも、DELLAが成長を制御していることを明らかにした。ここからDELLAが、植物一般の成長制御に必須のものであることが分かる。そしてさらに、私たちが理解しようと努力してきたものが、シロイヌナズナにだけ見られるような、瑣末な現象ではないということも、明らかになったのだ。

5月4日　火曜日

　日曜日からずっと湿っていて寒く、周期的ににわか雨が降る。激しい雨が地面にあたって跳ね返る。今日もとても湿っぽい。雨が絶え間なく降り続け、自転車で仕事に向かうあいだにびしょびしょになってしまった。もう穏やかでもなければ暖かくもない。きつくて寒くて、エネルギーが吸い取られていくような気分だ。季節が逆戻りしている。

　夜は、寒くて目が覚めた。不意打ちを食らった時に、この頃いつも感じるような感覚におちいったのだ。緊張して起き上がった。心臓がドキドキして、口が渇き、吐き気がした。暑いのか寒いのかよく分からず、考えようとしても頭が働かない。しかしようやく、今の場合はもちろん寒過ぎるのだと気づいて、暖房をつけに行った。そして体調が良くなるのを待った。緊張していることは分かるのに、それが寒さのせい

であることに気づかないとは、どうしたことだろう。寒さが問題だったのに。昼のあいだも、油断なく気を張っていたのに。——そして気づいた。

　感覚というのは、生物の非常に重要な一部分だ。私は環境に対応し、その変化に応じた行動を取る。しかし、シロイヌナズナはたぶんもっと敏感だ。明暗や、温度、乾燥など。より密接に外界と結びついている。なぜなら植物は動かず、その環境から逃れることができないからだ。

　昨晩、眼が覚めたまま横になっていると、シロイヌナズナを初めて見るような気持ちで描写したときから、ずいぶん時間が経ったことに気がついた。以前記録したときから、さらに大きな変化、進行があったはずだけに、また記録をせねばならないとも。しかし今日は無理だ。ミーティング、会議、マネジメントなど科学の周辺雑用で忙しいのだ。

　新しいアイデアへの関心は薄れてきてしまった。それをどう実験的に検証したら良いのかが分からないのだ。また考え直さなければ。

5月6日　木曜日

側枝の始まり

　ここ数日の雨に、シロイヌナズナは精力的に応答している。透き通るような緑色が、眼にも心にも爽快だ。それほどまでに完璧な美しさ。しかし、このように書いているかたわら、心のどこかに居心地の悪いところがあることにも気づいた。驚きはまっとうな反応なのだが、それを表現するのを妨げる何かがあるのだ。それでもやはり、素晴らしい。このように

書いて、喜びを、しっかりと表現しよう。

セント・メアリーへ行った。墓地を囲むマロニエは、今では堂々として見事になっている。数週間前までは葉がほとんどなく、枝ばかりで、簡単に向こう側を透かして見ることができた。それが今は、ボリュームいっぱいでまるで緑色の鐘だ。ベルベット状の、滑らかな若い肌。今や葉はほぼ完全に開ききっている。たった1週間かそこら前にはまだ新芽だったものが、こんなになるなんて——驚異的だ。

シロイヌナズナも同じだ。マロニエほど大きくも、印象的でもないかもしれないが。それでもその表現するところはやはり大きい。シロイヌナズナ、木々、すべての植物。茎は、以前見たときよりも、少し長くなっている。しかし花はまだだ。花は開いておらず、まだ閉じたつぼみにとどまっている。そして新しい茎が、茎とロゼット葉とのあいだの腋芽(えきが)から成長し始めている。それぞれの茎の先には、つぼみの冠。

5月8日　土曜日

もう1つの危機

いつかこのような事態になることは分かっていた。

まず、ここ数日間、冬に逆戻りしたような天気が続いていた。今日は突風が吹いて、ごく一部に明るい光が射す他は、分厚い雲に覆われて暗く、突然の雨も降った。季節の進行が止まったかのようだったが、私はこんな日々を楽しんでいた。雨のつぶてが顔を打ち、刺す。エネルギーが満ち、サスペンスを感じる。この楽しさは、シロイヌナズナの成長について考え、伸長する茎を想像する喜びと融合した。それで私はセ

ント・メアリーのあの場所に向かう道すがら、ずっとこんなことを考えていた。そこら中に存在する水のこと。わが植物の中だけでなく、濡れた地面、雨の日の空や空気などの水。水は、植物と大地とを繋ぐ媒体だ。私は、水を跳ね散らしながら走り、セイヨウサンザシの下でにわか雨をやり過ごした。薄暗くなり、冷たく大きい雨粒が数分間降った。数分間の安息と禁欲＊だ。雨が上がり、私はまた自転車をこいだ。

シロイヌナズナのあるお墓に向かって歩き、墓地に入って、ショックを受けた。植物が食べられてしまっていたのだ。茎が根もと付近で切れ、なくなっていた。褐色の切り株状のものが残り、その先端に雨粒がついていた。葉も大部分がなくなってしまい、パイの一切れのような形のロゼットが残っていた。

衝撃だった。植物は頭が切り落とされ、大半が駄目になってしまった。他の生き物にやられてしまったのだ。野ウサギだろうか。ノミのたかった、擦り傷だらけの野ウサギが、私の植物に食いつき、数秒で食べてしまうさまを想像した。

それだけではなかった。墓地の端っこに育っていた他の2株のシロイヌナズナも、同じように食われていた。1株は完全になくなっていて、もう1株も、私の植物ほど深刻ではないが、ダメージは明らかだった。先週、墓の敷地内のシロイヌナズナに近い一角に、緑の細い芝が茂り始めているのに気づいていたのだが、それも短く刈られてしまっていた。

どこだ。私は悔しがっている自分を自覚した。その野ウサギは今どこにいる？ 間違いなくこの近くの、巣穴で寝ているか、生け垣に隠れているのだろう。数日のうちには、そい

＊禁欲：原文はLentとある。本来これはイースター前日までの40日間に及ぶ四旬節のことだが、著者のハーバード教授によると、これはその間の、禁欲の日々の精神的状態を比喩的に用いたものだそうである。

つはシロイヌナズナの残りの部分まで食べてしまうだろう。そして腸管を通した後、小さく丸く、茶色い、粘液に覆われた糞として残していくのだ。そうしたらそれまでだ。プロジェクトが終わってしまう。

　その光景を目にしてから、私の思考は思いがけない道をたどった。残った植物、より損害の少ない植物を探したのだ。私はたぶん、この惨事を生き延びた植物に注意対象を移し替え、それでこの自然誌を続けようとしたのだろう。しかし、それは気乗りがしない。間違っていると思うのだ。このプロジェクトの精神に反している。

　雲が近づいてきた。墓地の外れのマロニエの上に高くそびえる、威嚇するような雲だ。その頂上は虹色に近い紫色、太陽の光が当たっているところは明るいオレンジ色をしている。その雲の下には、霰(あられ)が降っているのが見える。それはまるで群れをなす蜂の動きのようだった。その動きが蜂にしては妙で、あたかも刺すべき相手を認め、まっすぐ下に向かっているかのように、直線を描いている点を除いては。突然、稲妻が光り、ただちに雷鳴が轟いた。光で目がくらみ、私は空から地面を見下ろしていた。1つの点となって、さまよう私がいる。いったい何なのだろう。1つの命が他の命を食べるなんて。それも、自ら食われるか、あるいは結局土へ帰るためだけに。

　霰が降り始め、私の首を打った。白いつぶてが、植物の残骸の周りを跳ねまわっている。立て続けに霰に打たれて、植物が震えている。ますます痛んでしまう。

食べられてしまった
シロイヌナズナ

5月 *May* 　167

霰のあとは、雨になった。雨を避けるものもなく墓地で立ちつくしていると、数分でびしょ濡れになり、服は冷たく肌に張りついてきた。急に怖くなった。死の恐怖だ。そんなふうに感じたことは今までなかった。死が避けられないことを、今まで私はずっと否定してきたのだ。気持ちをしっかり持つためには、このような瞬間も必要なのだろう。こんな気持ちとともに生きるには、いったいどうしたらいいのだろうか。

5月9日　日曜日

身を守るための装備

　朝早く、まだ暗いうちに目覚めた。それで何か慰めが欲しくなり、だんだんと明けてゆく中、鳥の歌声を聞きにウィートフェンへと出かけた。昨日の嵐は去り、穏やかとなったが、まだ寒かった。

　湿地は水浸しになっていた。野原や、森の中の湿地も、水かさが増していた。森に入るにつれ、澄んだ歌声が耳に入ってきた。ミソサザイの歓喜の歌だ。私の周辺に散らばっている歌声の点源が茂みの中を跳ね歩き、歌声の糸は湧き立ち、絡み合う。ピッチとリズムで織り上げられた布地が、枝や小枝、葉でできた生地と織り重なる。キジの、ガーという（バッテリーがあがったモーターを動すときのような）鳴き声に、キツツキのドラム。それにときどき際立つ、シジュウカラの、シーソーのように上下する高い鳴き声。クロウタドリのトリルのきいたルペッジョ。異なる歌声の糸が織り合わされ、ほぐされる。うっとりさせる響きだ。地球のコーラス。地球が歌っている。

その後、湿地の端に近づいてみると、そこはまるで、二層のアイスクリームのようだった。上層は茶色。下層はスゲとイグサと葦の緑。緑は上へ上へ伸び上がっているところで、茶色の層を突き抜けつつあるものもあった。なんて堂々とした成長ぶりだろう。静かなる怒濤(どとう)。

　次はセント・メアリーに向かった。この時間には、だいぶ空気が暖たまっていた。太陽は十分に昇り、期待が膨らんだ。しかし着いてみると、シロイヌナズナは以前以上にダメージを受けていた。昨日はまだ傷の少なかった株も、今や完全になくなっていた。私の植物はといえば、ごくわずかな葉を残すだけだった。

　前回は気がとがめたし、望みは薄そうだったが、私は干渉することにした。持参していた金網で、植物に一時しのぎの覆いを作ってやり、両端をテント用ペグで固定した。このお墓を訪ねた人が、この奇妙な構造をどう思うかは分からない。取り除かれてしまうかもしれない。何にせよ、これに込めた期待は、ウサギをこの植物に近づけないことだ。

　おかしなことに今や私は、すでに起こった出来事に対して諦めていた。意識の中のウサギ（もし植物を食べたのがウサギなら、だが）も、前のようにグロテスクなものではなくなった。結局私が目撃したのは、ごくふつうの生のあり方に過ぎない。植物の生命が、今はウサギの生命の一部になった。日々、私たちの生は、死によって支えられている。ウサギは殺生をする。私たちはみんな、食べるために殺生をするのだ。私たちも明日、ウサギを食べるかもしれない。これは、永久に続く循環なのだ。

テント用ペグを地面に打ち込み、金網のドームの端をきちんと地面に止めつけた。もちろんまだ、ウサギが穴を掘って、この以前よりも守られた領域に入り込む可能性はある。しかし思うに、その労力に見合うほどの植物は、もうこの金網の中にはない。

　太陽が背中を暖ためていた。作業を終えて立ち上がり、教会の塔越しに、空を眺めた。スレート板のような灰色の、下には雨か霰が激しく降っている嵐の雲が近づいてきた。それと、2つの巨大な、完全な弧を描く虹が見えた。この2つに挟まれて、塔はまさにその中心に見えた。虹は、クロケットの小門のように地面に刺さっていて、ちょうどその2つをくぐるベクトルが描けそうなトンネルを作っていた。その虹はとても色鮮やかで、特に紫が、私が今までに見た虹のどれよりも鮮明だった。この風景に畏敬の念を覚え、励まされた。私はテント用ペグが確かに留まっていることを確認してから、雨が降り始めるとともにノリッジへと戻った。

5月12日　水曜日

シグナリングに関して

　今日も灰色だ。気温は低く、湿気ている。しかし大学から研究所へと自転車で移動するうちに、今年初めて、夏の沼地の甘い香りを認識した。私はこの匂いの正体を知らない——もちろん、空気中の匂い分子なのだが——つまり、どの植物がこの特定の香りを発しているのかを知らないということだ。知っているのは、この匂いが刺激として受容され、心の表面でそれに対する変化が起き応答する、ということであ

る。

　私は一瞬、それについてたくさんのことを考えた。翌週、ブルターニュ*で、ある会議に参加することにしていたからだ。その会議のタイトルは、「植物におけるシグナル経路間の関係」。今のところ、私たちの見解は以下のようなものだ。まず、あるシグナルがある。それは細胞の中の直線的な経路を、鎖の輪から輪へと（モノからモノへと）受け渡されていく。最後に、そのシグナルに対する応答が起こるのだ。スイッチを入れると、電線を介して電気が点くのにも似ている。それでモデルとしてはうまく動いている。このような、一連の構成要素からなる経路の例は多い。たとえば、あるタンパク質Aは、タンパク質Bと結合する。するとそのタンパク質Bが、タンパク質Cの活性を調節する…などなど。しかし私は疑問に思っている。このような印象が強いあまり、私たちは考えやものの見方を制限され、真実をねじ曲げてしまい、何かを見失ってしまっているのではないだろうか。たとえば、このような個々の経路自体より、これらが絡み合った全体としての機能の方が、実際にはずっと重要なのではないか？

*ブルターニュ：Brittany。フランス北西部、イギリス海峡に臨む地域。

5月13日　火曜日

　今朝、また新たなことがあった。光の質に関わることだ。その光は、カーテンを開けると部屋に流れ込んできた。バナナイエローの柔らかな光、その中で泳げそうな光。冬の、固く、方向性がはっきりとした光ではない。眠たげな、湿気を含んだ暖かい空気は優しく、滋味にあふれていた。

　昨日、私はシロイヌナズナを見に行くことを考えてみた。

しかし特に目的もないとすると、わざわざサーリンガムへ行くのは苦に思えた。じきにあのシロイヌナズナは完全に枯れてしまうだろうと、確信していたからだ。いずれじきに。今日か明日か、その翌日。だから私は行かなかった。それでなくても、フランスへ出発する前に片づけなければならない仕事が、たくさんあった。

　しかし今日は、出かけた。川沿いに自転車を走らせ、ウッズ・エンド*に降りる道を越えて。シャツの袖がまくれて、腕が太陽と風にさらされた。いたるところが、黄色に満ちあふれているのに気がついた。小道の中央には草が線状にまとまって生え、その両脇には温まった砂の列が平行に走り、そしてそのさらに両脇に、タンポポとフキタンポポ*の黄色い頭花が咲いていた。サーリンガムへ行く前に、少しだけウィートフェンに立ち寄った。ここでは、無数のクサノオウとキンポウゲ*の花が、太陽の方を向いて咲き、よりいっそう緑が増した湿地の中を、虫がブンブン飛んでいる。私は平らな地平線と、その上の青空を見渡した。すると、ウィートフェンがこのように豊かさに溢れている中、私のただ1株の植物が今まさに枯れようとしていることは、不公平に思えてならなかった。ウサギが食べたのが、どれか他の植物であれば良かったのに。

　私はそのままセント・メアリーに向かった。お墓の端にかがみ込む。テント用ペグを持ち上げ、シロイヌナズナを覆う金網を外してみた。シロイヌナズナのダメージを受けた葉っぱは、茶色く乾いた部分がさらに根もとに向かって広がり、枯れ始めていた。緑の部分はさらに狭まってしまった。手を

*ウッズ・エンド：
Woods End

*フキタンポポ：原文はcoltsfoot。学名は*Tussilago farfara*。ヨーロッパ原産だが、日本でも山野草の愛好家のあいだで栽培されている。

*クサノオウとキンポウゲ：前の2種と合わせ、ここの4種は皆すべて鮮黄色の花を咲かせる。そのため筆者は、「黄色に満ちあふれている」というのである。

172　5月 *May*

伸ばし、指で、成長中の荒々しさがどこかにないか探ってみた。そして爪先で枯れた1枚の葉の端を持ち上げたとき、その下に新しい葉があるのを発見した。緑で、生き生きとして、傷を受けていない葉だ。それまでその存在に気づいてもいなかった葉。より近くで見てみた。すると驚いたことに、葉柄と茎との繋ぎ目の隙間に、小さな、ふくらみ始めた花芽の塊がひそんでいた。そのつぼみのドームは、私の指先の皮膚にも、突起として感じられた。

見たものをきちんと理解するまでに、少し時間がかかった。そしてようやく理解した。素晴らしい。執行猶予だ。この3日間、私はこの植物を、もう枯れるものとして諦めていた。しかし今や、生き延びる可能性が出てきた。つかの間の希望? そうだろう、しかし希望であることには違いない。しばらく、私は復活について考えていた。もちろん、この植物が本当に枯れたことは一度もないのだけれど。

これらすべてのことを説明する生理学とは? 植物がダメージを受ける以前は、シュートの先端が、シュートの他の部分とコミュニケーションを取っていた。植物学者がオーキシンと呼んでいるホルモンによってである。オーキシンはシュート頂で作られ、伸長中の茎を通って、その基部にあるロゼット葉に届く*。ロゼット葉とそれが繋がっている茎の基部とのあいだ、その繋ぎ目のわずかな隙間には、休眠芽がある。その成長はオーキシンによって抑制されている、この休眠芽のうちの1つが何者かが植物を食べたとき、傷つけられずに残っていたのに、私は気づいていなかった。今ではオーキシンの供給源がなくなって、以前は抑制されていたその芽の成

＊ロゼット葉に届く:
正確には葉に届くのではなく、休眠芽の横を通るとき、間接的にその目覚めを抑制するらしい。

長が促進されている。芽も茎も、成長を始めている。ここに可能性が残っていたのだ。すでに花もある（まだつぼみではあるが）。数日のうちに茎が伸びて、乾燥し始めたロゼットから花を覗かせるだろう。灰の中から現れる不死鳥のように。

とにかく、望みがあることは分かった。問題は、このダメージを受けた植物が、その花の成長や種子形成をサポートするだけの体力を持っているかどうかだ。生き続けるのに十分な栄養分を、この植物は作ることができるのだろうか？

私は、また幸せな気分になっていた。この新たな成長がもたらした望みに満足していた。シロイヌナズナにもう一度金網をかぶせると、急いで自転車で家に戻った。この外出は、たったの２０分だった！ 親指と人差し指で紅茶の葉をつまみ、それを古い、白いマグカップの中に落とした。そこに沸騰したお湯を入れる。お茶の葉が渦巻き、落ち着き、静止した。その動きが遅くなるにつれ、茶色の葉っぱから細胞質がにじみ出て、お湯の中に広がっていく。お茶を吹いて、冷まそうとした。表面に一瞬くぼみができたが、水面下の世界ではその影響を受けないまま、水の再吸収が起きている。さざ波が広がった。ちょうど海の表面でそよ風が吹いても、岩礁の深みにあるデリケートな海底は影響を受けないといった感じだ。それからお茶を飲み終え、濃い色の茶の表面から、マグカップの底に向かって垂れ下がっている茶葉を見ながら、しばらく座っていた。かつては細胞をまかなう水や塩、エネルギーを運んでいた葉脈と導管が見える。これらの脈は、枝や茎、葉という連続性の一部だ。そしてその葉はお茶として、

私と太陽とを結びつける。心が、太陽の光に照らされて、温まっていくような気がした。

5月15日　土曜日

　午前4時55分。私は、ロンドンを出発する電車の中に座っている。ここからユーロスターに乗ってパリ北駅へ、そしてパリを超えてモンパルナス駅へ行き、TGVでブルターニュのモルレー*へ、そしてそこからはバスでロスコフ*へと向かう。「植物のシグナリングにおけるクロストーク」という会議に参加するためだ。

*モルレー：Morlaix
*ロスコフ：Roscoff

　午前4時に目覚ましが鳴ったときには最初、嫌な気分になったが、今ではあらゆることにとても興奮している。しっかり目も覚めて、だんだんと明るくなっていく中、脳は普段よりも勢いよく働くようになってきた。どうやらこれが、私の最近のパターンのようだ。起きて1、2時間すると、脳が元気に働き始め、言葉が湧き出てくる。脳の活性がその一定の状態を数時間保った後、今度は1日の残りの時間、それが下がる一方となるのだ。

*サフォーク：Suffolk

　数時間後。ノーフォークとサフォーク*の緑の中を、すごい速さで走り抜けている。白いセイヨウサンザシの生け垣の向こうに、黄色いセイヨウアブラナの畑が見え隠れする。

　11時半（フランス時間）。今度はユーロスターの中だ。北フランスの平野の中を、パリに向かって加速している。さっきまではイギリスで、ロンドンの南側を走っていたのだが、次から次へ繰り返しのイメージとなって、かすんだ地平線へ消えていく、白い花をドーム状につけたマロニエの木立が印

象的だった。

この旅の過程で、ビジョンが見える瞬間が訪れないか、期待していた——真実がより鮮明に感じられる感覚と、意識とが結びつく瞬間である。1日か2日前に、お茶を飲んでいたときのような、永遠に連なるようなその手の瞬間の1つだ。このような経験は誰もがしているだろう。しかしこれは一瞬の出来事で、しかも思いがけないときにやってくる。ときに私は、自分のサイエンスからそれを得る。あるものごとの辻褄が合うことに突然気づいたときの、大きな喜びの中で。他には、一人で旅をしているときなど、意識に広がる深い安らかな感覚の中から得ることもある。数年前などは一度、ケンブリッジシャー*の沼地を通過している電車の最後尾車両で、進行方向の逆を向いて座り、長くまっすぐで平行な道が徐々に細くなって地平線に消えていくのを、ずっと眺めていたときに、それがあった。私が今必要としている、新しいアイディアが出てくると良いのだが。しかし今のところそのような瞬間はない。私は気力は十分に満ちているのだが。

14時5分。レンヌ方面ブレスト行きのTGVの中に座っている。4時間の平穏。一人で考え事ができる。ゆったりした気分に浸ることができる。ちょっと居眠りをしたり、休んだり、何か思いついたら、それを書き出したりしよう。実際、この電車旅行の間中、私はまた直線や、道筋、運動量や速度について考え直していた。科学が時として、いかに線の問題としてとらえられるかについて。あるシグナルがある。ジベレリンという植物ホルモンでも良いだろう。未知の受容体タンパク質*がそれを認識する。認識の結果、その受容体は活

*ケンブリッジシャー：Cambridgeshire

*未知の受容体タンパク質：この項目の執筆時から約1年と4カ月後、2005年9月に、名古屋大学の松岡 信教授を中心とした研究チームは、イネの変異体の解析から、このジベレリンの受容体がGID1（ジッド・ワン）というタンパク質であることを、Nature誌9月29日号に報告した。

性化される。さらにその結果、受容体タンパク質が何かをする。たとえば、他のタンパク質（タンパク質Aとしよう。最初に出てきた因子なので。今ちょうど、陽炎の向こうにエッフェル塔が見えた）を修飾する。このようにしてシグナルは次々に伝えられていく。これは次のような段取りだ。つまりシグナルは受容体タンパク質からタンパク質A（未知）へ受け渡され、タンパク質Aはタンパク質B（これも未知だ）を修飾する。そして今度はタンパク質Bがタンパク質C（これも未知）を修飾する。…このように、まだ何段階あるのか分からないが、シグナルは段階を踏んで受け渡されていき、DELLAタンパク質群にたどり着くのだ（今、モンパルナス駅からたった２０分の美しい田舎を飛ぶように＜*vitesse*＞走っている。木々、緑のコムギ、放牧された馬）。DELLAタンパク質の修飾はDELLAによる抑制を緩和し、植物の成長が促進される。ジベレリンというシグナルの影響が目に見える状況だ。そしてこのシグナル伝達は速い。数々のステップの連鎖反応を、飛ぶようにこなしてしまうのだ。

　電車の窓から眺めていると、フランスは美しい。広い草地にキンポウゲがたくさん咲いている。大きくて空っぽの田舎風の駅が、太陽にさらされている。広がりの感覚。

5月16日　日曜日

　ホテルの窓から、ロスコフの中心にある小さな広場を見下ろしている。特徴のある建物が多い。錬鉄でできた欄干、窓には砂岩で縁取られた羽板のよろい戸。教会の塔は昨夜、その鐘があまりに大きな音を立てて私を驚かせ、気分も記憶も

* *vitesse*：vitesseはフランス語でスピード。フランス領に入って、ついフランス語で表現してみたくなったようだ。

かき乱してくれた。

　しかし私には今、気がかりなことがある。今朝、会議で発表があるのだ。不安と興奮が入り混ざった気持ち。でも、うまくいくことはだいたい分かっている。私の脳は活発に活動しているし、このようなときは、たいてい大丈夫なのだ。

5月17日　月曜日

　発表はうまくいった。話の運びは良く、つまずくこともなかった。自信を持って話すことができた（いつでもそうというわけではない）。最後には、おもしろい質問も出た。そして私は椅子に座り、他の人の発表を聞いた。明かりの中で輝く、シロイヌナズナの美しい写真もあった。根毛についての話もあった。私はもちろん、サーリンガムに残してきたシロイヌナズナを思い出していた。どうしているだろうか、と思いながら。残った断片の状態から、うまく回復することができているだろうか？　十分な精力と体とを回復して、花を咲かせ、種子を作ることができるだろうか。

　外には、かすんだ太陽の光が照り、冷たく潮気を含んだ、海藻の匂いがするそよ風が吹いていた。青い海には、露出した岩や、島が見える。一方、私たちは、みんな中に閉じこもっている。暗くした部屋で、スクリーンに映し出されたさまざまな植物や実験結果を眺め、それらがいったい何を意味するのかディスカッションしている。自分たちが行なっていることが、正しい行為であること、人間の当然の営みであることは理解している。しかし私は、この部屋の中と外とを、何とかして繋げたいと、強く願ってしまうのだ。

会議の会場になっている建物の外、すぐのところに、墓地があった。太陽の光でからからになっている。乾ききって、一本の草も生えていない。お墓と砂利だけ。緑のセント・メアリーとは、似ても似つかない。

5月19日　水曜日

　モルレーからパリへ戻る電車に乗っている。疲れた。生気を吸い取られたようだ。詩情も、理知、理路もすべて消え失せた。眼が乾いていて、まぶたを閉じるとこすれるような感じがあった。すぐに私は眠りに落ちた。

　しかし素晴らしい会議だった。古い友人に会うことができた。また、DELLAタンパク質群が成長の鍵となる因子であることに、また植物の成長の多くの面にとって鍵となることに、より強く確信を抱くようにもなった。この数日間で聞いたとても多くの事例が、それを示していた。ほとんどのケースはその可能性を示すだけで、完全に証明されたわけではなかったが。しかし私は、その一貫性には期待が持てそうだと思った。

　いずれにせよ、今日と明日、そしてその後の数日間は、自分の研究室の研究資金を引き続き受けるため、予算申請書を書かなければいけない。この研究に重要性を与える方法、DELLAタンパク質群を輝かしいものとする方法を見つけなければならない。しかし今の私の頭は、それをするような状況にない。実際のところ意識の片隅で、長く続く欲求不満の声を聞いていた。疲れていたからだと思う。それに、未だに進むべき方向性を見いだせずにいるのだ。それが分からな

ったら、いったいどのように予算申請書を書いたら良いのだろう。何が何でも書かなければいけないのに。"展望の欠落"という問題が、次第に深刻になってきた。

5月20日　木曜日——キリスト昇天祭の日
「支配的な制御因子」について

家へ帰る日だ。今朝は、日が昇るにつれてゆっくり動き出す動物のような都市、パリを見てまわった。

それから植物園へ。陽の光が暖かい。入り口の端には背の高い、日陰を作る木々があり、春らしい緑の葉をつけ、枝では鳥がさえずっていた。さらに奥には長い並木道があって、フランスらしく、幾何学的に刈り込まれていた。

その後はタクシーに乗ってパリ北駅へ。タクシーの中には音楽が流れていて、ホットだ。快活な調子の音楽で、その表層でビートが押したり引いたりするのが、バロック調の複雑な様相や網目構造、刺すような不意の感嘆とのギャップを埋めている。ずっとそのビートは聞こえていて、ゴングのようなベースを作っている。その安定したベースと、その上に流れ込む音とのあいだに生まれる緊張感が、曲全体のエネルギーとなっている。私はこのベースが気に入った。DELLAタンパク質群も同様に、ベースとなるものだ。しかし、このようなものを表現するときには注意が必要である。その名前を呼ぶとき、用語を使う場合には。DELLAタンパク質群のようなものは、しばしば「支配的制御因子※」と呼ばれる。私には、この言葉の響きが気になる。「主人と奴隷」という発想に近い「支配する」という考え方が、好きでないのである。

＊支配的制御因子：原文はmaster regulators。ふつう、この分野では、訳さずにマスター制御因子という。

そうしたイメージの醜く粗野な野蛮さと、実際の現象の優美さとには、ギャップがある。しかしこの「支配的制御因子」という考え方は、最近の流行りだ。この考え方をすることによって、研究が進んだりもするのである。

ようやく家に帰りついた。涼しい。太陽が照り、ときどきにわか雨が降る。庭には充実感と、完全性とが感じられる。春になされるべき発展はすべて達成した、という感じだ。これこそが、私が考えるところの夏である。

5月21日　金曜日

留守中はずいぶん暖かかったようだ。しかし今日は冷たい風が吹き、ときどき、雨を降らせる暗い雲がやってくる。

夕方、子どもたちを連れてサーリンガムへ行った。例の植物が元気に育っていることを期待して。先週見に行ったときには、何とか持ち直しつつあるように見えた。そう、状況に逆らって。いや、実際にはどうなるかまだ見当がつかなかった。嵐の近くを、何とかして走っている船のような状態だったのだ。

墓地に入って、金網を外した。植物がまだ成長し続けているのを見て、私は嬉しくなった。新しい茎が伸び、花芽を空へ向かって押し上げていた。しかしそれは細い茎で、以前のものほどしっかりはしていない。薄っぺらな帆を頼りに航海しているような印象を受けた。

モリバトが鳴き、ベルベット・グリーンの葉をつけた立派なマロニエの木々（その白い花はほぼ終わってしまった）に囲まれた、平和な墓地に戻ってきて、非常に嬉しかった。シ

ロイヌナズナが持ち直したことを記録しておこう。ここ数日のうちに、以前には抑制されていた腋芽(えきが)の細胞が、機能的な花序分裂組織になった。茎の節間が形成され、伸長した。花芽が作られ、そよ風の中に立ち上がった。その、もろく細い茎を見ていると、マルハナバチがブンブンと飛んできて私の気を引き、そして墓地の中、カーブを描いて飛んで行った。私は、そのちらちらと光る羽を目で追ったが、教会の塔の、フリントがまだらに入った灰色の壁の中で見失った。一瞬、幻視が私に増殖の様子を見せてくれた。

　シロイヌナズナの残った芽から、細胞が増殖している。それは、器官の形成にちょうど良いように、調節された増殖だ。驚くべきは、その成長はとてもうまく調節されていて、伸長する茎の節間が、無秩序に膨張する球状の物体などになることはなく、きちんとした形になるという点である。これはあまりにふつうで、世界中、いつでもどこでも起きているごく当たり前の現象なため、その重大さは理解されにくくなっている。しかしそれでも驚くべきことだ。すると突然、私の中に、シロイヌナズナに対する新しい見方が生まれてきた。茎の節間、葉、萼片(がくへん)、花弁、雄蕊(おしべ)、心皮(しんぴ)＊などの数種類のパーツが成長の軸に沿って特定の順序で繋がった、繰り返し構造として、植物を見る見方だ。このそれぞれの部分は、あるべき形になるよう制御された増殖の結果、作られるものである。

　しかしアリスとジャックは退屈してしまい、ウィートフェンへ行きたいと言い出した。私はウィートフェンでも、同じ考え方で植物を見てみた。そよ風の中、互いにこすれ合う葦

＊**心皮**：雌蕊を構成する基本単位。詳細は５月２７日に後述。

の葉の茂みをも。花をつけたセイヨウサンザシの生け垣の中を。やはり私はそこに節の繰り返しを見た。世界は、特定のアイデンティティーを持つブロックの繰り返しによって、構成されている。しかしこのブロックについては、あまりにもきっちりと作ってはならない、という点も忘れてはいけない。外界に対してブロックは応答できなければならないのだ。また、互いがまったく同一ということはあり得ない。

アリスがスギナモ*で遊び始めた。ブロックでできた植物があるとしたら、これがまさにそうだろう。この植物には飾り気のない美しさがある。根もとからてっぺんまで、積み重なった節の繰り返しでできている。ブロックどうしの繋ぎ目には、茎に対して一定の角度で広がる小さく細い茎が並んでいて、星形の雪の結晶のような、丸い扇を作っている。そしてその全体が、湿地の暖かい湿り気の中に広がっている。

私も、子どもに返って遊んでみた。スギナモの茎に沿って指でこすってみると、ある方向になぞるときには凹凸を感じるのに、逆からなぞると滑らかなのが、不思議だった。片方の手で茎の根もとを、もう一方の手で茎の先端をつまみ、茎がピンと張って、切れるまで引っ張ってみる。切れた端を見ると、そこはきれいで平らだ。ちぎれたとき白い滑らかな面が新たにできただけで、大したダメージもない。

茎は、2つの繰り返し構造の継ぎ目で切れていた。そこに強度の弱い場所があるか、他の場所よりも特別に弱い部分があるのだろう。だから引っ張ると、その場所が最初に壊れるのだ。

おもしろかったので、もう一度やってみた。いつ切れるか

*スギナモ：原文は mare's tails。学名は *Hippuris vulgaris*。水辺に生え、花序は水面から伸び出す。水中と気中とで異なる形の葉を作り分ける性質があるため、生理学の研究に用いられることがある。

見当がつかないところも、新しくちぎれてできる表面が滑らかな点も、楽しかった。次も同じようになるかが気になって、もう一度、もう一度と、何度も繰り返し、全部の繋ぎ目が壊れてしまうまで続けると、最後には互いにそっくりの断片の山ができた。

そこで今度は、断片どうしを押し合わせてみると、切れ目がきれいなので、またしっかりと繋がることがわかった。こうした遊びからふと顔を上げてみると、近くの木々の葉も繰り返しの単位に見えた。花の花弁も同様だ。断片の山に目を戻すと、スギナモの茎の繋ぎ目に扇状に広がっている茎も1つの単位であること、それぞれの単位が連続した構造であることに気がついた。単位に階層があるのだ。1つの単位の中に、またもう1つ下の単位がある。もっとも、もちろん私には、このルールが目に見えない部分、茎や葉を構成する細胞や細胞の内部に、どのように広がっていくのかまでは分からなかった。

ここで、何年か前の記憶、ロサンジェルスの空港に着陸したときの記憶と繋がった。真っ暗だったのが、飛行機が降下するにつれて広く全体に明るくなり、それから次第に等高線が入った光のかたまりになった。そしてさらに光はナトリウムランプのオレンジ、硫黄色、明るい白など、1つ1つの光点に分かれていった。それぞれの光点は、全体のごくわずかな一部分に過ぎない。しばしばそれは線で繋がっている。光と線、線と光。大陸間を飛ぶ長いフライトのためにおかしくなったらしい意識のもと、私には世界全体が、このような形で、つまりすべて互いに1つに繋がりあった、無限に繋がる

単位からなるものとして、作られているように思えたのだった。

5月24日　月曜日
「抑制緩和の仮説」を検証する

　雲の毛布が空一面を覆った。湿り気があって、暖かい。生活に安心感がある。夏のくつろぎ。これは本能的なものだ。筋肉の緊張がほどけ、ゆるむ。体に夏が来た。

　繰り返しの単位となる断片について、もう少し考えてみよう。茎は、伸長によって成長する。分裂組織の中でまず形成され、そして伸長が始まる。どのように伸長するのか？　それはジベレリンが、DELLAによる成長の抑制に打ち勝つ結果としてである。

　シロイヌナズナには、5つの異なるDELLAタンパク質がある。互いによく似てはいるが、異なるタンパク質だ。最初に見つけたDELLAの、*GAI*遺伝子のクローニングについて、またこの遺伝子がどのようにGAIをコードしているかについては、すでに説明した。その後、シロイヌナズナのゲノムの全DNA配列が決定された。3万個（かその前後の数）の遺伝子があることが明らかになったのだ。その中には、*RGA*、*RGL1*、*RGL2*、*RGL3*という、4つの関連因子があった。これらの遺伝子は、*GAI*遺伝子のDNA配列に非常に近い配列を持つ。GAIと非常に似たタンパク質をコードしている。これらのタンパク質は5つとも、GAIと同じような方法で成長を制御しているのだろうか。これが次の疑問だった。

　実は、シロイヌナズナの全ゲノム配列が決定される前から、

私たちはRGAの存在を知っていた。RGAがジベレリンに応答して植物の成長を制御することを、他の研究室がすでに報告していたのだ。しかし私たちは、シロイヌナズナの全ゲノム配列が決定されるまで、自分たちが扱っているタンパク質ファミリーの複雑さを完全には理解していなかった。アミノ酸配列が似たタンパク質は、互いによく似た三次元構造を取る。そして、構造が似たタンパク質は、通常、その機能も似ている。5つのDELLAタンパク質群は互いに非常に似通っているので、すべて同じような方法で植物の成長を制御しているというのも、とてもありそうなことと思われた。

　今や「抑制緩和の仮説」を検証するときだ。DELLAタンパク質群は成長を抑制する。ジベレリンはDELLAによる抑制を解除して、植物の成長を促す。この仮説の検証は、ある予想に基づいていた。その予想というのは、「もしDELLAタンパク質群が成長を抑制し、ジベレリンがDELLAタンパク質群の活性を解除して成長を促進するのであれば、DELLAタンパク質群とジベレリンの両方を欠損する変異体は、矮小化せずに大きく成長するはずだ」というものだ。言い替えると、ジベレリンを欠損する植物は、DELLAタンパク質群による成長抑制を解除するのに必要なだけのジベレリンが足りないため、矮小化している。しかし、その植物がジベレリンだけでなくDELLAタンパク質群も欠損していれば、そもそも成長を抑制するものがないことになる。このような植物は、ジベレリンを欠損していても、普通に成長することができるはずだ。

　この「抑制緩和の仮説」は、植物の成長に関して新しい考

え方を示していた。長いあいだ、植物の成長はジベレリンによって制御されることが知られていた。しかしこの点に関してほとんどの場合、ジベレリンは、積極的な機能を持つものとして考えられていたのである。つまりジベレリンは、植物の成長を単に促進するものと考えられていた。この新しい仮説は、それまでの考え方とはまったく違ったものだ。ジベレリンは、成長を抑制する力を弱めるものとして働く機能がある、という提案である。

　この仮説を検証するのは簡単ではなかった。この仮説では、DELLAタンパク質の活性を、ひとくくりにして考えていたからだ。しかしすでに、DELLAは1つではなく、5つあることが分かっている。5つのDELLAタンパク質があるのだ。この仮説を完璧に検証するためには、5つのDELLAタンパク質群すべてを欠損する変異体が必要だった。5つのうちどれか1つを欠損する変異体を探すこと自体、すでに困難だった。それぞれのタンパク質を欠損する変異体を探したうえで、それらを延々とかけ合わせて5つ全部のDELLAタンパク質群を欠損した植物を作ることは、当時はほぼ不可能に近いことと思えた。

　しかし少なくとも私たちは、この仮説を部分的に検証することはできた。私たちはすでに、GAIを欠損する変異体と、もう1つ、RGAを欠損する変異体（こちらは、もう1つの研究室から親切にも分けてもらった）、そしてジベレリンを欠損する変異体を持っていた。これらの変異体を使えば、たぶん、部分的にせよこの仮説を検証することが可能だった。GAIとRGAを欠き（まだRGL1とRGL2、RGL3が残ってはい

るが)、さらにジベレリンをも欠損した植物が、正常なレベルのGAIとRGAを持ちながらもジベレリンを欠損するような植物に比べ、背が高くなるかどうかを調べることは、できたのである。

そこで、私たちは実験を始めた。遺伝学的な実験を理解するために、植物がこれらの遺伝子を2つずつ持つことを思い出してほしい。この実験に使った植物は、すべてジベレリン欠損の変異体だ。これらの植物は、ジベレリン欠損の原因となる変異型遺伝子を、2つそろえて持っている。このように変異型遺伝子を2つそろえて持つことを、$ga1$-$3/ga1$-3^*と記述する。この実験には、GAIを欠損した植物も必要だ。この植物には、変異型のGAI遺伝子 (gai-$t6$) が2つと、正常なRGA遺伝子が2つ入っている (したがってgai-$t6/gai$-$t6$ RGA/RGA $ga1$-$3/ga1$-3と記述する)。最後に、この実験ではRGAを欠く変異体も組んだ。この植物は、正常なGAI遺伝子と変異型のRGA遺伝子 (rga-24) を2つずつ持っている (したがってこの植物は、GAI/GAI rga-$24/rga$-24 $ga1$-3 $/ga1$-3と書く*)。

私たちは交配によって、ジベレリンを欠損し、かつGAIとRGAをも欠損した植物を作ろうとした。ジベレリン欠損でGAIを持たない植物 (gai-$t6/ga$-$t6$ RGA/RGA $ga1$-$3/ga1$-3) と、ジベレリン欠損でRGAを持たない植物 (GAI/GAI $rga24$ $/rga24$ $ga1$-$3/ga1$-3) とをかけ合わせたのだ。かけ合わせをする場合は、一方の植物から、花粉が出てきている葯を取ってきて、もう一方の植物の柱頭につけてやる。すると最初の待ち時間だ。かけ合わせはうまくいっただろうか? かけ合わ

* $ga1$-$3/ga1$-3:ここで$ga1$-3は、ジベレリン合成系の遺伝子$GA1$が機能を欠損した変異体$ga1$のうち、3番目 (-3) の変異体という意味。/をはさむ2つの組で、両方のコピーを示す。もし正常な$GA1$遺伝子と1つずつ持つ「ヘテロ」の組み合わせなら、$ga1$-$3/+$と書く。

* GAI/GAI rga-$24/rga$-24 $ga1$-3 $/ga1$-3と書く:ここではすべての株の遺伝的背景として、ジベレリンの合成の欠損をもたらす$ga1$-$3/ga1$-3があることを前提としている。次の例も同じ。

せた花は、ちゃんと実がなるだろうか？ 数日後に実が伸び始め、中の種(たね)で実が膨らんできたのを確認して、安心することになった。

　私たちはかけ合わせた種を回収し、その種にジベレリンをかけて（この処理がないと彼らは発芽しない*のだ）発芽を誘導して、ジベレリンを洗い流してから植えつけた。この種から育つ植物は、ジベレリン欠損の植物、つまり*ga1-3*遺伝子を2コピーと、ふつうのGAI、RGAを持つ植物と同じように矮小化していた。これはまさにそうあるべきである。この新しい世代は、それぞれの遺伝子について、母親から1つ、父親からもう1つを受け継いでいる。今回、母親と父親が、どちらも*ga1-3*遺伝子を2つそろえて持っているので、次の世代も*ga1-3*遺伝子を2つそろえて持つ以外ないはずであり、したがってジベレリン欠損の植物になるはずなのである。*GAI*と*RGA*に関しては、話はもう少し複雑だが、この世代の植物は、*GAI*と*RGA*のどちらについても、変異型の遺伝子と正常な遺伝子とを1つずつ持っているはずだ（つまり、*GAI/gai-t6 RGA/rga-24 ga1-3/ga1-3*となる）。*GAI*も*RGA*も、*gai-t6*、*rga-24*に対して優性なので、この世代の植物は、正常な*GAI*遺伝子と*RGA*遺伝子とを持ち、ジベレリンは欠損した植物*のようになると予想された。そのとおり、この世代の植物は、深緑色をして矮小で、結実する花を咲かせるためにはジベレリンが必要な植物になった。私たちはこの植物にジベレリンをかけて自家受粉できるようにさせ、種で実が膨らむのを待った。

　この実験で本当に大事なのは、その次の世代だった。この

*発芽しない：*ga1*の変異をホモに（2つそろって）持つものは、発芽に必要なジベレリンを自力では作れないため発芽しない。

*正常な……ジベレリンは欠損した植物：つまりただの*ga1-3/ga1-3*。

段階の植物の成長ぐあいによって、私たちの仮説が検証される。期待としては、ジベレリン欠損で、かつ GAI も RGA も持たない植物（$gai\text{-}t6/gai\text{-}t6\ rga\text{-}24/rga\text{-}24\ ga1\text{-}3/ga1\text{-}3$）が、１６個体中１株＊得られることになる。私たちは種子を回収し、前の世代と同じように処理をして植物を植えつけ、そして待った。どうなるだろう。もちろんこれは、「やれば何か分かるだろう」くらいの気持ちで始めた実験だった。確からしさという点ではぎりぎりのものであり、もしかしたらそうなるかもしれないと思って始めたものだが、今となっては、自分ではたぶんそうなるだろうと思うようになっているため、焦らされる思いになっている。そして次第に自信が増していって、「…かもしれない」という部分が「…に違いない」に変わっていく。この植物の成長を、その後数週間にわたって観察した結果、私たちは、自分たちの仮説が正しいことをますます確信していくことになった。

　植えつけた植物の中に、ほぼ期待どおりの頻度で、ふつうの植物と同じような背丈になる植物が出てきたのである。彼らはジベレリンを欠損している植物であるもかかわらずだ。背が高くてジベレリン欠損？　確かに言葉に矛盾がある。他のどんな条件でも、このような植物は必ず矮小化すると考えられていた。しかし私たちはこのような結果になることを予測していた。その後、いくつかの検証によって、私たちの予想が正しいこと、つまりこの背の高い植物は、ジベレリン欠損に加え、GAI と RGA の両方を欠損した植物であることが証明できた。

　これでどれだけ興奮したことだろう！　検証結果が仮説と

＊１６個体中１株：メンデルの法則により、ある特定の遺伝子座位については、優性の表現型：劣性の表現型が３：１に分離するため、劣性の表現型の出現頻度は４つに１つとなる。それが今回、２つの座位について独立に起きるので、４分の１の２乗で、１６分の１という出現率となる。

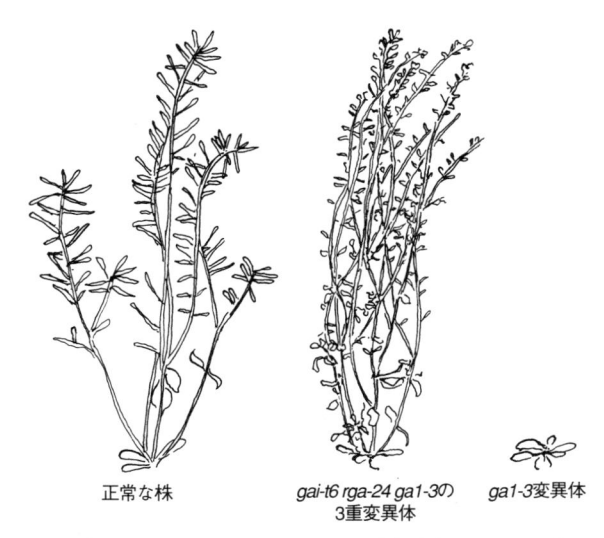

正常な株　　　gai-t6 rga-24 ga1-3の　ga1-3変異体
　　　　　　　3重変異体

正常なシロイヌナズナと、ジベレリンを欠く上にGAIとRGAとを欠く変異体（gai-t6 rga-24 ga1-3）、そしてジベレリンを欠く変異体（ga1-3）の比較。

一致したのだ。実験結果は予測どおりのものだった。「抑制緩和」は本当だった。いつものことだが、この新しい発見によって、新たな疑問が湧き上がった。その中でも最も大切なのは、たぶんこれいうことだ。つまり私たちは、ジベレリンが、GAIとRGAの影響を克服することを示したのである。しかし、どうやってなのかは知らない。いったいどのようにして、ジベレリンはGAIとRGAによる抑制を乗り越えるのだろう。

5月27日　木曜日

植物の花

　ここ数日間はストレスが溜まる日々だった。次から次に開

かれるミーティング。読んで、批判し、そして書かねばならない申請書。9月にある学会の、私が座長を努めるセッションで発表するため提出されてきた要旨。ここ数日間、私はやりたいことがまったくできなかった。本当はシロイヌナズナを見に出かけたかったのだ。そして明日からはマリョルカ*へ一週間の出張だ！ 出張自体は素晴らしいことで、それをとても楽しみにしている。しかし、タイミングが悪いような気がするのだ。

けれど今日の午後、私は時間をひねり出した。そして非常に素晴らしい、興奮するものを目にした。花を見ることができたのだ。シロイヌナズナがようやく花を咲かせた。何となく、今日ではないかという気がしていたのだ。ここのところずいぶん暖かかったから。

私は、出かけるときから興奮していた。汚水の匂いが漂うウィットリンガムを、自転車で駆け抜けた。いろいろな考えが脳裏に浮かんだ。肉体の堕落、命の儚（はかな）さ、死すべき運命。そんなことを考えながら、草の茂った道を抜け、力一杯自転車を駆ってウッズ・エンドの丘に登った。今頃はきっと花が咲いているだろうと思いながら。

墓地に近づいて金網のドームが見えてくると、編み目の下で、小さな白いものが微風に揺れているのが分かった。そして間違っていなかったことを知った。最初の花が開いたのだ。

今や花は開いて、同心円の重なりでできていることが見て取れる。いちばん外側の環は萼片だ。4枚ある萼片は、今は分かれて外に反り、花の内部を見せている。次は花弁で、明

* マリョルカ：Mallorca。地中海に浮かぶ、スペイン領バレアレス諸島最大の島。別名マジョルカ、マヨルカ。

＊十字架型：この特徴はアブラナ科にほぼ共通することから、アブラナ科について英語でBrassicaceae（Brassicaはアブラナ）という他にCruciferae（十字花科）という呼び名も、以前にはよく使われた。

＊心皮：花を作っている器官・花器官はみな、葉が変形したもので、それぞれ1枚の葉に対応する単位でできている。萼片、花弁、雄蕊はそれぞれ1枚（1本）が葉1枚に相当する。ただし雌蕊の場合は、植物によってエンドウのように1枚の葉でできていたり、シロイヌナズナのように2枚でできていたりと、いろいろである。そこで雌蕊の場合は、その基本型としての葉に相当する単位として、心皮という概念を使って説明する。エンドウの場合は、1枚の心皮で1本の雌蕊ができていて、シロイヌナズナの場合は、2枚の心皮で1本の雌しべができている、というぐあいである。要は、雌蕊を作る葉のことを心皮という。

るい白色。これも4枚だ。広がって、中心軸に垂直に外側に向かって開いている。十字架型＊だ。さらに内側に、次の層がある。直立した6本の雄蕊のリングだ。針のようにまっすぐに、誇らしげに立った細い花糸の先端には、黄色い葯がついている。最後に心皮＊。融合して、1本の丸い雌蕊（めしべ）になっている。先端は毛の生えた柱頭だ。

　花は、最後にできる構造だ。連続して活動してきた分裂組織の、最終産物なのである。シュート頂分裂組織は最初、らせん状に器官を作った。連続的に、明確な終わりを決めずに。まず栄養成長期の分裂組織として、それは茎と、らせん状に並ぶ葉とを作った。その後この分裂組織は今度は花序分裂組織として、らせん状に花芽分裂組織が並ぶ茎を作り続けた。そしてそれから、これが消滅したのだ。

　しかし、こうして消滅した分裂組織は、腋芽にその活性を遺した。すべての花芽分裂組織は、その最終地点を定められている。花芽分裂組織は有限で、連続的らせんではなく、4つの閉じた環を作る。定められた順序で、萼片、花弁、雄

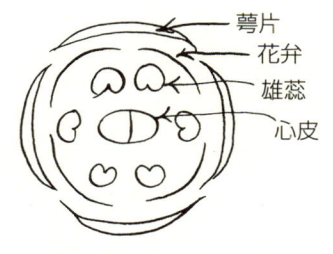

花を構成する層　花を、頂端と基部とのあいだの中心あたりで横に切った場合の、概念図。同心円状に並ぶ萼片、花弁、雄蕊、心皮を示す。

蕊、そして心皮という、4種の器官からなる同心円状の領域※を作るのだ。これが済むと、器官の形成は終結する。したがって花こそが、栄養成長、花序、そして花へと推移していく、分裂組織の最高到達点なのだ。

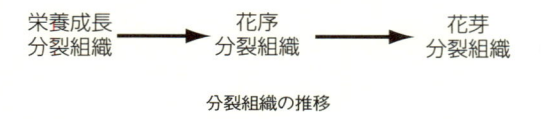

栄養成長　　　　　花序　　　　　　花芽
分裂組織　→　分裂組織　→　分裂組織

分裂組織の推移

＊同心円状の領域：原文はwhorl。ここで説明されているような、花器官がつくる同心円状の「場」。そこにそれぞれ決まった花器官ができる。本文6月15日の項や巻末の注も参照。花器官形成の環状場といったような意味の言葉だが、専門家のあいだでは「ウォール」とそのままカタカナ表記で呼ばれているため、定訳がない。

　形としての花は、花芽分裂組織からできる。以前説明した葉と同様に、器官は突起として始まる。分裂活性のあるドームの側面から、細胞が外に向かって盛り上がってくるのだ。しかし今回は、これらの突起はらせん状ではなく、リング状に配置される。ひとたび作られると、それらの突起群はそれぞれ、萼片、花弁、雄蕊、心皮としてのアイデンティティーを獲得し、特定の形と大きさとに成長する。その環のいちばん外側にある萼片に包まれた、1つの花になるのである。

　そしてついに、今日の段階、開花にいたった。私が眺めていたその瞬間も、花はまだ成長していた。花弁が広がり、雄蕊も伸長し、黄色い葯が柱頭の表面に近づこうとしている。

　これは素晴らしい瞬間だった。私は2月にこの観察を始めた。今、5月の末にこうして開花したことには、重大な意味がある。これほどの出来事には、この先もう出会うことはないかもしれない。もちろん、私は今年咲いた花をみな楽しんできた。キンポウゲ、デイジー、クサノオウに、タンポポ、沼地の黄色いキショウブ、その他も実にたくさんの花を。しかしそれらを見たときの喜びは、今日のものとは比べものに

もならない。私にこう感じさせるのは、連続性、物語性だと思う。私はこのシロイヌナズナを、霜がついたロゼットの時期から、数々の試練を乗り越え、ついに開花までを観察してきた。さらにもう1つ別の側面もある。そよ風に揺れながら、この花は、茎や根を通して、地面と繋がっている。葉と葉脈とを通して、太陽とも。全き1つの中の部分であり、分離していないのだ。

私は突然、この瞬間、自分がこのプロジェクトを通して何をしたいのかに気がついた。見ることだ。ビジョンを研ぎ澄まさんということなのである。

5月30日　土曜日ーマリョルカ島にてー

休日。昨日はずっと苛々していた。旅に疲れていたのだ。行動と思考を前にして蛇がとぐろを巻くような、渦巻く熱さの中で、居場所を探すことにくたびれてしまった。ひりつくような騒音——車に子ども、空気ドリル、どれもが耳障りだった。

けれど、今日は気分が良い。スイミングプールの、その底の面で光が踊っている。オレンジの茂みの中にあるプールだ。

ものに名前をつけるということについて、私はずいぶん考えてきた。私たち科学者が、ものごとに名前をつけたり、言い回しを使うことについて。科学の分野の言葉について、そしてそれらが私たちの考え方に与える影響について。考えがもう少しはっきりしたら、こういったことも書くとしよう。

木曜日、出発直前に、大急ぎで1月・2月に仕上げた私た

ちの論文が、オンラインで出版*されたことを確認した。良い感じだ。図は明確で、十分なスペースも与えられている。よくまとまって、強固な感じを持っている。科学における1つの佳品だ。

5月31日　日曜日―マリョルカ島にて―

ここ、ソーイェル*は素晴らしい街だ。周りを囲む山々、光の強さ、生き生きとした色彩。その美しさは、非の打ちどころがない。

今朝、寝室の窓から大きなヤシの木の向こうに目をやり、光の中で葉をつやつやと輝かせているオレンジの茂みを、そして緑の中に点々と散らばったオレンジ色のドットを見たとき、急に気がついた。この瞬間、私が見ているものと完全に同じ風景を見た人は、誰もいないことに、またこの先、私も、他の人も、決してないことに。しかしどうしたら、この瞬間の唯一無二の独自さを、適切につかむことができるのだろうか？

*オンラインで出版：科学論文はその内容、つまり新発見に関する発表が一刻を争う性質のものであることから、近年、印刷された形での発表を待たず、その雑誌の出版元が持つウェブサイト上に、いち早く電子ファイルの形で公表される形が、一般化してきた。こうした形での「出版」をオンライン出版という。多くの雑誌は、今でもオンライン版の他、実際に紙に印刷した形のものも出版しているが、次第に、オンラインのみに切り替えるところも増えてきている。また新興「雑誌」の中には、最初からオンラインのみの形を取るところも多い。

*ソーイェル：Sóller。マリョルカ島の北西海岸沿いにある都市。

6 月
June

6月1日 火曜日―マリョルカにて―

昼は強烈な日差しが射していた。そよ風は吹いていたが。数マイル離れた庭園(アルファビア庭園[*])に行く。歴史的に見て、マリョルカのこの地域の家や土地は、かつてはスルタンのものであった。山の高み、泉のほとりに造られた庭園だ。庭園内はいくつかのセクションに分かれている。涼しい木陰を宿した椰子の木や樅、竹の茂み。きれいに刈り込まれた生け垣で縁取られた小道。椰子の並木通りの中にある階段の下り坂。いたるところに、水の音や雰囲気があった。泉から湧き出て、滴り、地面に引かれた水路を流れ、歌い、池に、泉に、小川に、小さな滝に。水こそが、この庭園を動かしているのだという感じがする。子どもた

＊アルファビア庭園：
Jardins d'Alfábia

ちが泉の中で踊っているのを見たとき、特にそう感じた。

　椰子のつくりは彫刻のように優美で、とても素晴らしい。分裂組織が作ったものだ。あんなに小さな細胞の塊が、自らを維持しながら、数十年の時間をかけて木を形作る。その細胞の塊が作り出す線の美しさ——幹の線、椰子の葉が作る線、そこから出ている小葉(しょうよう)*が織りなす線。他のさまざまな線も樹冠の高みでごちゃ混ぜとなり、そのもつれ合った中を通り抜け斑紋を作る太陽光の、まっすぐな直線と調和を見せている。陽の光と影との、くっきりとした区分け。

6月2日　水曜日

　空は青く、霞がかかって、それほど暑くない。今朝は、木を燃やす煙の匂いが漂っている。それは、変化、変形を思い起こさせる。切り株を焼くということから連想される進展、季節、もう秋という変化。こうした連想の喚起こそは、科学用語がほとんどの場合なしえないものである。響いてこないのだ。GAIを例にしてみよう。頭文字だ。*Gibbereric Acid Insensitive*（ジベレリン非感受性）の頭文字である。DELLAを例にとれば、これもそのアミノ酸配列に由来する頭文字だ。これらは広がりを持たない、暖かみのない言葉だ。こうした言葉が心をかき立てないことは、それほど驚きではない。しかし、いつもそうかというと、それも違う。原子という概念ほど心に響くものがあるだろうか。陽電子に電子、重力も。私たちは物柔らかさを代償にして、科学的思考の感覚を磨き清めてきたのだろうか。私たちはきっと、テラスに咲くブーゲンビリアのように活き

*小葉：エンドウの葉や山椒の葉のように、いくつかの単位が集まってできているように見える葉のことを、複葉（ふくよう）という。またその集まった単位になっているように見える、小さな葉のような部分を「小葉」という。たとえばミツバやクローバーの葉は、3枚の小葉が集まってできた複葉である。

活きと歌う、シンボルを必要としているのだ。

6月5日　土曜日

新しいアイデア

　マリョルカからの帰りだ——飛行機の中で書いている——印象に残っているものをざっと記しておこう。この数日は素晴らしかった。環境の変化によって、充電されたような気分がする。何より良かったことに、私はあるアイデアを思いついた。ついに、私たちの研究を進めていくべき方向を見つけたのだ。これも躊躇せず書いてしまおう。これに関しては何一つ、不確かなことはない。このアイデアが的を射たものなのは確かだ。行くべき道を指し示すものだ。

　毎朝、子どもたちを茂みに分け入らせ、オレンジを取って来させた。彼らは競ってほとばしるようなジュースを絞った。私たちはそのジュースを聖餐式の場面のように分けあい、陽光の下で飲んだ。そのオレンジの木々を残して、帰国するところだ。

　果樹園の端に池があった。そこにはカエルがいて、夜になると鳴いた。アメンボが、凹凸レンズを作って水面を滑っている。科学的な喩えになると思うが、こんなことを思った。あの凹凸レンズの下の世界がアメンボにとって未知のものであるのと同様に、私たちも実は、ごく薄い表層しか知らず、そのすぐ下にあるものがどれだけ深いかを知らないのだ、と。

＊デイア：Deià

　木曜日には、デイア＊に近い、磯の入り江と浜とへ行った。

週の初めに一度訪れたときには、海は澄み穏やかで魅力的だった。だが、今回は荒れて、波が岩に当たって砕け、浜の上の方まで押し寄せてきていた。私は、光に目を眩ませながら、しばらく水の中に立っていた。揺れる海面から反射する光、くだける波の眩しい白に。浜に寄せてはまた引いていく波の力を、足のまわりに感じながら。鼻に潮しぶきがかかり、シャツは冷たく濡れて、背中に張りついた。こうしたすべてのエネルギーに心が踊った。波が引くのと同時に、ふくらはぎの後ろに小石がさりさりとあたる、新しい経験に、わくわくした。

　突然、これこそがサイエンスだ、という考えが閃いた。以前は知らなかったもの、感じたことのなかったものを、認識すること。そのアイデアが浮かんだのは、それも波が引いていくときの力でバランスを崩しそうになり、石がまたもや私の足を打ったそのときのことだった。単純だが、輝くアイデア。「なぜ？」という疑問を持たなければならない、というアイデアだ。今まで私たちは、「いかにして？」という点について研究してきた。メカニズムについての研究だ。どのようにしてDELLAが植物の成長を制御するのかについての。私は今までの、いかに、という研究から、なぜ、と理由を考える研究に切り替える時期が来たのだと思う。なぜ、DELLAは植物の成長を制御しているのだろう？

6月6日 日曜日

　家に帰りついた。ここも暖かい。蒸している。夏は始まったばかりだが、ものごとがすでに終わりつつあるような

雰囲気がある。崩壊し、朽ち、ばらばらになっていくものごとの雰囲気。ワスレナグサはすでにひょろ長くなってしまった。乾き始めた茎の先端に最後の青い花、その下に褐色でもろい、種をたくさん入れた実が並んでいる。

6月8日　火曜日

今日は間違いなく夏だ。すごく暑い。マリョルカほどの暑さ、強烈な陽の明るさではないが、それにしても暑い。太陽の光や熱が弱まることはないが、こうして書いているあいだにも、金星の小さな点が太陽の前を横切っている。私は興奮し、同時に窓から見える庭の眺めに満足した。今やセイヨウハシバミ、オーク樫、セイヨウボダイジュが全盛期だ。葉の伸長だけでなく、すべてが終わった、完成した雰囲気がある。ジギタリスの茎の先端は空に届こうとしている。突然、冬の暗さを思い出し、そのためこの季節の快適さをよりいっそう強く感じた。

6月9日　水曜日

AGAMOUS遺伝子の機能について

今朝、カーテンを明けると、部屋に光が差し込んできた。すぐに私は、シロイヌナズナと墓地の景色とを見ようと、おなじみの道に自転車を走らせた。ようやく、留守中に何が起きたか見ることができる。陽の光の中、ペダルをこぐ。全然、退屈だとは思わない。家からブラコンデイル*へ、ウィットリンガム通りを経てサーリンガムへと、月に何度も同じ道を通っている。でもまったく飽きない。もう習慣に

*ブラコンデイル：Bracondale

なってしまった。繰り返しに安心感を覚える。いつもの景色が、毎回、私に新しい視点でものごとを見せてくれるのだ。

　私はウィットリンガム通りで少し止まった。キンポウゲを一輪摘んだのだ。花の器官のそれぞれの表面を、指先でなぞってみる。萼片の、つやがなくて毛の生えた根もとから、その先端まで。それから光沢のある黄色の花弁に、ちくちくする雄蕊、最後に、でこぼこした柱頭。私は、ジェラードの『本草』*の一節を思い出した。「たまたまロンドン劇場の隣の野原を、敬虔な商人のNicholas Lateさんと歩いていたとき、私はこの花（キンポウゲ）の、花弁が二重になったものを見つけた。それはそれまでには見たことのないものだった」。

　これは間違いなく変異株である。花弁を一重ではなく、二重に持った変異体だ。これは自然界でもよく見られる。実際シロイヌナズナにも、花弁を二重に持つ変異体があり、それは*AGAMOUS*として知られる遺伝子に変異を持っている。他の遺伝子と同じように、*AGAMOUS*遺伝子もDNAの断片で、数千の塩基対の長さを持つ。この数千のうち、たった1つでも、文字が入れ替わる（A-Tという対からG-Cへの置換など）と、こうした変異の原因になりうる*。読み枠の中のコードを変え、途中にストップコドンが入ってしまうような変異だ。ストップコドンというのは、どのアミノ酸もコードしないコドンである。このようなことになると、本来の長さに達しない短いアミノ酸の鎖、不完全なタンパク質ができる。機能しない、不完全なタンパク質だ。

*ジェラードの『本草』：本書扉裏の引用を参照。John Gerardは1545-1611年、イギリスの薬草・本草学者。

*変異の原因になるうる：「なりうる」であって「なる」と言っていないのは、1文字の変異があっても、必ずしも表現型に現れるとは限らないからである。それは、DNA上の1文字の変化が、アミノ酸を示す暗号としての意味の変化をもたらさないこともあるからである。ただし文中に述べられているように、本来はアミノ酸をコードするはずの暗号がストップコドンになってしまうような変異ならば、多くの場合、変異としての表現型が出る。

＊アイデンティティー：3月9日の項にも出てきた、このアイデンティティーという概念は、発生生物学の基本的な考えの1つ。植物や私たちヒトのような多細胞性生物は、細胞ごとに、組織ごとに、また器官ごとに異なった性質を持っている。これは「分化」の結果である。分化は、いきなり始まるものではない。たとえば花弁と雄蕊は、いずれも葉が変形した器官であるが、それぞれの器官に分化するためには、それに先だって、花弁として、あるいは雄蕊としての運命づけを獲得する段階が必要となる。まず何になるかを決めてからでないと、具体的な手順に入れないからである。これは建築を考えてみれば分かりやすい。ある地所に建てる建物を、超高層ビルにするのか、それともドーム式体育館にするのかを先に決めないと、具体的な工事は始められない。このような、具体的な分化（工事）の前に予め行なう運命決定を、アイデンティティーの獲得という。「自我」に対する「アイデンティティー」と

　ふつうの植物では、AGAMOUSタンパク質は花の構造を決定する役割を担っている。このタンパク質が機能しない変異体では、花弁が二重になる。もちろん、もっと深刻な影響が出ることもある。花には似ても似つかない、グロテスクで化け物のようなものとなってしまうこともあるのだ。しかし秩序は残されている。そうした変異体では、単に、ある器官が他の器官に入れ替わっているだけである。雄蕊が花弁へ。これは置換、アイデンティティー＊の変化である。

　1塩基対の変化が、正確に定義された1つの構造を置き換えて、雄蕊（先端に葯がついた、透き通った糸状の構造）から、まったく異なる別の形に定義された構造、花弁（平らで薄い不透明な構造）へと変えるのだ。この現象は、簡単に説明することができる。つまり、AGAMOUSタンパク質は転写因子である。それ自身の活性の結果として、他の遺伝子の活性を調節し、いくつかの遺伝子をオンにし、またおそらく他のいくつかについてはオフにすることで、あるパターンで活性化した遺伝子群を作り出すのだ。この特定のパターンに基づいて、雄蕊ができる。このパターンができないと、雄蕊はできず、かわりに花弁ができる＊のだ。

　その後、私はそのままサーリンガムへ向かった。マロニエの木陰にある墓地へ。涼しくて平和だ。その日陰の楽園に、傷ついた植物はあった。金網のドームを通して、私は中を覗いてみた。すごいことが起きている！　細い茎が、以前より何インチも長くなっている。その周りには花がらせん状に並び、そのてっぺんにはまだまだつぼみがぎっしりついている。いちばん下にある花のさらに下では、葉が何

6月 *June* 203

枚も成長している。その様子をスケッチした。かつてロゼットだったが今は茶色になってしまった部分から、茎が斜めに伸びている。自分の重さですでに傾いている——じきに地面に付いてしまうだろう。いちばん下に付いている花が、マリョルカへ行く直前に見たもので、いちばん古い。留守中に葯が開裂し、柱頭に触れて花粉をつけ、自家受粉を完了したのだろう。今ではその葯は茶色くしなび、実が伸び始めている。その次の花もすでに花粉が散ってしまっているが、その上の2つの花では、葯にまだたくさん花粉がついている。いちばん新しい花はまだ成長しきっていない。発生の段階に勾配がある。つまり古い花は下に、若い花は上という具合だ。

　こうして受粉、受精が始まった。これはもちろん、喜ばしいことだ。しかし私は、最初の花でこうしたイベントを見られなかったこと、私の留守中に終わってしまったことを残念に思う。加えて、この植物がまだもつのかどうかにも確信が持てない。この植物は十分力があるだろうか？　唯一残ったまともなロゼット葉は枯れかけている。茎は細く、まだ立っていることにすら感心してしまうほどか細い。さらに実は私は、留守中にもっと花がついているものと期待していた。どんどん暖かくなっているので、もっと成長していると思っていたのだ。何よりこの植物は、枯れかけた葉っぱ1枚だけで、受粉してできた種を養うことができるのだろうか？

同じく、日本語訳がない。

＊**花弁ができる**：正確には、雄蕊と花弁との関係は、片方ができなければ自動的にもう片方になるというものではなく、雄蕊と花弁はそれぞれ独自のパターンで作られている。それを説明するのが、7月15日の項で解説されているABCモデルである。

6月10日　木曜日

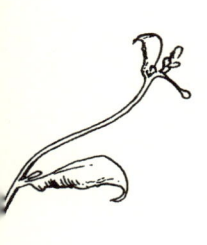

　仕事だ。湿って暖かい。空が素晴らしい。高いところの灰色の雲が、空全体を覆っている。その底面はいつものような平らではない。似たような大きさの凹凸が、遠くに行くほど小さく見え、遠近感をはっきり見せている。広いノーフォークの空に、空間を認識した。

　しかしノーフォークに関しては、他にも書かなければいけないことがある。ここはイギリスの他の場所に比べ、雨が少ない。ここ1カ月以上、ほとんど雨らしい雨が降っていない。私は昨日、シロイヌナズナが育つ地面が固く、灰色で、埃っぽくなっていることに気づいた。このシロイヌナズナは非常に弱々しいので、もっと水を必要としているはずではないか？　しかし長いことノーフォークに住んできたので、6月初めから9月の終わりまでほとんど雨が降らないことを、私は知っている。

　それと私は今でもときどき、シロイヌナズナが被った被害を思って腹を立てることがある。うまく育っていたら今頃どうなっていただろうと考えると、苛々するのだ。何者かに食べられるまでは、このシロイヌナズナは非常にうまくやっていた。今頃には十分に育って青々と茂り、たくましい主茎が伸びていたはずだ。10を超える腋芽（えきが）がロゼット葉の脇から伸び、すべての花茎が分枝して、健康的な、頑丈でふっくらした花に覆われているはずだった。弱々しく、やっとの思いで小さな花を数個つけるような、そんな植物になる予定ではなかったのだ。

シロイヌナズナの
花をつけた茎

6月12日 日曜日

　しばしば科学は、曲線的ではない、直線的なロジックでできていると描かれるものだが、私がここで表現しようとしているのは、いつもの過程で、あるものごとから別のものごとへと思考が飛躍するさまだ。実際私は、一人の科学者として、シロイヌナズナの成長のこと、研究室の実験のこと、DELLAタンパク質群のことなどを、日々考え、常にこれらの発想や概念をもとに飛躍を繰り返している。たとえば、昨夜などは、ベッドに横たわって、特に何を考えるでもなく、窓越しに庭のオーク樫の葉を眺めていた。それは、夕暮れの光の中、灰色の雲に覆われた空を背景に、風に激しく揺られていた。すると突然、頭の中にDELLAタンパク質群のイメージが湧いてきた。激しい風の流れと渦の中でたわみ、踊る葉の、その1枚1枚を構成する細胞の核にあるDELLAタンパク質群のイメージ、DELLAタンパク質群自体が、この空間で風に揺られているイメージだ。

　それと今日は1日中冷たい風が吹き続け、その風は大雨まで連れてきた。雨は風の勢いにまかせて降ってきた。シロイヌナズナにようやく、水が供給された。

6月14日 月曜日

　昨日は素晴らしい1日だった。天気が良く、奥深い音楽が聞け、そしてウィートフェンに行くことができた。

　1日中、黄色い陽の光が降り注いだ。強いが、マリョルカの光ほど厳しくない。湿気に影響されて和らいでいるのだろう。雲は白く、ふわふわしていた。

*ヤナーチェク弦楽四重奏団：1947年創立の四重奏団。チェコを代表する四重奏団として演奏に定評があり、日本でもファンが多い。

*スメタナ：チェコの作曲家（1824-1884年）。作品としては「交響詩＜我が祖国＞」のうち、「モルダウ」が飛び抜けて有名。

*ヤナーチェク：チェコの作曲家（1854-1928年）。オペラ作品も多い。「歌曲集＜消えた男の日記＞」「シンフォニエッタ」など。

*反復音型：ピッチを保ちながら再三繰り返されるモチーフなどを指す。ラベルの「ボレロ」のテーマなどがその典型。

　昼時にはコンサートを聞きに出かけた。ヤナーチェク弦楽四重奏団*だ。素晴らしい演奏だった。スメタナ*とヤナーチェク*。突き動かされるような音楽、瞬間瞬間の独自性と、安定した構造の構築とのあいだに生まれる緊張感が表現されている。一瞬一瞬のビジョンが持つ潜在性と、1つの全体性とを調和させようとする努力。とても素晴らしい。優しい子守唄の一節、光り輝く断片、昆虫めいた反復音型*に、郷土音楽の引用、これらすべてがある1つの確固たるものへと織り込まれ、最後まで絶え間なく続く。

　その後は、子どもたちとアゲハチョウを見にウィートフェンへ行った。ここにも活気と勢いがあった。水と暖かさとが駆動する生命。以前訪れたときに比べずいぶん成長していた（もっと頻繁に来られれば良いのに！　先週は仕事があまりにも忙しく、とても来る時間などなかった）。今年の新しい葦が、すでに私の肩の高さに達している。その美しい、柔らかな灰緑色が一面を覆っている。虫がぶんぶん飛び、風で葉がこすれる音がする。

　この葦の中に点々と見えるのは、キショウブの茂みの黄色く輝く塊だ。その花のあいだをすばやく、またはためくように飛び交っているのはアゲハチョウ。弾丸のように飛び、また花から花へ、葦の真上をひらひらと舞う。少し速過ぎて、はっきり見てとらえることができない——ちらつく蝶の、一瞬一瞬のスナップショットを繋ぎ合わせて見たものを構築することになる。さんさんと降り注ぐ陽光の中に見える、黄と黒のチェック模様の羽、ときどき見える黒い後羽、それらを一秒間隔に区切って見ているような気が

6月 *June* 207

する。いつも、すでに行き過ぎてしまったものに焦点を合わせようとしている感じだ。私が見たものの大半は、私の目が焦点を合わせた場所に、たまたま同時に、羽とかチャコール色の腹部とかが一致したときのものである。

　この湿地の葦のあいだに育つカワラボウフウの一種[*]の葉には、キアゲハ[*]の卵の小塊が載っている。葉の上を這い、葉を食べる、小さな黒いイモムシも。葦、カワラボウフウの一種、虫に、キショウブ、これらすべてが、ある１つのものの一部分だという感じがする。DELLAタンパク質群も、その一部を担っている。その「ある１つのもの」とは、この湿地だ。

６月１５日　火曜日

花の形成について

　美しい朝だが、寒い。風は北へ吹いている。ごくわずかに霞がかかっただけの、澄んだ青い空。葉は小刻みに震えている。光が当たって反射し、揺らめいている。

　数日前、たった１つの転写因子の欠損が、花の内側の場[*]をどう変えるか記述した。雄蕊が花弁になるというものだ。今日はこの現象についてもう一度、特に、花器官のそれぞれ異なるアイデンティティー[*]が、どのようにして、特定の転写因子活性の組み合わせによって決まるのか、説明しよう。つまり、セント・メアリーのシロイヌナズナの花は、どのようにできているか、ということだ。全世界中の、他のすべての花がどのようにできるか、ということでもある。

　これらの転写因子の働き方は、ABCモデルとして知られ

＊カワラボウフウの一種：原文はmilk-parsley。学名*Peuceda-num palustre*。セリ科の一種で、日本にも同属のものとしてカワラボウフウやボタンボウフウなどがある。

＊キアゲハ：原文はswalloe tail。埼玉大学の奥本大三郎教授によれば、英国産の種は学名*Papilio machaon britannicus*として、日本で見られるものとは別亜種にされることがある。

＊花の内側の場：原文はwhorl。ここで説明されているABCモデルが仮定する、同心円状の形作りの場を指す言葉。ここでは同心円領域などと訳したが、５月２７日の訳注にも記したように、植物学の世界では訳さずウォールと呼ぶのがふつう。巻末「用語解説」も参照。

＊アイデンティティー：アイデンティティーについては３月９日と１０日、および６月９日の注を参照。

るモデルで説明されている。このモデルは、器官のアイデンティティーが変化してしまった変異体の花の観察から組み立てられたものだ。私がすでに説明したものの他にも、器官のアイデンティティーが違うふうに変わった別の変異体がある。たとえば、外側から順に萼片、花弁、雄蕊、心皮という順序になるはずの（正常な）花が、萼片、萼片、心皮、心皮、となってしまうような変異体。これも単一遺伝子の変異によるもので、その遺伝子はやはり、転写因子だ。しかし、この新しい遺伝子がコードする転写因子は、以前説明した変異体で影響しているものとは異なる。この変異体や、その他の変異体の花をよく観察すると、観察と思考とが一体化し、ある理解にたどりつく。

　そう、その理解がこれ、ABCモデルだ。A、B、Cと呼ばれる3つのタイプの遺伝子がある。A、B、Cはそれぞれ、他の遺伝子の活性を制御するタンパク質、転写因子をコードしている。これらそれぞれが、特定の発生過程にある器官で、オンになったりオフになったりする。転写因子の組み合わせが、特定の遺伝子活性の組み合わせを生み、それがそれぞれの器官にアイデンティティーを与え、たとえば、萼片や花弁といった性質を与えるのだ。

　正常な花が、花の内側に向かって、萼片、花弁、雄蕊、心皮という器官の順になっているのに対し、Aの機能を欠損した変異体の花は、心皮、雄蕊、雄蕊、心皮という順序になる。Bの機能を欠損すると、萼片、萼片、心皮、心皮となる。Cの機能が欠損すると、萼片、花弁、花弁、萼片だ。

　もちろんABCモデルを考えついた人たちも、最初は手元

に、これら奇妙な形の花を持っていただけだった。観察結果を説明するのに使えるABCモデルという枠組みが、最初からあったわけではないのだ。そこで彼らは、異なるタイプの花の変異体群を説明する手段として、ABCモデルを作り上げた*。1つのパターンを組み立てたわけだ。彼らはまず、1つの花に対して4つの同心円状の場を仮定し、4つの異なる領域、1～4として扱うことにした。次に、A、B、C各遺伝子が発現する領域は、図に示したように重なり合っているとした。同心円領域の1と2でAが機能し、2と3でBが、そして3と4でCが機能する。重要な点は、器官のアイデンティティーというものは、同心円領域がそれぞれ本来的に持つ性質などではなく、遺伝子活性のパターンによって決まるものだという点である。

それではここに、花の公式を示そう。A単独＝萼片、A+B=花弁、B+C=雄蕊、C単独=心皮だ。もしある変異が、たとえばBの機能を破壊すると、同心円領域内の遺伝子の活性パターンはA、A、C、Cとなる*。すると萼片、萼片、心皮、心皮となることが期待され、これは実際の観察結果と一致する。

偉大な解明がおしなべてそうであるように、このモデルも統一を成し遂げた。花の基本的な構造が、すべてこのABCモデルで説明できるのだ。なるほど同じように作られていても、花が違えば見た目もたいへん違う。草原のキンポウゲと、墓地のシロイヌナズナの花は、大きさも形も、花弁の色も違う。したがって、花の発生の完全な理解には、まだ課題がたくさん残っている。しかし、それがどうある

*ABCモデルを作り上げた：ABCモデルは1991年、カリフォルニア工科大学のエリオット・マイロヴィッツ Eliott Meyerowitz教授の指導の下、当時、大学院生だったジョン・ボウマン John Bowmanらが組み立てて発表したモデル。広く被子植物の花の作りを説明できる優れたモデルとして、一部修正はされているが、現在も広く受け入れられている。

*遺伝子の活性パターンはA、A、C、Cとなる：図を見ながら考えると分かりやすい。Aは外側の2つの領域で、Bは外から2番目と3番目の領域で、そしてCは中の2つの領域で働くものとする。Bはそれ自身で自分の持ち場を決めているので、Bの機能が失われると、残りのAとCだけとなり、本文にあるとおり、外の2つの領

域でAしか働かず、中の2つの領域ではCしか働かないことになる。「公式」によれば、Aしか働かないところには萼片ができ、Cしか働かないところには心皮ができるので、そうした「花」は、外側から順に萼片、萼片、心皮、心皮の順番で器官が並んだものとなる。

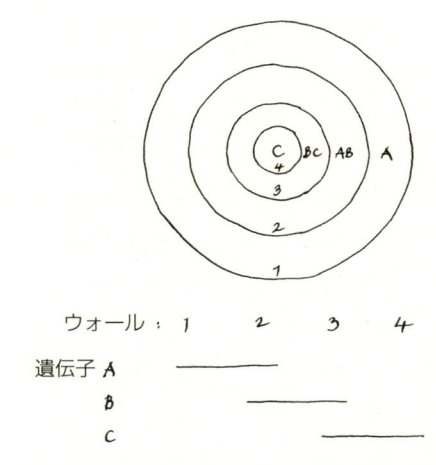

ABCモデル　A、B、Cの遺伝子は、4つの同心円領域それぞれに特徴的な活性を持つ。下には、A、B、Cの遺伝子の活性が、隣り合う同心円領域でどのように重なっているかを示す。

べきかは想像がつく。何か、ABCモデルのようなものが、すべての花の基本にあるのだ。他のもの、あるいは他のものの活性の違いなどが、花弁のサイズや形の違いを説明するのだろう。

では、かよわい花茎の上で今そよ風に揺れているこのシロイヌナズナの最初の花が、どのようにできあがったのかをまとめてみよう。まず花序分裂組織が、花になるべき花芽分裂組織を作った。らせん状に並ぶ花芽分裂組織の1つだ。花序分裂組織の側面に突起ができ、ドーム状の独立した分裂組織になっていく。するとABC遺伝子群がその花芽分裂組織の中で発現し、ABCの転写因子群ができる。これらの遺伝子は同心円状の領域に、重なり合いつつ、外側にA、

内側にCという順序で発現して、分裂組織のドームの周りに、ラグビー選手のジャージにあるような縞模様を作る。この重なり合ったリング状の発現によって、活性の異なる4つの同心円領域、A、AB、BC、Cが決まる。それぞれの同心円領域の活性によって、細胞たちは萼片、花弁、雄蕊、心皮を作るべく運命づけられ、花芽分裂組織の側面に突起を作り始める。これが、花ができあがるまでのしくみだ。

　この成果から、花弁と萼片とを区別しているのは、たった1つの遺伝子の活性だということが明らかになった。その遺伝子の、器官アイデンティティーを変える活性を除いては、両者は基本的に同じものだ。となると、花弁と萼片とは、ともに何か他のものの変形ということになるのだろうか？　生物ではしばしば、ある部分は別の部分に由来してできてくる。この場合も同じだ。というのは、ABC遺伝子のすべてを欠損した変異体は、驚くべき花を作るからだ。一連の同心円からなる、完全な花。しかし、萼片、花弁、雄蕊、心皮といった異なる器官があるべき場所に、この花の場合は、同心円に葉が並ぶのだ。萼片、花弁、雄蕊、心皮のすべてが、葉に置き換わるのである。この変異体の花は私たちに、非常に重要なことを示している。ABC遺伝子群こそが、基本的な、大元の状態から花器官へと発生を誘導していることを、示しているのである。萼片、花弁、雄蕊、心皮はすべて、葉が変形したものだ。共通のスタート地点からの、それぞれ異なる形への変形だ。

　それで、この話はどうまとまるのだろう。もしも、萼片、花弁、雄蕊、心皮が、すべて変型した葉であるのなら、葉

＊変形：こうした概念を著作にまとめ、世に広めた人が、日本では詩人としての側面ばかりが強調されるゲーテである。

　ゲーテが花器官は葉の変形したものだという主張を示した書物は『変形論（Die Metamorphoge, 1790）』としても名高い。

とはいったい何なのだろう？　茎が変型したのだろうか？　こんな話が次々と続いていって、終いにはすべての生物の、そのあらゆる部分が、それぞれ1つの遺伝子の切り替えによる、他のものからの変形だということになるのだろうか。

　ABCモデルは素晴らしい。驚くべき洞察だ。多大な投資の産物であり、奮闘の結果である。個々人がこのような大事な、創造的な投入をしているのに対し、私たちは集団的に、1つの文化や社会として、ある地点へ到達する——あるビジョンを得る——ための努力に力を費やしている。悲しいのは、私たちが集団として、この知見を共有していないことだ。このモデルは、一般的には理解されていない。箱にしまい込まれ、隔離されて、何か"科学的なもの"として扱われている。

　この問題を解決するにはどうしたら良いだろう。答えが分かっていたらどれだけ良いだろう。私は、「社会の人々に科学を理解してもらおう」と提唱することが、この答えになるとは思っていない。これでは、科学で使われる言葉を単純にして話すだけになりがちだ。これは、ビジョンを得る上でさらに大きな問題ではないか？　響き合い、順応性のある、そして豊かなイメージを作り上げる上で？　歌うようなイメージを共有する上で？　これと、中立性、客観性、観察者と対象とを分けることの必要性とのあいだで、どうバランスを取ったら良いのだろう？

　ABCモデルは成就した。私たちは今や、それが歌い出すように、ふたたび、語らねばならない。モデルのイメージを掘り下げ、命の息吹を与え、厚みを持たせて。一度しま

い込まれてしまった箱から出して、広めなくては。そして神話にあるような力を与えよう。薄っぺらなA、B、Cに血肉を与えよう。

6月16日　水曜日
花器官の成長について

では、私たち自身の研究対象、DELLAタンパク質群や「抑制緩和の仮説」など、諸々のことはどうなっているのだろう？ 花の発生と、何か関係があるのだろうか？ もちろん。DELLAタンパク質群は、花を含め、植物の成長全般にとって不可欠なものだ。ここからは、私たちがそれを知るにいたった経緯を書くことにしよう。

以前、シロイヌナズナのジベレリン欠損変異体について説明した。その変異体の花は、正常な植物体の花とはひどく違う。変異体の花は、比較的正常な萼片と心皮を持つが、雄蕊と花弁の伸長が遅れるのだ。この花をよく観察していると、短い花弁とずんぐりした雄蕊の形からして、成長し始めはきちんとしていたのに、突然それを止めてしまったかのように見える。おそらくジベレリンは、これら器官の成長を全うさせるのに必要なのだろう。

そこで浮かぶ疑問はこれだ。もしジベレリンが雄蕊と花弁の成長に必要なら、これもDELLAタンパク質群を介して働くのだろうか？ GAIとRGAを除くと、ジベレリン欠損変異体の、茎が短くなるという現象が見られなくなる。これについては以前、「抑制緩和の仮説」を試した話を書いたときに説明した。しかしジベレリン欠損変異体に特徴的な、

雄蕊や花弁が短いまま成長が遅滞するという現象は、GAIとRGAを除いても回復しなかった。したがってジベレリンは、GAIとRGAの機能だけを抑制して、雄蕊と花弁の成長を促進するわけではない、ということになる。DELLAの他のタンパク質——RGL1、RGL2、RGL3——が、関与しているのだろうか？

最近、私たちはこの問いに対する答えを得た。実験によって、「抑制緩和の仮説」がより強く、広くなっていくのが分かるのは、素晴らしいことだ。この実験には、ジベレリン欠損で、かつDELLAタンパク質群を欠損する植物を遺伝学的に作成する、という苦労が伴った。ここで得られた植物はジベレリンを欠損し、GAIとRGAを欠損し、そしてさらにRGL1とRGL2をも欠損している。この植物は背が高く、強く成長した（この植物はGAIとRGAの両方を欠いているので、これは予想どおりだ）。いちばん大切なのは、この植物の花がどうなるかだ。正常な植物と同じようになるのか、それともジベレリン欠損変異体と同じようになるのかだ。最初の花が開いたとき、結果が完全に明らかになった。花弁と雄蕊は長く、短くはなかった。実際、正常な植物のものより長くなっていたのだ。

こうして私たちは、DELLAタンパク質群に属するRGL1とRGL2も、GAI、RGAとともに、花弁と雄蕊の成長抑制に重要な役割を担っていると結論づけることができた。雄蕊と花弁は、ジベレリンがGAI、RGA、RGL1、RGL2の働きを抑制することによって成長するのだ。非常に興味深いことに、この実験結果は、成長促進ホルモンであるジベレリンが植

物の成長を制御する際には、DELLAを介する成長抑制というものが、ある特別な場合のみにおいてだけでなく、一般的に働くということを示唆するものである。

　こうして今や私は、セント・メアリーで育つシロイヌナズナの花が、どのようにしてあのようになったのかを説明することができる。まず1つのモデル、そして次のモデルを思い起こせばよい。最初に、ABCモデルで示すところに沿って、花器官のアイデンティティーが決まる。第二に、「抑制緩和のモデル」に則ってこれら器官の成長が進む。こうしたモデルは、真のビジョンの高まりを代表するものだ。もちろん私は、自分の研究グループが後者のモデルを確立するのに一役買ったことを、誇りに思っている。しかしそこにはまた、それ以上のものがある。ビジョンが少しでも高まると、私たちはさらに世界に近づくことができる。そしてよりいっそう、世界の一部であることができると思う。本当に大切なのは、それなのだ。

　新しい研究課題に戻ろう。マリョルカの海岸で突然思いついた、「なぜ」という類いの疑問だ。実際には、この手の問題は扱いにくい。「なぜ」という疑問は、常に、「どのように」という疑問よりも難しいのだ。しかし私には、どう扱ったら良いのかが見え始めている気がしている。実験的にどうアプローチするかの、初めの一歩のところだ。なぜ植物はDELLAタンパク質群を進化させたのだろう？　おそらく、DELLAによる利益があったためだ。ではその利益とは何だったのだろう？　DELLAタンパク質群が成長速度を制御することから考えて、次の疑問はこうなる。成長の速度を

制御できることによる利益とは、いったい何だろうか？

6月18日　金曜日

自家受粉する花

　雨と照りつける太陽。道路は蒸している（シロイヌナズナをまた見に行くために、手っ取り早く自転車で向かっているところ）。世の中は黄色に包まれているようだ。キンポウゲ、タンポポ、フキタンポポ。ウィットリンガムからウッズ・エンドへ石だらけの道を行くあいだ、あまりに暖かいので、シロイヌナズナの花も1つかそこらは、花粉を出しているものもあるだろうと思った。

　木陰があり、囲われた感のある墓地へ。マロニエの木々で風が静まっている。私は金網のドームのところに引き返し、ひざまずき、虫眼鏡を通して花を眺めてみた。そう、花があった。4つ目の花だ。雄蕊は今や完全に伸び、その雄蕊の花糸の先端の葯は、放出された花粉で粉だらけになっている。葯は柱頭にそっと触れている。柱頭の表面では、その湿った毛の塊のあいだに黄色い花粉が散らばっている。

　それぞれの花粉の表面には、肉眼には見えないが、魅力的な構造をしたコートがある。それから中には、3つの核が入っている。花粉が1つ柱頭の表面に付くと、発芽が始まる。花粉管がそこから伸び出して、柱頭の表面に入り込む。例の3つの核は、それぞれDNAを含んでいて、花粉管の中を降りていく。まずは、花粉管を作るのに働く花粉管核が、それから2つの精核が降りていく。ありがちなことに、花粉管の成長は、DELLAの抑制解除によって制御され

ている。こうして観察しているまさにその瞬間に、これらの花粉管がそれぞれ、柱頭とその下の組織の中、どうやって道を進めていくのか、目には見えないながらも、私は考えていた。心皮の中にある、まだ受精していない卵に向けての侵入だ。この成長はどんなふうにして、最終的に1つの精核による卵の受精につながるのだろう。新たな植物の始まりである。

　私は今、見てきたものを反芻(はんすう)しながら家に居るところだ。今度は季節の番だ。あのシロイヌナズナを通して、世界がすべて、花咲いているという感覚がする。植物をこちらに、地球をあちらにといったような、厳然たる区別のない感覚。私たちがそういう表現しかしないのは、それが、いつも私たちがものを見ているやり方そのものだからだ。別の表現で言うならば、世界そのものが花咲いているということになる。

　すべてがこの瞬間の受精に向けて働いてきたのだ。それは同時にクライマックスであり、到達点であり、生活環の中の段階、駅だ。しかし私はこれを書きながら、この記録に軋むような感じを覚える。環というイメージこそが正確な表現だ。そこには、ストップするところもスタートするところもない。本当は何らクライマックスなどない。最も重要なポイントなどないのだ。たぶん、私は受精の瞬間を楽しみにして興奮するような、あまりに偏った感情を抱いてはいけないのだろう。私の悦び、私の畏敬の念は、全体としての環を通して、偏りなくあってこそ、よりよく伝わるものだ。

6月19日　土曜日

新しいアイデアをひねり出す

今日はずっと涼しい。北西からそよ風が吹いている。陽の光は弱く、ときどき暗い雨に取って代わる。風とちらちらする光が、不安定な感じをもたらしている。不安定さは、美につきものである。

そろそろ年の真ん中に近づいている。それで私も残りの半分について、予測を立て始めている。その部分の頁は、私の頭の中で育ちつつある新しいアイデアに占有されることが多くなるだろう。そのアイデアとは、DELLAタンパク質群は、植物と外界とを繋ぐものだ、というものである。それこそが、私の思うに、DELLAタンパク質群が授ける利点なのだ。DELLAタンパク質群は、植物が一般の条件下でうまく適切な速度で育つことを、可能としているのである。DELLAタンパク質群は、抑制を強めたり弱めたりすることによって、外界が植物の成長を制御するようし向けているのだ。問題は、どうやってこれを検証するかである。今年の残りの大部分は（疑いなくその先もさらに）、おそらく、適切な実験を設計し、遂行し、その観察結果を記述した論文を書くことに、費やされることだろう。ついに先に進む道を見つけることができ、とても興奮している。さらにビジョンを広げることへと繋がる道だ。

6月20日　日曜日

繋がりについて

またセント・メアリーへ。今回私はシロイヌナズナのか

弱さを実にはっきり認識した。1本の細い茎が、花の重みでたわみ、傾いていたのだ。

最近成長が遅い。雨が続いたのに、土は灰色で埃っぽい。植物は乾き気味に見える。しかし大地の水の乏しさにもかかわらず、そしてそれほどにも痩せさらばえた茎にもかかわらず、それでも植物が育っているというのは、奇跡である。私の思うに、終わりを全うしようとしているのだ。

自転車で家に帰るとき、私はある庭に咲く紫のブッドレアを視界にとらえた。今年初めて見るものだ。突然、私はロンドンに向かう電車の中にいた。強烈な記憶だ。何年か前の夏の、湿った午後。田舎の風景。心の臓に向けて飛ぶ矢のごとく、電車は市の中心に向けて、荒れた工業地帯の田舎を通り過ぎようとしていた。ブッドレアの素晴らしい群落に私が初めて気づいたのは、そのときだった。ブッドレアは鉄道の脇の砂利地に、あまりにも不毛なあたりの風景に不釣り合いなほど咲き誇っていた。ロンドンに向けて進むにつれ、次々とブッドレアの横を通り過ぎていく。風景が荒れていればいるほど、ブッドレアは旺盛に育つかのようだった。その根はたぶん、フレーク状のレンガやモルタル、コンクリートの砕片などにも容易に食い込めるのだろう。

そのときの植物はあまりに印象的だったので、通り過ぎていく輝くばかりの花がインパクトを積み重ねてゆくにつれ、その影響から、ついにそのブッドレアが私の脳裏に侵入し始めた。その結果すぐに私はロンドンを、素晴らしい紫色の動脈がその心臓から放射状に伸びる生きものとして、

つまり花咲くブッドレアが横に並んだ、何マイルもの鉄道を持ったものとして、見るようになったのである。

　リヴァプール通り駅につく少し前に電車は速度を落とし、そして停止して、静寂を乱すものは、客車の息苦しい暖房システムがたてるカチカチいう音だけになった。眼前に立つのは、電車がこれから入っていく予定の、暗いトンネルの壁だ。目にすることのできる命あるものとしては、数インチ先の、黒いレンガ壁の基礎にあるモルタルに根を張った、1株のブッドレアだけであった。

　私は厚い、埃っぽい窓ガラス越しに、その植物を見つめてみた。背が高く、垂れ、伸びきった茎があって、その先にはそれぞれ紫の、小さく柔らかな花が、円柱状の穂になってついているのが見えた。ひどい土から生えていながら、それらは疑いなく蜂蜜のような、甘い香りを放っていた。他の花は終わりつつあって、茶色く変色し、しなび始めていた。茎には疲れ果て、町の埃で穴が空き斑点が浮き出た葉がついていて、茎のそれぞれの側から特定の間隔を置いて広がっていた。

　見つめているうちに私は、それら長い円柱形の構造、暖かい風に揺れる茎、空気の中に円を描いている花の尖塔の先端、こういったものが、それぞれその機能に応じた形をしていることを思い起こした。それらはみなチューブの集まりで、束になっていて、とりわけ導水の働きに適した細胞からできていて、ちょうど排水管のユニットのように、端と端とで繋がっている。

　その駅の客車に座ったまま、私は学校で蒸散について、

植物の茎と葉に水が吸われていくしくみについて習ったときのことを、思い出していた。私たちは、確かセイヨウカジカエデ*だったが、1本の樹から1枝を切り取り、その切り口をバケツの中の水につけた。それから、そのバケツを実験室に持ち帰り、水を満たした短いゴム管を、その枝に繋いだ。ゴム管のもう片端はガラス管で、これも水でいっぱいだった。私たちはガラス管の開いた方の端を少しのあいだ水面から出して、小さな気泡を取り込んだ。それから私たちは観察をした。その泡が、2、3分のうちにガラス管の長さ分を移動していき、そしてゴム管の中に消えていってしまうその速度に驚きながら。

*セイヨウカジカエデ：3月30日の訳注を参照。

最も驚いたのは、その連続性、植物の異なる部分が繋がっているということだった。水がどんなふうにして葉の細胞から蒸発していくか、その表皮やそこに空いた穴から水が出ていく経路のこと、それからどんなふうにこの効果が茎の導管に対して働き、ストローを吸うような効果を生むのか。私たちが泡の動きとして見たのは、それらの働きを通して葉によって吸い込まれていく水の流れだったのである。

突然の色のひらめきが、赤と白の点滅が、私の心を客車の窓の外の風景に引き戻した。アトランタアカタテハ*がブッドレアの花穂の1つに降りてきて、花から花へと羽ばたいていたのである。最終的に蝶は位置を定め、その長い、らせん状をした舌のチューブを伸ばし、花の奥に差しいれ、蜜を探った。それはまるで、そこで1つの電気回路が完結したかのように見えた。いくつものチューブが、その蝶か

*アトランタアカタテハ：原文はred admirals。日本昆虫学会会長の奥本大三郎・埼玉大学教授によると、学名は *Vanessa atlanta tircis*。しばしばこの英名はアカタテハ等と訳されるが、日本のアカタテハは *V. indica* で同属別種。ブッドレアは花期が長く園芸上も好まれるが、昆虫愛好家のあいだでも、蝶が集まる花として有名。

ら大地へ、そして太陽へ繋がり、そのすべてを養っていた。私たちはまるでみな、太陽にまた地球に導水するチューブのネットワークで繋がった、1個の巨大な生き物の一部であるのかのようだ。

6月23日 水曜日

*ホルト：Holt

今日は歯医者に診てもらいにホルト*に車で出かけた。荒天の中。道端には樺の木が1本立っていて、葉は荒々しくはためき、枝は風の力の方向に沿ってたわんでいた。しかし道路脇の生け垣の深い緑のあいだは、道の両脇に濡れて立つ背の高い樹に守られて、シェルターとなっていた。今日は秋の気配がある。夏至からまだ間もないというのに、もう私たちは、その方向に向かっているというのだろうか？

ここ2、3日、生命は2つの層を表面に持っていて、身体の中心的存在はその2つの層のあいだにはさまれているというイメージが、私の心の中にできてきた。下の層は暗く、問題が多く、恐怖に満ちている。上の輝く層は虹色に輝き、美にあふれ、悦びの源となっている。そしてそのあいだに、残りのすべてが存在する。2つの表面はともに常に存在している——糞と蜂蜜と。片方だけを持ち、もう片方を持たないということはできないのだ。

6月24日 木曜日

夕方（涼しく、雨の後で静かだった）、何とか時間を作ってセント・メアリーの墓地を訪れた。森影は暗い。

最初の花は終わっていた。花弁は茶色くしおれて弱々しく垂れている。雄蕊・葯はしなびていた。しかし中央の心皮は伸び、外に押し出されてきて実を成していた。実の中には、種子が作られつつある。いくつだろう？　そしてそれぞれの発達中の種子の中には、１つずつ小さな胚(はい)がある。次の世代だ。

６月２５日　金曜日

胚の形成について

　胚の形成は奇跡的だ。ただ１つの細胞だったものが、それ自身をもとにして多細胞からなる生命体を形作ることができるのだから。

　この最初の細胞、接合子と呼ばれるものは、精細胞と卵細胞の核とが受精の過程で融合してできる。そこからの秩序だった細胞増殖により、１０日かそこらの過程を経て、胚が作られるのだ。その本当の始まりのところはというと、それは極性の確立である。胚は極性を持っている。胚には頂部と基部とがある。頂部には、シュート頂分裂組織。基部には、根端分裂組織。植物のシュートと根とをつくることになる細胞集団である。

　ではどうやって片方（単細胞の接合子）からもう一方（多細胞の胚）になるのだろうか？　一連の細胞分裂と細胞伸長とによってだ。まず最初に、１つの細胞が２つに割れる。そのときがまさに、頂部と基部が決まるいちばん初めの瞬間だ。基部の細胞は、発達中の胚と成長中の種子の内部とを繋ぐ構造になるよう運命づけられている。頂端の細胞と、

＊娘細胞：ある細胞が分裂した結果、２つの細胞になったとき、その２つの細胞を、もとの細胞の娘細胞と呼ぶ。もとの細胞は母胞である。

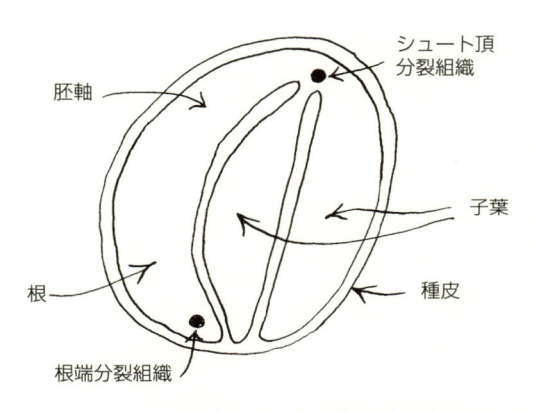

シロイヌナズナの種子の模式図。種皮の中で畳み込まれているのが胚。シュート頂分裂組織と根端分裂組織とは、黒いドットで示してある。

その娘細胞*とは胚を作ることになる。一連の細胞分裂と細胞伸長が、個々の細胞のアイデンティティー獲得開始と合わさることで、その基礎となる頂端の細胞から、胚ができてくるのである。

　かくしてここに、成熟した胚の抽象的なイメージが描かれることになる。その先端には、シュート頂分裂組織と、その両脇に2枚の子葉（胚が作る葉で、種子の中のほとんどの貯蔵栄養分がここに貯められている）。シュート頂分裂組織の下には、胚軸（胚の作る茎で、水や養分を通すための維管束を含む）。胚軸の下には、幼根と、その先端に根端分裂組織。これだけだ。しかし潜在能力がある。植物の基礎だ。片方の端は地上部になるよう運命づけられており、もう片方は地下部として運命づけられているのである。

6月 *June*　225

6月27日 土曜日

　西から来る強風と嵐とが続いた。大西洋からずっと吹き渡ってきて、ノーフォークでもまだ十分雨を降らせるだけの巨大な力を持っている。しかしそれは十分なのだろうか？

　昨日、「春の祭典」（ストラビンスキー*）を、ここしばらくでは久しぶりながら、ふたたび聞いた。畏怖を感じさせる速度感だ。それも引き裂かれた夜明けのコーラスに始まり、最後の恐ろしい暴力的な舞踏まで。自然の野蛮。これを聞いて、私がここでとらえようとしていることが何なのかを考えさせられた。もし私がある側面を見失っていたとしたら？　私は畏敬の念と美をつかんだ、オーケーだと思う。しかし本当に私は畏敬の念と恐怖をとらえただろうか？　今、夏至を過ぎて、風景が下り坂で突っ込もうとしているのは、植物の枯死、分解、冬の暗さだ。

　ちょうど夏至を過ぎたばかりなので、折り返し地点で、たぶん、吟味するときなのだと思う。振り返ってみるとき。私は植物の成長を、その成長の科学的理解を、私の研究グループがどんなふうにしてその理解を得るのに貢献してきたかを記述してきた。そしてそれらすべてのものを、季節を背景に、天候の移り変わりに、意識の不安定さや突然のひらめきに、愉しい記憶の飛躍に、あるいは咄嗟の感覚の注意・把握に当てて、書いてきた。うまく行ったように見える。科学を、ある完全体の一部をなすものとして示し始めている。そ

*ストラビンスキー：ロシアの作曲家（1882-1971年）。作品にバレエ音楽が多い。ロシア・バレエ団のために作曲した「火の鳥」「ペトルーシュカ」とともに「春の祭典」1913年は代表作とされる初期三部作の1つ。

れでも私は不満足を覚える。まだ先に行くべきものがあるという感覚だ。背景という言葉が気に障る。より大きな統一をする余地がまだあるということだろうか？

6月29日　火曜日──キエル、ドイツ

キール*に短い訪問だ。──私もそのメンバーに入っているEUの研究室のネットワークの年会のためである。ここには、飛行機でスタンステッド*からリューベック*に飛び、それからリューベックからキールへと電車で北ドイツを経てやってきた。空はうすい灰色だが、明るい。涼しく、湿っていて、ときどき雨が降る。風景には人家がまばらだ。密に茂った影の濃い森を抜け、スレート色の湖を過ぎ、広々とした、緩やかな起伏のあるコムギとオオムギの畑を通った。オオムギを眺め、その美しさ、その集団の、そよ風にさざめく水面のような動きを見ていると、ある考えが脳裏に浮かんでくる。それは、オオムギを使った私たちの実験を復活させなければ、という考えだ。オオムギのDELLAタンパク質群の解析を続けること。結局のところ、状況は幸運だった。スコットランドのあるグループが最近、オオムギから新しい変異体を見つけ出す努力を始めたのである。イギリスに帰ったら、彼らに連絡を取ろう。シロイヌナズナと平行して、この美しい植物とまた仕事をするというアイデアは好ましい。私たちは1年かそこら、これまでこれを使って仕事をしてきたが、そ

*キール：Kiel。旧西ドイツ北部のバルト海に面する港湾都市。
*スタンステッド：Stansted
*リューベック：Lübeck

れを使ってさらにどんな進展をするべきか、自分がはっきりしておらず、次の段階を見通せなかったため、プロジェクトは尻すぼみになっていた。今なら私も、たぶんやれると思う。

7月
July

7月1日 木曜日

　天気は、小分けにしては突然変わるといった感じだ。陽光、それから暗い雲影。光、それから大粒の垂直に降る雨。西に向かう雲の群れが、光景を変えていく。寒くて湿っぽい。

　私は以前、あらゆるものが乾いているのを心配していたし、このところまったく雨が続かなかったのだが、この陽光と雨が交互に続けば（あたかも気まぐれさが決定的になったかのように、月曜日からそれが続いている）、あのシロイヌナズナが成長を続けるだけの湿り気は、十分に与えられる。

7月2日 金曜日

　夏が急ぎ足で過ぎ去ろうとしている。いろいろなことを見

逃した。自転車で仕事に行くときも、横を通り過ぎてしまっている。ちゃんと見るだけの、止まってよく見るだけの時間がないのだ。時として人生はこんなふうに、ちらっと垣間見るだけの連続となる。1つのことから別のものへと跳ねまわる人生。

しかしこの夕べ、私は、あのシロイヌナズナを見に行くだけのことはした。暮れゆく教会の墓地に平和を感じた。シロイヌナズナの成長がゆっくりとなり、ほぼ止まりかけているのは確かだった。その植物が何とかして作り上げた細い1本の茎は、前回見たときに比べほとんど伸びていなかった。その先端には、成長を止めた花芽が1つ、痛んで、萎れていた。これは重大事だ。茎の先の花序分裂組織がついに1つの花芽分裂組織になってしまった*ことを意味するのだ。花芽分裂組織は有限成長性なので、終わりが決まっていて、1つの花をつくって停止する。つまり茎の成長も止まるというわけだ。

というわけである。成長期は終わった。この植物の将来は、弱々しい茎がやっと作り上げた、わずか10にも満たない数の実に託されている。スケッチして、その停止ポイントを記録しておこう。本当は、どれだけたくさんの実ができるはずだっただろう。数百もあったはずだ。

下から5つまでの実は十分張り切っているので、この中にはそれぞれだいたい30ほどの種子が入っているだろう。残りは、そう、かなり短い。1つあたり10粒程度の種子か、それ以下だろう。となると種子は全体でおよそ200粒程度だ。正常なシロイヌナズナの株なら、条件がよければ、15

＊1つの花芽分裂組織になってしまった：これは著者の誤解である。シロイヌナズナの花序は、植物が寿命に近づくと成長を止めるが、その場合でもその先端にはふつう、未発達の花芽を伴った花序分裂組織が残っている。発達するだけの素材は残っているのだが、成長が全体に停止するため、いかにも寿命という感じに見える。ちなみにこの「寿命」は植物が持っている資源量に依存するらしく、結実しないよう花を切り取り続けると、花序はかなり長い

〇〇〇粒以上は作るところである。

あのウサギは、それがウサギではなかったとしても、このシロイヌナズナを平らげたときに世界を変えたのだ。シロイヌナズナという種そのものの未来に影響を与えた。この特定の個体が持っていた遺伝子の型がどうであれ、将来の世代に残る部分を減らしたことで影響を与えたのだ。

しかし少なくとも、最初についた2つの実の中には、種子がある。その実の壁には、中にくるみ、包んでいる種子が膨らんできたときにできる、少し丸いへこみがある。だからこの初めについた実の中の種子は、もうじき成熟するに違いない。それぞれに胚（はい）が発達し、いろいろな段階を経て膨らみ、種子の空間を埋め尽くしてきたのだ。完全な種子はそれぞれが小さな増殖体である。1個の植物としてのユニット——てっぺんの分裂組織、根もとの分裂組織、その2つを繫（つな）ぐ維管束、将来、芽生えが確実に育つために子葉の中に蓄えられた栄養——を備えている。

生活環の次の段階がもうじきやってくる。植物体の方は、その生命の最終段階の始まりにある。しかしそこに、何か新たに言うべきことがあるだろうか？ 生と死のあいだには、ほんの一瞬が存在するだけに過ぎない。すべての連続性は次の世代に託されている。途切れることのない鎖の一部として、個体という存在はつかの間の明滅である。私たちはみなこのことを知っている。私たちはそれを嘆き、歌い、あるいは踊る。生の美と恐れとを分かち合う。あるいはそれについて考えることを抑えるのだ。

私のシロイヌナズナの花茎についた実

こと成長を続け、通常の倍くらい花芽を作ってから停止する。その場合には、ここで記されているように、花序分裂組織が花芽分裂組織に変換する現象も見られるが、このような形で成長が止まるのは、今述べたような人為操作をした場合や、花芽形成に関する遺伝子のシステムに変更が生じたときのような、特別の場合に限られる。

7月4日 日曜日

見ることと知覚について

　昨日、子どもたちといっしょに、彼らはバイオリンを、私はピアノを弾いて演奏を愉しんだ。ふと、人々の音楽に対する感受性の個性に驚き、そして、それは科学的事項を把握する繊細さと相関性があるのではないかと思った。両方ともほとんどニュアンスの問題だと思うし、ある人は気づいても他の人は気づかないわずかな違いの問題だからだ。

　想像するに、私の持っている音楽的感覚は、ある程度は経験の産物である。7歳のときにピアノを習い始め、それ以来多かれ少なかれ演奏し続けてきた。40年のあいだ、音の始まりと終わりに、その質の正確な見極めに（たとえば、刺すようなスタッカートなのか、滴のようなスタッカートなのかといった違い）、強いものと柔らかなものの使い分けに、苦いトーンと甘いトーンのミックスに、それと、非常に微妙に伸ばすのか、短くするのかといったことに、私の耳と心は慣らされてきた。そして私自身の演奏を、音楽の作り上げる全体と調和させるために速やかに反応することにも。思うに、音楽の演奏には特別な腕前が必要だということ、それは習うものでもあるが、同時に個性に、特質に依存するものだということは、一般的に受け入れられているものだろう。

　科学もまたこれと同じだ。私はDELLAタンパク質群を、私独自の特別な形で見る。もちろん、他の科学者もこれら同じタンパク質群に対し、それぞれ独自の入り組んだDELLA観を持っている。しかしそれらのDELLA観は、強調して言えば、細かいところで私のDELLA観と異なっているだろう。

ほとんどの人々は、このことにまったく踏み込んではいないので、こうした深い視点を持ち得ない。たぶん、彼らにとって1つのタンパク質は、感触もその下にある詳細も持たない、ほとんど平坦なあるいは滑らかなものに過ぎないものだろう。

こうしたことは、目に見えないものや概念に限ったことではない。観察結果もまた同じだ。私はシロイヌナズナの成長や発達に目を向け、その小さな違いに気づいたし、私としてもそうした特定の自覚が、観察を助けたのだと思っている。

今日、私たちはアリスとジャックをノーフォークの北の海岸、スティフキー*に連れて行った。カニ捕りに行ったのだ。ここには塩湿地を突っ切って海まで伸びる長い小道がある。茶色い水をたたえたクリークの上には木の橋がかかっている。子どもたちが餌のベーコンを紐に結び始めたところで、私は広々とした浅瀬へと歩み出した。小道を外れ、アッケシソウ*とイソマツ属の一種*がマット状に茂ったところに足を踏み入れた。磯の香りがする。世界はまるで半球状だ。平らな土地は遠くの方にまで続き、その上に空のドームが広がる。空高くでヒバリがけたたましいおしゃべりの音とひっかくような声とを上げている。水平線の広がりに合わせるように歌が広がる。そして突然、次にやるべき実験を、脳裏にまざまざと見ることができた。

2、3日前、なぜ植物がDELLAによる抑制を進化させたのか、それがもたらす利点は何なのかという疑問を解きたい、と書いた。しかし、どうやって実験的にこの疑問を解くのかは分からなかった。ここに、塩湿地に、明らかな実例があっ

*スティフキー：
Stiffkey

*アッケシソウ：原文はsamphire。この通称名は複数の系統の異なる植物に使われるが、著者のハーバード教授に尋ねたところ、アカザ科の本種（marsh samphire）とのことであった。学名 *Salicornia europaea*。秋に紅葉するのが珍重され、北海道の自生地では観光資源ともされている。

*イソマツ属の一種：
原文はSea-lavender、学名*Limonium vulgare*。

7月 *July* 233

た。塩湿地は極限地の1つだ。ふだんは地面を海水が覆い、土や泥に塩を加え続けている。ここでの生活に適応した植物はこれほどの塩分のもとでも繁栄しているが、他の植物はそうはいかない。シロイヌナズナは、確信を持って言えるが、これほどの逆境条件ではうまく育たないだろう。これがその実験だ。要は、研究室に塩湿地を再現するのだ。そうしてそれを使って、DELLAタンパク質群が逆境に応答して、何らかの形で植物の成長を制御するかどうかをテストするのである。もし制御しているなら、DELLAによる抑制の進化が説明できる。なぜこれまで思いつかなかったのか、一瞬理解できなかったくらい、やってみるべきことが明白な実験だ。

　戻ってみると、アリスとジャックは、それぞれのバケツを大小さまざまなサイズの、くすんだ赤や茶のカニでいっぱいにして、興奮していた。バケツの水はカニたちの動きで湧き立っていた。しばらくしてから、カニを逃がしてやった。カモメが頭上で旋回し、金切り声を上げる下で、カニたちが並んで岸を横歩きし、入り江の暗い水の中にとぼとぼと歩み入るのを眺めた。

　「なぜ」を求め始めたのと同時に、私はまたもう少し深いところで、いかに、を議論したいと思っていた。以前、「抑制緩和の仮説」、つまり植物の細胞の成長や増殖をDELLAタンパク質群が抑制し、それをジベレリンが解除するように働くという仮説について書いた。それと私は遺伝学的な証拠として、DELLAタンパク質群を欠く植物が、ジベレリンを欠いたとしても成長することを示した。まだ欠けている点は、いかにしてジベレリンが、DELLAタンパク質群の成長抑制

効果を解除するのかということの、本当の理解だ。

　いかにして働くのかについての、最初の示唆は、他の研究室で成された実験から与えられた。その実験では、シロイヌナズナの細胞の中で「融合タンパク質」をコードする遺伝子が発現させられた。この融合タンパク質は、2つのタンパク質を結合したものだ。すなわちDELLAタンパク質（RGA）と、もう1つGFP（緑色蛍光タンパク質）とを片端で繋いでGFP-DELLAという形にしたものである。GFPは正確に自分の所在を示す。紫外線で励起したとき、緑に輝く*のである。このように、GFPはあるマーカーになる。GFPと融合したタンパク質の居場所を検出するのに使えるのだ。GFP-DELLAを発現する芽生えを紫外線で照らして顕微鏡観察すると、細胞の核で融合タンパク質は光って見える。このこと自体は、驚きではない。すでにDELLAタンパク質の配列は、転写因子の特徴を持つことが知られている。転写因子は遺伝子の上で働くし、遺伝子群は核の中のDNAに含まれている。したがってGFP-DELLAは核にいるだろうと期待される。しかし、今とても重要な実験が可能となった。その実験の背景にある疑問は、ジベレリンで処理したときに植物の細胞中の核にいるGFP-DELLAに何が起きるのか、ということだ。この実験の結果は、注目に値する、きわめて意味のありそうなものだった。ジベレリンに数分間さらした後、GFP-DELLAから放たれていた光は消失したのだ。明るく輝く球体だった核は、薄い円盤に、以前の姿の薄い影へと変わったのである。

　この1つの実験が、決定的に理解を深めてくれた。成長を抑制するDELLAタンパク質群の効果に対し、ジベレリンは

* 励起したとき、緑に輝く：ここはまさに蛍光灯をイメージすればよい。蛍光灯の管の中では、放電により紫外線が生まれている。これが管の内側に塗られた蛍光塗料に当たり、特定の色の光が出るわけだ。白色、昼光色などとなるのは、その塗料の配合による工夫である。

DELLAタンパク質群を消し去るようにすることで緩和する、ということを示していた。思えば（もちろん）真実がこの方向にあるはずだというのは、明らかなことに見える。この性質は、完全に「抑制緩和」の予言するところと一致しているからだ。

そうなると、今度は次の疑問が湧いてくる。いかに、のもう1つの疑問だ。もしジベレリンがDELLAタンパク質群の消失をもたらすとすれば、どうやってそれをやり遂げるのだろうか？

7月5日　月曜日

新しい実験を組み立てる

しかし「なぜ」の疑問に戻ることにしよう。今日、私たちは塩ストレスの実験をどう組み立てるのか、議論した。それはとても簡単な実験だ。私たちは2系統のシロイヌナズナの種子を持っている。1つ目は、対照とする、正常な植物だ。2つ目は、5つあるDELLAタンパク質群のうちの4つ（GAI、RGA、RGL1、RGL2）を欠くものである。塩を含む寒天培地（われわれのいう塩湿地だ）か、塩を含まない培地（対照区である）の上で種子を発芽させる。それからその2組の芽生えの成長を比較観察しよう。こんな簡単な実験がどれほど多くのことを明らかにするかと思うと、とても興奮する。それに早い——たった2、3日で結果が分かるのだ。

夕方、セント・メアリーの植物を見にドライブしてみた。明らかに枯れ始めていた。ある不調和に私は打たれた。夏の旺盛な成長の中で、それは枯れようとしていたからだ。墓地

のタンポポやデージーのあいだで。タンポポを抜き、その繊細な匂いをかぎ、円筒形の茎の切り口からしみ出た白い乳液の環に触れてみた。そして、シロイヌナズナがもう枯れてきた以上、金網を取り除くことにした。

　残された葉と茎の現状についてコメントしよう。ロゼット葉は今やみな茶色でしわくちゃだ。茎についた葉は緑というより黄色く、特に縁は黄色くなっている。葉がついている茎は今までもかよわい感じだったが、さらにやせ細って藁(わら)しべのようだ。しかし、植物体がただ解体に向かっていると想像するのは間違いである。その過程はランダムでもなければ目的もなく起きているわけでもない。葉は枯れるにつれ、分解を受ける。最初に葉が作られたとき、植物はその構築に資源を投入した。今やこの作業の逆が起きている。葉の細胞の内容物が分解され、茎にそれが再吸収されている。茎についている葉の細胞では自己分解の段階が始まっていて、自身を破壊して分解し、自分を作っていた物質を放出している。自由になったそれらの物質は、篩管に流れ込み、茎を通って、実の中で育つ種子に入っていく。植物は自身を破壊してその子どもたちを養っているのだ。新しきものが古きものを食べている。犠牲と聖餐(せいさん)。聞き慣れたリフレインだ。

7月7日　水曜日

DELLAタンパク質の変異型は安定

　以前GFP-DELLAについて書いたときに、言い忘れたことがある。GAIとgaiの違いだ。2、3日前、ジベレリンに応答してGFP-DELLAが消失する様子を記した。そこで今、

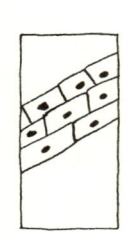

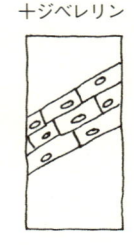

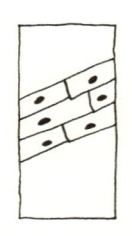

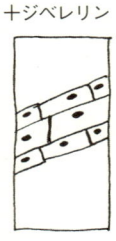

GFP-DELLA　　　　　GFP-変異型DELLA

　　　　＋ジベレリン　　　　　　　　＋ジベレリン

ジベレリンはGFP-DELLAの消失をもたらすが、GFP-変異型DELLAは消失させない。それぞれの図はシロイヌナズナの根の細胞を示し、中にあるのは核。塗りつぶされた核にはGFP-DELLA（あるいはGFP-変異型DELLA）による蛍光が見られる。白抜きの核は、ジベレリンがGFP-DELLAを消失させたため、蛍光がない状態を示す。

DELLA領域を欠くDELLAタンパク質群（gaiのような）の振る舞いがどうなのか疑問となる。そうした変異型DELLAタンパク質は、GFPと融合して目に見えるようにしたとき、どうなるのか？　結果は明確であった。タンパク質は安定だった。図にあるように、ジベレリンに応答して消えることはなかった。だからここには完璧な相関がある。変異型のDELLAタンパク質は植物を矮性にするし、ジベレリンの成長促進効果に対して耐性を示し、そしてそのタンパク質自身もジベレリンに耐性がある。ジベレリンは変異型を消失させないのだ。

7月8日　火曜日

ここ2、3日、ずいぶん雨が降った。雨を思うと興奮する。

*メシアン：Oliver Messiaen (1908-1992年)。２０世紀を代表する作曲家の一人。鳥類学にも通じていた。＜世の終わりのための四重奏曲＞は、第二次世界大戦中の１９４１年の作品。ヨハネ黙示録第１０章から霊感を得て作曲されたとされる。他に「トゥーランガリラ交響曲：(1948年)も代表作の１つ。

あのシロイヌナズナに（少なくともその実の中で成熟している種子に）、庭に、湿地に生をもたらすものと思うからだ。バントリーハウスで開かれたコンサート（メシアン*の「世界の終わりのための四重奏曲」）から、アイルランドの雨の中、家まで車で帰った夜のことを思い出す。暖かい湿った夜だった。すごい湿気で、雨と空気が同じくらい湿っているようだった。突然、道に小さなカエルが跳び出してきて、ヘッドライトの明かりの縁に映し出され、一瞬照らされて、そしてわきの草むらへ跳ねて戻っていったのだった。

7月11日　日曜日

もう1つのアイデア

　今やアイデアは、実に流れるように湧いてくる。私はDELLAタンパク質群が、外界に応答して植物の成長を制御しているかどうかテストするための、まったく違う方法を考えていたところだ。重力屈性を使う方法である。シロイヌナズナやその他の植物が、重力の向きにしたがって、地球の中心に向けて根を成長させる性質のことだ。DELLAタンパク質群はもしかすると、植物と地球とを結ぶこのメカニズムの一部を成していて、正しい方向に成長を促すように働いているのではないか？　明らかにテストは単純なものだ――やらねばならない。

　そして私はというと、この夏を、寒くて湿っぽいけれど愉しんでいる。ついに「科学者のスランプ*」は終わったらしい。セント・メアリーのシロイヌナズナの物語を説くこの試みは、壁を破るのを助けてくれた。この新しい道を決定する

*科学者のスランプ：scientist's block

7月 *July* 239

のにあずかった瞬間は、おもにいずれも海の近くで起こったもので、セント・メアリーであったことではないが、疑いもなく、より広い流れの一部として起きたことだ。1つには、以前よりも植物それ自体ではなく、植物を越えた世界についてもっと考えるようになったためである。それは、セント・メアリーの植物を観察するようになった結果だ。世界の中でただ1つの小さな植物とその場所とを調べることで、研究室の中に閉じこもっていた私の科学は、現実の世界に移ってきたのである。

7月13日　火曜日

　ついにウィートフェンに逃れてきた。柳の下で木に座して。湿地の向こうを見渡して。天候はというと、涼しい。柔らかなそよ風。空はほとんど雲に覆われて、ところどころに青い空が見える。

　今日は、強い安堵感に包まれている。葦の中から聞こえるさえずり、ムシクイの類[*]の声、遠くのクロウタドリの声、モリバトの声が、気持ちを安らげてくれる。ミソサザイが1羽、飛んだり跳ねたりしている。私の頭上の柳にいて、まるで泡立っているようだ。その羽音がブンブンと聞こえたり、蛾の羽ばたきのように聞こえたりもする。安堵感が広がり、深まる。平穏。

　以前ここに座ってからずいぶん経ってしまった。葦の床はありとあらゆる面で変わった。冬には緑より茶が勝っていた。今は、あたり一面別世界だ。葦の茎は一定のリズムで繰り返し構造を作りながら飛び出してきている。茎の節間、葉、節

[*]ムシクイの類：原文はchiffchaff。辞書によっていろいろに訳されているが、著者のハーバード教授に確認したところ、学名で*Phylloscopus collybita*にあたるとのこと。これはセンダイムシクイ *P. occipitalis*の近縁種である。ウグイスと訳されることもあるが、同じウグイス亜科ながら別属。

＊イラクサの類：原文ではnettle。いろいろな植物にこの語は使われるが、ハーバード教授に確認したところ、ここはstinging nettleを指すとのことだった。学名*Urtica dioica*。

＊シモツケソウの一種：原文はmeadowsweet。学名は*Filipendula ulmata*。黄色い花を咲かせ、複葉。

＊キアゲハ：6月14日の訳注を参照。

＊セイヨウヒオドシ：原文はtortoiseshells。8月、9月の項にはsmall tortoiseshellsが登場するが、ここはsmallでない方の種と解釈する。日本昆虫学会会長の奥本大三郎・埼玉大学教授によると、その場合、学名は*Nympholis polychroros*になり、日本のヒオドシチョウ（学名 *N. xanthomelas japonica*）とは別種であることから、セイヨウヒオドシとするのが良いという。

＊小さい種子：正確には果実。

間、葉という繰り返しだ。数え切れない——何千、何百万というここの葦の茎がみな、視野に重なっている。ところどころイラクサの類＊に巻きつかれている。すべて絡み合って、ほとんどカオスの状態だ。茎と葉の線は互いに相手の領域に浸食し、くっつきあっている。みながみなまっすぐ立っているわけではなく、多くは2、3日前の雨に打たれて垂れている。

木の近く、葦の床はシモツケソウの一種＊の花でいっぱいだ。これも変化の1つ——私たちがキアゲハ＊を見に来たときはなかったものだ。濃厚な香りに目がまわるほどである。セイヨウヒオドシ＊が数頭、ちらちらと飛ぶ。

私は幸運だと思った。そして突然こう思った。DELLAタンパク質群が本当にこうしたものすべての一部をなしているという考えは、あり得ないことだろうかと。私にさえ、しっくりしないものがあるように思えた。体がいろいろな光景、つまり、そよ風、香り、虫の羽音、さえずりの中の奇妙なひっかくようなおしゃべり声などに対する反応と、そうした感知できない、感じることのできないDELLAタンパク質群についての考えとのあいだは繋がっていないように思える。しかし私の脳は、DELLAタンパク質群は他のあらゆるものと同様に、風景のほとんどの部分をなしているのだと語りかけてくる。DELLAタンパク質群なくしてこうした風景は生まれないのだと。

それからセント・メアリーに行った。墓地の縁に並ぶ木々は順に、セイヨウボダイジュ（小さい種子＊が緑の球となって垂れ下がっている）、それからマロニエ（小さい、トゲの

7月 *July* 241

ある丸い果実がすでにできている——ほんの昨日には花だったのに！）、セイヨウボダイジュ、セイヨウボダイジュ、マロニエ。深い、覆いかぶさるような樹冠の葉。

　昨日あたり、シロイヌナズナの最初の果実が開裂した。そうだとしても驚きはない。前回来たときには黄色みを帯びていて、準備ができていたように見えた。シロイヌナズナの実は、バルブという、もともと花の心皮に由来する2枚の厚いコートからつくられる。バルブの中には薄い、隔膜という膜があり、そこに種子が片側に1つずつ、2列になってついている。バルブは実の長さ方向に沿って、レプルムと呼ばれる細胞のパッチで互いに繋がっている。そしてその縁にはレプルムが規定され、レプルムとバルブを繋ぐ縁の部分には、バルブ縁部として知られる、壊れやすい細胞の薄い線が走っている。

　バルブ縁部のアイデンティティーは特別な転写因子によって決まっている。実際そうした転写因子を欠くシロイヌナズナがあって、それらはバルブ縁部をつくることができない。そうした植物の実は、縁部を欠くために開裂をしない。正常な実は成熟期に達して乾くと、縁部の細胞がパチンといって実が開裂する。バルブが内圧で押し開らかれるのである。実が開くと、種子は隔壁から外れ、その下の地面に落ちていく。ほんのわずかな動きでも開裂は起こる。風の息吹き、昆虫の接触や雨滴の衝突。すでに、最初の実のバルブは開かれ、隔壁には一部の種子だけがまだ残っていて、他の種子はすでに散り去っていた。

　その散った種子は、植物の残骸の周りの地中のどこかにい

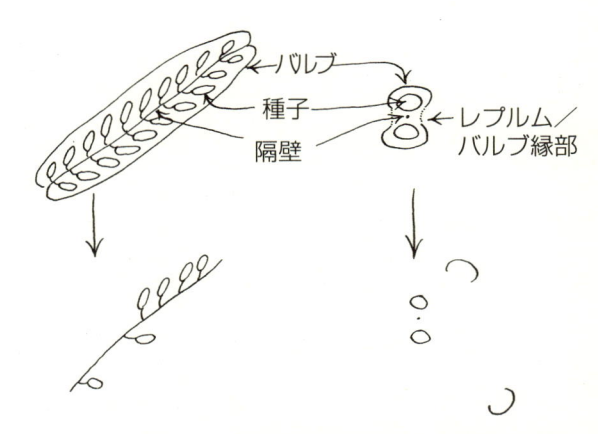

シロイヌナズナの実を縦に見たところ（左）と横断面で見たところ（右）。果実が開裂する前（上）と後（下）を示す。開裂はバルブの縁が壊れてバルブが外れ落ちたときに起きる。裸出した種子はその後、隔壁から外れ始め、地面へと落ちる。

るのだろう。見つけるのはいとも簡単だと思うかもしれない。とても小さいながらも、種子は茶色をしていて、黒く湿った土とは明瞭なコントラストを見せるはずだ。しかし一生懸命見たものの、見つけることはできなかった。たぶん、種子が落ちた2、3インチ*四方の土地は、種子そのもののサイズに比べればものすごく広大なのだろう。

*インチ：1インチは約2.54センチメートル。

7月16日 金曜日

ついに、寒くて湿ったというのではない、暖かく湿った天気になった。昨夜は猛烈な雨が降った。大量の、スピードをつけて降ってくる雨粒が、屋根に、芝生に、木々に積み重なって降り、うなるような音がしていた。今朝、空気は湿り、どんよりと霧が深くたちこめ、穏やかだ。

仕事に出かける準備ができたとき、私はコンフリーが枯れそうなのに気がついた。春には庭の放ったらかしの一角で一面旺盛に育ち、茎を立ち上げていたものだ。しかし、今茎や枝には、まだらの黒ずんだ染みができていた。種子の殻は乾いて茶色になっている。すでに夏が峠を越えようとしていることを示すサインだ。この暖かさにもかかわらず。

7月17日　日曜日
ジベレリンによるDELLAタンパク質群の消失促進

　素晴らしい天気だ。空は澄み渡っている。完全に透明で霞（かすみ）さえない。この午後、私は、ゆっくりとしかし確実にこちらに向かってくる黒々とした雲の塔を見ていた。それは輪郭がとてもくっきりしていて、きわめて明瞭だった。薄い線が1本、その片側は青く、反対側は黒だ。遠くの雷鳴。2、3分のうちに空が変化し、明るく強い陽光が、雲に覆われた深い陰に替わった。それから庭の砂利に雨粒が力一杯たたきつけるように降り、突風が木々を揺らし、稲妻、そして空を引き裂くような雷鳴。10分後、すべてが終わり、雷の、落ちたりうなったりする音が次第に遠ざかっていくコーダで、幕を閉じた。

　植物の成長に関してもう少しノートを書こう。ジベレリンは、植物細胞の核からDELLAタンパク質群を消失させる。ジベレリンがこの消失をもたらす方法は、部分的には分かっているが、一部は謎だ。確かなのは、ジベレリンは何らかの方法でDELLAタンパク質群に印をつけるということだ。化学者がいうところの修飾である。ジベレリンに応答して、何

かちょっとした余計な分子が、たぶん、2、3の原子でできた程度の小さな何かが、DELLAタンパク質群（これ自身はとても大きなタンパク質の分子である）につけ加わるのだ。

　ジベレリンはどうやってその修飾団がDELLAタンパク質群につくようにさせるのか、それは謎のままである。しかしこの過程は、DELLAタンパク質群が分解へ向かうよう、印をつけるものだと考えられる。ひとたび印をつけられると、それは分解されることになる。大規模な、多数のDELLAタンパク質群に印が付加されると、DELLAタンパク質群の大規模な消失につながる。その結果は、成長の促進だ。

7月19日　月曜日

　うまく行った！　今日私たちは、塩ストレスの実験を初めて観察した。そして、その結果はすでに明白だ。思ったとおり、塩は正常なシロイヌナズナの成長を阻害する。そうした芽生えは成長が抑えられ短くなっている。塩がない状態で育てた芽生えより成長が遅い。しかし大事なのは、DELLAタンパク質を欠く変異体は何ともないように見えることだ。彼らは塩があってもなくても同じように速く成長するのである！　アイデアはテストを受け、そしてテストをパスした。DELLAタンパク質群は植物に働きかけ、自分がいる環境に対して反応し、成長速度を制御することができるようにしているのである。DELLAタンパク質群を欠く植物は、それができない。この小さな実験は、すべてを変える。今や私たちは組み立てるべき何かを得た。本当に先に進むことができる。

7月21日　水曜日

　また旅行だ。週の残りをダンディー*で過ごすためだ。旅の目的はというと、新しい変異体を求めて広大なオオムギ畑を探索することである。明らかに２５キロメートルは歩かなければならない！ 1列1列、植物が植わっているあいだを、好ましい特徴を持った変異体を探してだ。矮性の植物、それと異常に背の高い植物、特に細長くやせた植物。何時間も歩き、探索するうちに私のエネルギーが消えていくのを自覚するのもおもしろいだろう。経験から言って、熱意が失せるにつれ見えるものが少なくなり、見落とすものが出てくるものだ。

　長い旅である。いろいろな場所での仕事をアレンジしたので、その結果は、ノーリッジからイーリー*へ、イーリーからキングス・クロス*へ、キングス・クロスからダンディーへというものだ。

　ノーリッジからイーリーへ向かう。平らな畑を抜けるあいだ、黄色のグラデーション、金色、茶色、オオムギとコムギの畑が連なる。空一面、雲がところどころに散らばっている。今日は少し暖かく、かなり湿っぽい。しかし、まだ本当の暖かい夏の天気を経験していないし、今日の私はこの天候を喜んでいる。というのは、これならオオムギもまだ緑で、矮性のものを見つけるのが楽になるからだ（矮性のものは色が濃く、青緑で、直立する）。

　月曜日の結果から得られることをいろいろ考え続けている。今までは、逆境のもとで育った植物は、悪い環境に弱らされて、代謝が停滞し、「病気」になるから成長が悪いのだ

*ダンディー：Dundee。スコットランド東部、テイサイド州の州都。北海に臨むテイ湾に開けた港湾都市。

*イーリー：Ely。イングランド南東部、ケンブリッジシャー州北東部の農村地帯。

*キングス・クロス：King's Cross。ロンドン市街の北部地域。１８５２年にオープンした駅が有名。

と考えられてきた。新しい観察結果は、この解釈が不完全だということを意味している。成長の阻害は、少なくとも部分的には、植物が自分でやっていることなのだ。受動的というよりは積極的な反応で、制御されたものである。そしてこの積極的な成長抑制を、逆境に応じて行なえるようにしているのが、DELLAタンパク質群なのだ。

そこまではとてもいい。考えるのは難しくない。今はもっと難しいものに出くわしているのだ。植物がどうやって逆境を感知しているかということは、断片的にしか理解できていない。少なくともホルモンと転写因子の、2つの異なるシステムが含まれていると考えられている。これらは何らかの形でDELLAタンパク質群と結びついているはずだ。そうした関係を分割していくのはやさしいことではないし、その最終結果は、単純な直線的な話であるとは思いがたい。書くのも、読むのも難しい類の話かもしれない。難題だ。

イーリーからキングス・クロスへ。そしてすぐに、ロンドンからダンディーへ、それより上には完全に生命のいない大気の薄い層を、這って行くことになる。この原子のちょっとした集合に、われらの地球を包む層に、われわれが生命と呼ぶ本質ないし特性を与えたのは何なのだろう？

時として、科学の始まりをまた始めるとしたら、最初からやり直すとしたら、私たちは、今抱いているのと同じ世界観を持つだろうか、と思うことがある。その観相にいたるまでの1歩1歩は、不可避のものとなるのだろうか？ たとえば、現代分子生物学は原子説に根ざしている。何となし、これが私たちの現在の見方に優先しているので、まるでこの分子の

現実性の方が、巨視的なレベルでの構成より重要なように見えてしまう。ここには確かに、私たちの行ないに与える風潮とか偏りといったものがある。この偏りは私たちの視点を制約していないだろうか？ もし最初からやり直したら、異なった偏りに根ざした世界観ができるのだろうか？

　キングス・クロスからダンディーへ。ちょっと居眠りをして、紅茶を1杯。今、私は愉しんでいる。次の塩ストレス下の成長実験をどう組むかを考えて。世界は、私が畑や町々を見渡すあいだに、リンカンシャー*州の石、羊、緑から黄色への変わり目にあるコムギ、雑木林、ごつごつしたオーク樫の孤木、橋塔、クーリングタワーの中に教会の尖塔を見ているうちに、シューッという音とともに過ぎ去っていく。そして私は、繋がりについて、アイデアの流れを構築する方法について、それらがみなうまく働くようにする方法について考える。

　北に行けば行くほど、オオムギは緑になってくる。

　フォース・ブリッジ*を越え、テイ川*を過ぎて、ダンディーに入った。

*リンカンシャー：Lincolnshire

*フォース・ブリッジ：Forth Bridge

*テイ川：River Tay

7月24日　土曜日

　オオムギの変異体を探して過ごした麗しい数日間から戻り、電車で帰ってきた。天気は好天で、陽光は明るく（といっても見るのに明る過ぎるほどではなく）、穏やかなそよ風は肌に心地よく感じられ、私を取り巻くオオムギの穂がさあっと柔らかく音を立ててそよいだ。穂はちらちらと輝き、芒(のぎ)はかすかに光を反射し、まだ緑ながら縁の方から褐色になり

*インヴァガウリー：
Invergowrie

*ファイフの王国：the Kingdom of Fife。スコットランド東部にある。

始めていた。畑はインヴァガウリー*の上の斜面にあって、そこからテイの入り江の向こうに見える眺めはファイフの王国*の景色のようだった。緩やかに連なる丘、木々に牛たち、点在する穀類の畑、それらがみな入り江の向こうに見える。光が強くなったり弱まったり次々と変わると、その風景の中を畑がいくつも漂っていくかのように見えて美しい。

　変異体の探索——茎の短い、青緑色の矮性型の、あるいは背の高い、ひょろひょろした細長い型——は、とてもおもしろい。そういったものはとても稀だ。何千という植物を見て歩いても、何も見つからないこともあり得る。しかしそうした、ほとんど希望が消え失せそうになったときに、突然、１つ見つかるのだ。発見の瞬間というのは素晴らしい。頁岩の何ということもない石板を割ったときに、化石が出てきたような、強烈なものだ。今まで出会った経験のないものである。それら１つ１つには、植物の成長について何か新しいことを明らかにできる可能性がある。２日間のきつい仕事によって、私は１５株を見つけた。夕方には完全に疲弊しきってしまい、

*１パイント：約５７０ｃｃ。ここはビールであろう。

１パイント*か２パイント飲んだ後に、少しばかり幸福感を味わった。これには気分が影響する。ポジティブなときならば見つかるし、気落ちしていると見つからない。

　昨日、一瞬、オオムギの畑から目を離し、丘の頂から畑の西に向けて輪郭を描く１本の木に目を向けた。その木は、まだらに青く灰色の空を背景に緑の丸いシルエットを作っていた。オオムギに目を戻してからも、私の脳裏には、まだその木の像が見えていた。これを書くことで、何を私がしているのか、あるいは何をしようとしているのか、理解する段階に

7月 *July* 　249

達した。この執筆は、心の中のものを分かち合おうとする試みなのだ。私があなたに、誰であろうと読者に望んでいるのは、私が見ることのできるものと同じ像を見てほしい、ということだ。私たちには、同じ像を分かち合い見る必要が一層高まってきていると思う。

　私は自分がやっていることについて新たな理解を得た。この意識の進歩は変化をもたらすだろう。発展だ。以前、私は、ただ私自身のため、そして私の子どもたちのためにだけ書いていると思っていたが、今では読者のために書いている。しかしたぶん、いつの間か私は、こちら側に進路を変えられてきたのだろう。だからたぶん、私たちを分け隔てているビジョン、分かち合えていないビジョンを分かち合うことも、私たちにはできるだろう。

7月25日　土曜日

ウィートフェン訪問

　暖かい。暑くもない。涼しいそよ風がある。森の中は日が陰り湿り気がある。イラクサの壁がある。高く、何段にもなった塔だ。影で道に迷い、互いに平行に立った感じである。私は（サンダルで裸足だった）無謀にも足を踏み入れて、刺されてしまった。それに虫にも（蚊だ）腕をかまれた。イラクサに刺され、そして虫刺され。森に侵入されたような感じだ。注射をされた。

　イラクサの刺毛(しもう)は長い単細胞で、基部に袋がある。その袋は葉の表面にある小さな細胞群の塊の中にあって、痛痒感(つうようかん)をもたらすカクテルを含んでいる。毛そのものは、とても細い

毛細管だ。デリケートでガラスのようにもろい。足が触れたときにその壊れやすい毛細管のいくつかが、あらかじめ決まった場所で壊れたのだ。その鋭い先が、皮膚に食い込んだわけである。私の体に突き刺さると、その袋の中身は私の中に流れ込んだ。いろいろな分子が攻撃し、痛みと痒みをもたらしたのである。そしてその上、私の体は腕を刺した虫による侵入を受け、その口吻(こうふん)が私の血を探し求めたというわけだ。

　それから湿地に行った。私の側に１本の葦が立っている。節があり、葉はその片方から出ている。その先端の葉の表面には、緑色のアリマキが列をなしている（たまにその中にサンゴ色をしたものがいる）。アリマキは葉脈に沿ってその上に平行に並び、チューブ状の口を篩管に差し込み、植物の栄養分を吸っている。私には今日、こうした風景が、森と湿地で、生き物がチューブで侵入され繋がり、１つの風景を織りなすネットワークに見えてきた。

　チューブの話を続けよう……葦の葉鞘(ようしょう)*の中には、花をつけた茎があって、葉鞘がつくる筒の中を押し分けるように育っている。見ることはできないが、そこにあるのは分かる。すぐにもその先端が顔を出し、煙突掃除のブラシのようになって、湿地一面、この羽毛のような花の層で覆われることだろう。

　モリバトが柔らかな声を立てている。足の指はまだ刺すような感じでちくちくしている。小さな茶色に光るカエルが足もとから跳び出して、泥の中に、葦の根もとの湿地に入っていった。動くまでカエルに気づいていなかったので、私は突然のことにショックを受け、一瞬、大地の一部が飛び出した

*葉鞘：葉の基部にあり、文字どおり鞘状となって茎を取り巻いている部分。葦などイネ科の植物では顕著。

のかと思った。

7月26日　月曜日

　昨日の経験があまりにも愉しかったので、今日も行かずにはいられなかった。途中、黄褐色になった小麦畑を自転車で通り過ぎた。もう刈り取られたところもあって、畑には麦藁(むぎわら)の束が積み上げられていた。別の畑では、ジャガイモが列になって花を咲かせていた。白くて、紫をうっすらと帯びた花弁の花である。

　ウィートフェンの駐車場は空だった。風が木々に—— 樺の類、針葉樹、セイヨウブナ、オーク樫の木々にさざ波を立てると、葉と葉が滑らかにこすれ合ってさあっと音が立ち、小枝と小枝の隙間を通って空気が押し寄せてきた。今日は湿気もほどよい。雲は、白い羊毛のような塊となり、ゆっくり動き、宙に浮いて、雲のあいだにはところどころに青い空が覗き、そこから上に広がる霞の筋が見えた。それから林に入った。最近まで揺れ動くカーペットのようだったブルーベルは、もう茶色くなっていた。茎は乾いて、もろくなり、空になった果実とともに、オーク樫の枯れ葉の層や朽ちつつある腐植土の上に平らに横たわっていた。それからブラックベリーの花に気がついた。紫がかった白い花弁が今ではほとんど散って、萎れた雄蕊(おしべ)の環を基部に持つ、小さく硬い緑の粒の集まりに替わっていた。マルハナバチが残りの花を探索していた——最終的なターゲットを正確に狙った楕円軌道で飛行している。

　林を通り抜け、湿地に出た。葦、アカバナの類*、白いセ

＊アカバナの類：原文はwillowherb。

＊シモツケソウの類：7月13日にも登場したmeadowsweet。花は黄色。

＊カラスノエンドウの類：原文はvetch。この仲間のいろいろな種類を指す。bush vetchは*Vicia sepium*。common vetchは*Vicia sativa*つまりカラスノエンドウだが、花がもっと早いはず。

＊柳の類：原文はosiers and willowsだが、いずれもヤナギ科ヤナギ属*Salix*の種群を指す言葉なのでこう訳しておく。common osierは*Salix viminalis*。

＊クジャクチョウ、アエゲリアウラジャノメ、それにアトランタアカタテハ：原文はpeacocks、speckled woods、red admirals。日本昆虫学会会長の奥本大三郎教授によると、学名は順にクジャクチョウの原名亜種*Imachis io io*、*Pararge aegeria*、*Vanessa atlanta tircis*。最後のアトランタアカタテハは通常アカタテハ等と訳されるが、日本のアカタテハは*V. indica*で別種にあたる。

イヨウヒルガオ、シモツケソウの類＊、カラスノエンドウの類＊。古くなった葦の穂（昨年の花の穂で、茶色く乾いている）はまだ高く立っているが、新しく、旺盛に伸びる緑の、節が何段も積み重なった茎は、すぐにもこれを追い越すだろう。湿地の植生がなす厚みは私の背丈ほどもあり、葦や、イラクサの仲間やその他のものが、ごちゃごちゃと混じり合っている。その先には、川岸に柳の類＊が灰緑色の葉を見せている。1週間ほど前と同じように、1本だけ他と離れて立つ柳の下に座って、湿地の広がりを見つめてみた。そこの構造に、わくわくしてきた——針かピンのような線群がなす層、葦の茎の直立した線の群れ、その葉が作る直角の線、柳の葉の色とマッチした灰緑色。調和の取れた風景。この静的ながら漂うような構造の奥には、1羽のオオバンが浮かび、その上では蝶たちが舞っている。クジャクチョウ、アエゲリアウラジャノメ、それにアトランタアカタテハ＊が、この情景の表層から突き抜けて高く伸びる茎のあいだを、縫うように舞っている。

そして香りにもまた興奮させられる。シモツケソウの類の香りは気分を高揚させるように香っている。その花序は、海の上をゆく白いガリオン船の帆のごとく、他の植物たちの上を漂っている。それが香りを放っているのだ。その香りは、5つの炭素原子からなる骨格が繰り返してできた揮発性分子（モノテルペン）。花の中にある特殊な細胞から放たれて、その分子は空気中に揮発していく。この香りは花粉を媒介する昆虫を誘引し、そして、私が取り込んだ風景も変化させる。

ちょうど今、スイレンを見つけた。樹が覆いかぶさって、

7月 *July* 253

木漏れ日の射す池の中だ。白く浮かんだ花。紙でできているようだ。折り紙のような。睡蓮の花には古代の趣がある。花の咲く植物について最近つくられた系統樹によれば、スイレンは、今日でも存在し見られるほとんどの植物の種や属が分かれるよりもずっと前に分かれた、1つの枝に入っていることが分かっている。もちろんこれは、私が目の前で見ているスイレンが古代のものだという意味ではない——スイレンも、今日の世の中に生きている他のすべての生き物たちと同じだけの時間、進化してきた現代の生物だ。しかし、スイレンは1つの概念、花を咲かせる植物の中で最も原始的な種類がどんなふうだったか、そのモデルを示すものである。

　ウィートフェンを見渡す席にすわって簡単な食事をとった。葦原を見渡し、さざ波の立っている水面を見渡し、遠くの端にはハンノキの類や柳の類、そしてその上には、岩山のように垂れ下がる灰青色の雲が1つ。遠くで、空のガレ場を岩が1つゆっくりと転げ落ちるような雷鳴がした。どんな風に観察する？ 私は、見たものを、風景の雰囲気を描写している。私は敏感になっている。感覚が感じるものを受け止めている。そこには何の障害もない。心はその記録の中に、その描写の中に、観察それ自身として形作られる。それでいい。私たちが見るものはすべて、心のプリズムを通して屈折される。私たちは自分の見るものを曲げる。なぜなら、そうして曲げることで、さらによく見えるようになるからだ。私たちは曲げたことから予想を得て、その次の観察でテストにかける。ちょうど今スイレンを見ていたとき、私は生命の系統樹のことを考え、その花をある意味聖なるものと感じ、そして

その考えが観察に色をつけた。

　セント・メアリーの墓地では、ほとんど変化がなかった。実際、ちょっと苛立ちを感じる。シロイヌナズナの話を続けたい。しかし成長が遅れているため、話すことがほとんどない。植物は萎れ、枯れつつある。骨のようにやせた茎と、それについた４つの果実は、みなそのままだ。茎と葉の緑は薄れつつある。果実は紫と淡黄色。今は３つの果実が開裂し、実の中の隔壁に種子がまだぶら下がったままか（種子は小さく、濃い茶色で卵形をしている）、種子が散り去って隔壁が細い指のように保たれている状態だ。植物は枯れつつある。いつか、限界を超えて、完全に枯れる瞬間というのがあるのだろうか？　思うにそれは境界線というより、連続したものだ。しかし種子の中には生命が宿っている。

７月２７日　火曜日
ユビキチン—プロテアソーム系について

　サフォーク州のホックスン*にあるミル*で開かれた弦楽四重奏のコンサートに行った。湿った土地にある納屋だ。風が周囲の木々を揺り動かし、納屋の梁を抜けてうなるため、チーズ切りの平行に並ぶワイヤがチーズの中を進むように、４つの弦は揺れる音の束の中を緩やかに進んだ。その後天気は静まり、１つがいのコウモリが天井の横木のあたりを舞った。

　音楽が演奏されているあいだ、私の心には疑問が浮かんでいた。セント・メアリーのシロイヌナズナにできた種子が直面することは何だろう？　１個１個の種子には、不確かな将

*ホックスン：Hoxne

*ミル：the Mill。歴史的な水車小屋（water mill）を保全して造られた建築。

来だ。全体として見れば、彼らにはチャンスがある。生命は続く。最近、生命の系統樹のことを書いた。訴えかけるもののあるイメージだ。たぶんそれは、こんなことだ。1枚の膜に包まれた1滴の海水と、タンパク質。それを始まりとして、最初からもとをたどれる形で、そこから子孫が何十億年もかけて扇状に広がっていった。このアイデアには普遍性がある。共有された系譜というものだ。働きに共通性が期待される。機能の保存だ。たとえばこれ、ユビキチン‐プロテアソーム系がその例である。酵母、ヒト、それにシロイヌナズナの細胞の中で働くものだ[*]。タンパク質を選択的に壊すメカニズムである。

　タンパク質は生命のプロセスを制御している。代謝を触媒する酵素や、発生のあいだに特定の遺伝子群の発現をもたらす転写因子がその例だ。しかし、これらの制御自体も、いろいろ異なったレベルで制御を受けている。それらタンパク質をコードする遺伝子の（mRNAへの）、転写制御を通じてのコントロール。mRNAの安定性の加減によるコントロール。タンパク質そのものの分解の程度を介したコントロール。ユビキチン‐プロテアソーム系は、多細胞生物では、タンパク質の選択的な分解にかかわる主要な経路だ。これは2つの機能からなる。選択・タグづけと、分解の機能である。

　まずは選択・タグづけの機能だ。あらゆる多細胞生物は76個のアミノ酸からなる小さなタンパク質、ユビキチンを持っている。このユビキチンは、再利用可能なタグだ。ユビキチンは、ある活性化シグナルに反応して結合反応を担当する酵素群の働きで、ターゲットになるタンパク質に結合する。

＊酵母、ヒト、それに……働くものだ：5月2日の訳注にも記したように、酵母、ヒト、シロイヌナズナのすべてであるシステムが共有されているという事実は、生物が共通の祖先から進化してきたことを、如実に示すものである。

こうしていったんタグづけをされると、そのターゲットのタンパク質は、多数のサブユニットからなるタンパク質群、分解機能を持つプロテアソームというタンパク質複合体に認識されるようになる。タグづけされたタンパク質はプロテアソームに入っていき、プロテアソームの内部にあるタンパク質分解酵素によって分解される。ユビキチンタンパク質の方は、損傷を受けることなく開放され、次にタグをつけるべきタンパク質を探しに戻っていく。

ユビキチン‐プロテアソーム系は生命の制御にとって欠かせないものだ。これは細胞の成長を制御するタンパク質のレベル調整を可能としている。私がモーツァルトを聴いていたとき、DELLAタンパク質群は私の周りの植物の、畑で濡れている草や風にうなり声を上げる木々の、その成長を制御していたのである。以前、私はジベレリンがいかにしてDELLAタンパク質群を修飾するかについて書いた。この修飾は活性化シグナル、DELLAタンパク質をユビキチン化*し、タグづけし、そしてプロテアソームで分解するシグナルだ。こうしてDELLAタンパク質群は消滅する。選択的に破壊されるからこそ、DELLAタンパク質群が消えるわけだ。DELLAタンパク質が分解すると、植物はそれまで強いられていた成長抑制を解除されるのである。

*ユビキチン化：タンパク質にユビキチンが結合した状態にすること。

7月28日 水曜日

今日は暑い。自転車で仕事に向かう途中、太陽が背を焼き、空気はまるでぬるま湯のようだった。

後で、ウィートフェンへ行った。今日は本当に素晴らしい

日だ。灰緑色の葦の毛足の長いカーペット、紫の斑点（アカバナの類とエゾミソハギ*の花だ）が緑と調和している。その見事な色彩のせいで、心地よい効果が生まれ、記憶が呼び覚まされた。カルーナ*、蜂蜜、秋のそぞろ歩き。香りも甘く——染みとおるような感じだ。湿地は生命にみなぎっている。1本、セイヨウヒルガオ*の絡まった葦がある。私の眼には、この湿地の生命の一部をなすものとして、今研究している遺伝子やタンパク質が見える。それから私は、大枝を使った丸木橋の、朽ちかけた材の中から生えだして、見事な放射総称に広がる1株のタンポポのロゼットを見つけた。それを見つけてのぞき込んだ瞬間、ふくらはぎにアブが止まっているのを見つけ、手で叩いた。アブはぺしゃんこになって地面に落ち、足には血の赤い染みが残った。そのタンポポのロゼットには花がなかった。来年の夏まで待つつもりなのだろうか？

倒木の幹から生え出した、もう1つの小さなタンポポの株にも引きつけられた。それは土に帰りつつあるもの、つまり朽ちかけた樹皮と裂け目に吹き込んだ埃とでできた長い桶に生え、細くとがった草の葉を押しのけて、とても華奢な緑の葉を並べていた。丸太でできた地層のような桶。みずみずしいタンポポ。そこには似たものが他にもあった。かわいらしく若い、小さくて、先の場所よりも高いところに平行にできた小さな裂け目にしがみつくようにしているもの。最初に眼についた植物は、その葉の1つが大きく喰われていた。しかし気に入ったのは、新しく見つけた方だった。とても小さな、完璧なミニチュア版だった。葉を少し動かして、もっとよく

*エゾミソハギ：原文はpurple loosestrife。

*カルーナ：エリカとともにいわゆるヒース群落を作る種。最も普通なのが学名*Calluna vulgaris*。最近は日本でも鉢物園芸として出回っている。

*セイヨウヒルガオ：原文はbindweed。学名*Convolvulus arvensis*。日本では線路沿いに帰化が目立ち、なぜか花色の薄い系統が多い。

見えるようにしようとした。が、その葉はあまりにも繊細で、痛めてしまわないか心配になった。すでに黄色くなっている2枚の子葉と、最初の2枚の本葉が見える。精巧で、華奢で儚い(はかな)。私の物語は、これらを題材にして書くこともできた。その細胞、遺伝子、それにタンパク質の成り立ちは、シロイヌナズナの場合とほとんど同じだ。タンポポをタンポポらしくしている詳細な点では異なるが、それ以外はほぼ同じなのである。

７月２９日　木曜日

休眠中の種子

　まさに夏の盛りだ。暑い、空は青く霞がかかっている。半袖シャツでのサイクリングに恰好だ。

　私たちは重力屈性の実験をやり終えた。塩ストレスの実験と同じように、よい結果が出た。正常なシロイヌナズナの芽生えでは、植物の向きを変えた場合、根は成長の方向をすぐに変更し曲がった。すべてが下向きに成長するよう、速やかに曲がったのである。ところがDELLAタンパク質を欠く根は、どこに向かったらいいかよく分からないようだった。正常な根よりもはるかにゆっくりと向きを変え、最初はよく間違った方向に向きを定めた。最終的には、DELLAタンパク質を欠く根も下向きに成長したが、そこにたどり着くまでには、ずっと長い時間がかかったのである。

　私は、ふたたび力づけられたと言っても大丈夫だと思う。私の思考はふたたび創造力を取り戻した。たったひと月のうちに、2つ独立した新たなアイデアを得ることができ、しか

もそれぞれが新しい研究プロジェクトの核になりそうだ。今年の後半は、この新しいプロジェクトに取り組み、考え、書くのが、おもな焦点となるだろう。セント・メアリーに生えるものについての記述とともに。

　セント・メアリーの土の中に横たわる、シロイヌナズナの種(たね)のことを思うのも愉しい。たぶん、砂か細かい砂利に囲まれた小さなくぼみや裂け目の中だ。休眠したまま横たわり、進行は止まっている。発芽するのに適切な条件を待っているのだ。風変わりな状況である。表面的には生気がないが、代謝はその鈍い茶色の皮の下で続いている。

　アリスは学校で「昆虫と小動物採集*」をしている。アリスは庭のセイヨウボダイジュの葉にできた虫こぶに興味を持っている。これらの虫こぶは葉の表面に垂直に高々と飛び出していて、まるで大地にそびえる先史時代の石柱*のようだ。栗色で葉の暗緑色とは明らかに違い、虫こぶを作る蜂か何か他の昆虫の幼虫が作ったものである。この虫こぶは驚くべきことに、虫によって作られたものでありながら、セイヨウボダイジュの細胞でできているのだ。その幼虫は何らかの方法でシグナル分子を作り出し、それまで葉の細胞に予定されていた発生の軌道をハイジャックして、葉の遺伝子に対し、葉の細胞が別の方向に向かうように仕向けさせるのだ。そうして、平面状に成長するのではなく、そこから飛び出すように分裂、成長させ、色素をつくらせ、本来なら作るはずのなかったものを作らせるのである。驚くべき可塑性だ。

＊昆虫と小動物採集：原文はbug-hunting and mini-beasts。昆虫や小動物を身近に探して観察・飼育するもので、どうやら英国では学校の課題としてポピュラーらしい。日本ではむしろバッシングの対象となりつつあって、こうした教育の復権を訴える声も出つつあるのが。

＊石柱：原文はmenhirs。先史時代の巨石柱。メンヒルとも。

7月31日 土曜日

　書斎の窓から見ていると、隣の庭のヨーロッパブナはもう色が変わり始めた。すでに、そしてまだ7月だというのに。わずかにすすけた感じの、黄色味をおびている。まるでその色は空気を漂い、葉や枝をオーラのように包んでいる。いつ秋が始まり、夏が終わるのだろう？　それを目にして、少しばかり私は動揺した。木が冬に備えている。夏はもはや確かなものではない。

8月 August

8月1日 日曜日

　静かだ。高い雲が空を覆っている。書斎の窓からオーク樫を見てみると、枝は緑のシルエットに似て、三次元には見えず、灰色の平坦な空に、ぴったり貼りつけられたようだ。

　雨が降って久しい。庭は乾いているようだ。ユーフォルビアは、埃っぽく乾いて塊になった土から伸び出した、茶色の塔となっている。何と速やかに、柔和なものが厳しく荒々しいものに取って代わられることか。セント・メアリーのシロイヌナズナの種子は、この気候では発芽しないだろう。最終的には、ぜひとも発芽してほしい。母植物はとてもかよわかったので、種子が熟すために十分なサポートはできなかったかもしれない。そうでないことを強く望む。遅かれ早かれ、

芽生えが出てくるのを目にすることだろう。墓地に復活するシロイヌナズナを見たい。

8月3日　火曜日

　暑くなってきた。空は霞がかかった青だ。ゆっくり動くふわふわした白い雲。セイヨウカジカエデは暗緑色の葉（8月の緑は、黄色みのある5月の緑より濃く、青みが強い）を背景に、茶色い羽のついた実を垂らしている。今書いているように、このノートでは変化を強調すべきだという気がしてくる。進歩とその過程。静的な絵の羅列ではなく。

　ウィートフェンとセント・メアリーに行った。海から涼しいそよ風が吹いていた。途中、緑の樹の中の黄色くなりかけた部分が目に入り、不安の影のように胸を締めつけた。秋・冬の予感。

　ウィートフェンでは、重なった葦の緑の層の表面に、新たな薄い皮が見られた。褐色を帯びた紫の、伸び出した花穂である。前回ここに来たときからのあいだに、花穂の茎は葉鞘でできたトンネルから抜け出してきていた。葦はいかにもイネ科らしい姿の草なので、見ているとここに来る途中、自転車で通り過ぎたトウモロコシ畑を思わせる。

　昆虫たちが素晴らしい。トンボ、ゾウムシ、蝶、蜂のハミングするような羽音がする。胸と腹に輝くアクアマリンの斑点をもつトンボが、早くも私のノートに止まり、ゾウムシの仲間がノートの上を歩いて行った。

　葦、アカバナの類、イラクサの仲間の茂み。繁茂、素早い成長。DELLAタンパク質群による抑制の解除がもたらした

＊コオドシ、クジャクチョウ、ヒメアカタテハ、……アトランタアカタテハ：原文はsmall tortoiseshells, peacocks, painted ladies, fewer red admirals than before。日本昆虫学会会長の奥本大三郎教授によると、順にコヒオドシの原名亜種 *Aglais urticae urticae*、クジャクチョウの原名亜種*Inachus io io*、ヒメアカタテハ *Vanessa cardui*、アトランタアカタテハ *Vanessa atlanta tirucis* にあたるという。一部はすでに７月２６日にも登場。

＊シモツケソウの一種：７月１３日の訳注を参照。

＊セイヨウカンボク：日本にも自生のあるスイカズラ科ガマズミ属の、カンボクの変種にあたる。

ものだ。しかしその解除はおのおの異なる形でなされるので、それぞれ違った特徴と形を生み出している。今日の蝶は、コオドシ、クジャクチョウ、ヒメアカタテハ、以前より少ないがアトランタアカタテハ＊。いくらか硫黄色がかった、斑点のある木々。もうシモツケソウの一種＊は花が少なくなった。セイヨウカンボク＊の実は、黄色からオレンジがかった色になってきた。

　それからセント・メアリーの墓地へ。四角い敷地の２辺は背の高い、色の濃いマロニエが囲み、大きな影を投げかけている。見上げると、大きくて丸い、トゲのある果実が重みで垂れている。墓地ではシロイヌナズナの残骸が乾いて針金のようになり、茶色く、細くなって、ほとんどなくなってしまっていた。新しい芽生えの兆しは何も見あたらない。一生懸命探したが。墓の周りを這いまわり、地面をなめるようにして探したのに。しかし、意外なことではない。実際、雨が十分降っていないのだ。

　帰り道、繰り返し浮かんでくる考えにふけった。私たちは、自分自身の重要性にとりつかれている。いつも私たちは、人間中心主義的な世界観で自分を表現している。われらが文学は、都市における人間関係に焦点を置いている。私たちは自らを、全体像の中のとても小さな断片としてのみとらえている。これを変えることはできるだろうか？ できなければ、私たちの自己中心的なものの見方は、すべてを破壊してしまうかもしれない。それでも私たちは私たちだ。それもまたすべてを、私たちを中心に置いて見ることになるだろう。それが私たちの性質だ。となると何をしたらいいのだろう？

８月 *August*

8月8日 日曜日

遺伝子レベルでの進化

　アイルランドへの途上だ。ここ数日、この旅の準備に費やしてきた。今は夜遅く、コーク*へのフェリーに乗っているところ。ちょうどこの数日、東から西へ大西洋を通過した嵐のため、船はひどいうねりの中を進んでいる。私は寝台に横たわり、頭の中で執筆をしつつ、船酔いから逃れられるようにと念じ続けている。

＊コーク：Cork。アイルランド南部に位置するコーク州の州都。

　私が留守にするこれからの3週間ほどのあいだ、セント・メアリーの種子たちはどうするだろう？ それにウィートフェンの葦の花のこともある。今や遠くなった。イングランドの東と、私のいるウエールズの西のさらに向こう。とても優雅な、羽毛のような穂だ。枝は緑で、小さな穎（花を包む薄い膜状の皮）はワインのような濃い紫。いろいろな色合いの緑と紫が、花穂全体を美しい斑紋で包む。

　紫はアントシアニンという色素の色で、緑の領域はそれを欠く。アントシアニンの分布パターンが制御されるしくみは、葦にごく近縁なイネ科植物であるトウモロコシでよく調べられている。トウモロコシはその着色パターンを、色素関連遺伝子の発現をコントロールする転写因子を通して制御している。この転写因子は、それを含む細胞の色素の濃さを「後押しする（boost）」ことから、BOOSTER（B）と呼ばれている。たとえばBをコードする遺伝子（*B*）は、紫色になることが決まっている細胞で活性化される。Bはそこで、アントシアニンの合成に繋がる一連の反応を担う酵素群をコードする遺伝子を活性化する。トウモロコシのいろいろな品種は異

なった着色パターンを示す。たとえばある品種は紫の茎を持ち、別の品種は紫色の葉を持ち、また他の品種はどこも紫にならない。穎の着色に微妙な違いのある品種もある。この変異は、B遺伝子のプロモーター領域の配列の違いに依存していて、驚くべきことだが、Bがコードするタンパク質の違いによるものではない。

　こうした知見は重要な問題を含んでいる。進化は変化によるものだ。B遺伝子の変化は、Bが働くやり方の変化（Bタンパク質そのものの働きの違い）でからもたらされることも可能だし、あるいはBタンパク質が作られるタイミングや場所の変化によってもたらされることもあり得る。B遺伝子に起きる変化はほとんどの場合、その遺伝子がコードするタンパク質の変化というよりは、その発現を制御するプロモーター領域の違いによるように見える。それだけでなく、もしトウモロコシの品種間での違いが、その遺伝子がコードするタンパク質の変化よりは、遺伝子発現パターンの変化の結果だとすると、植物種間での違い、たとえばトウモロコシと葦とのあいだの違いは、どうなのだろう？　たぶん、それぞれが作るタンパク質はほとんど同じで、2種のあいだではそれらのタンパク質の発現のタイミングや細胞の特異性の点で、わずかな違いがある程度なのだろう。遺伝子の制御領域の変化による進化よりも、タンパク質の配列の変化による進化*は少ないのだろうか。

　それと船が揺さぶられ傾いているとき、他のことも思いついた。Bは転写因子である。他のプロモーター領域に作用することで、その遺伝子の発現をコントロールするタンパク質

*タンパク質の配列の変化による進化：これに関しては、タンパク質そのものの機能の変化よりも、発現パターンの変化の方が、個々の遺伝子の重要な機能を保存したままの多様化が可能なので、より選択されやすいとする説がある。しかしすべての進化現象において、タンパク質の機能変化が見られないわけではない。遺伝子の重複が起きた後であれば、もとの機能を1つのコピーが保持しつつ、別のコピーが新たな機能を獲得するということが可能となる。目のレンズを構成するクリスタリンは、もともとは一種の脱水素酵素であるが、酵素としての機能を放棄し、透明なレンズを構成するための機能に特化したタンパク質である。

8月 *August* 267

だ。Bをコードする遺伝子Bは、自分自身のプロモーターを持っていて、そのプロモーター領域の構造の変化は、Bの発現を変化させる。他の転写因子がそのプロモーター領域に対して作用する仕方が変化するため、Bのプロモーター領域の構造変化は、その発現を変えるのだ。となるとBは独自の完全体ではない。複雑な遺伝子のネットワーク、それがコードする転写因子によって他の遺伝子を制御する遺伝子群のネットワークの、一部なのだ。一般に流布している遺伝子のイメージには、遺伝子は単一のユニットで、1つの明確に規定できる仕事をそれ自身で行なうものだ、といったものがある。この見方はあまりに薄っぺらい。真実の厚みを欠いている。

8月9日 月曜日──アハキスタ[*]

[*]アハキスタ：Ahakista。アイルランド南部シープスヘッド半島の中程に位置する村。

そうしてまた私たちは、愛すべきアイルランドに戻ってきた。いつものようにここでは、その気候に浸る感覚を抱く。西から湾をまたいで、雨とつかの間の太陽、いろいろな形と密度の雲、大地にその根もとを突き刺した形の、湾いっぱいに円弧を描く瞬間的な虹。そうした変化や移ろいやすさに、どっぷりと浸るのだ。

それと、もちろん緑。陳腐なようだが確かにそうだ。途方もなくさまざまな段階に変化する緑の色、緑に含められるあらゆる領域の色がそこにあるように見える。エメラルドグリーン、シャルトルーズの緑、翡翠色、碧緑色にセージ色。ヒマラヤスギのような濃い色から肥沃な草原のレモングリーンまで、さまざまな新緑に満ちている。

まずは2、3日休息を取ろう。しかしその後は思考に戻ら

ねばならない。私たちの新しく始めた2つのプロジェクトについて。塩ストレス下での成長反応と、重力屈性だ。気持ちが逸る。ここでなら思考がうまく進むと思う。

8月11日　水曜日

今日は強い雨の中、外に歩いて出た。最も素晴らしいアイデア——世界の最も新しい見方——は、時として最も壊れやすいものでもある。これに対して、科学的なものの見方は時として、とても確信に満ちたもの、とても剛いものに見える。しかしそれはひび割れた見方だ。私は世界を、一体のものとして見よう[*]と頑張っている。それでこそすべての辻褄が合う。それは可能だろうか？

8月12日　木曜日

昨夜、私は宇宙を新たな光のもとに見ることができた。バントゥリー・ハウスでのコンサートだった。図書館の中の、庭園に開けた巨大な窓の数々。休憩時間に照明がフェード・アウトして、蝋燭の明かりを点した明るい環状のシャンデリアに替わるさま。静かに垂直に降る庭の雨。その穏やかな、うなるような雨を通して、マーティン・ヘイズの見事なフィドルの演奏が踊り、歌う。デニス・カヒル[*]のギター伴奏だ。情熱と抑制があいまっている。二人がかかとで床を打つ。読みにくいリズムのあいだに熱望が紡ぎ出されていく。音のテンポとピッチが伸びたり縮んだりする。生のすべてがそこにある。

音楽はいろいろなレベルで働きかける。そこには基本的な

*世界を、一体のものとして見よう：著者は本書で、このことに不思議なほどこだわっている。キリスト教の影響なのだろうか？

*バントゥリー・ハウス：Bangtry House

*マーティン・ヘイズ、デニス・カヒル：Martin Hayes、Dennis Cahill。アイルランドの伝統音楽を活かしたケルト・ミュージック界のトップデュオ。この二人になるアルバムはいくつか出ており、日本でもファンが多い。

要素がある。メロディー、抑揚、ハーモニー、等々だ。装飾があり影がある。そうしたいくつもの層を同時に受け止め、私たちはそこから全体性をつかみ取る。しかし生の過程は？基本的な要素というものが、顕微鏡を通してとか、遺伝学の理屈を通じてとか、目に見えない分子間の相互作用の形でというように、遠くからしか感じとることができない場合、そうした全体性を認めることはとても困難だ。

8月14日　日曜日

　うららかな日。鯖雲だ。私たちのスレート葺きの屋根の家は、正面が白い石造り四面体で、窓には青い縁取りがある。そよ風にささやく松の茂みに、また、澄んだ鳥の声と重なる風のうなりに抱かれるようにたたずんでいる。

　家は、指のような形のシープスヘッド*半島にとって骨にあたる山稜のわきにある。その上にも後ろにも、ハリエニシダ、オリーブ色の粗い草地や荒れた茶色の草地、紫に色づいたエリカ*の群落が広がっている。ここは岩の上を薄い層状に覆う泥炭湿地と荒野だ。見下ろせばダンマナス湾*。今日はつやがある状態と沈んだ状態の中間で、波１つないブルー・グレーの海面。ここから海までには、静かな草地、耕地がある。全体に、天候と風景からなる巨大な円形劇場だ。

　昨夜また多くの音楽を聴いた。愛と喪失の音楽、生の、死の、無常の、花と地面の、雨と風の歌。音楽、風景、生命、みな繋がっている。

*シープスヘッド：Seep's Head

*エリカ：原文はbell-heather。学名 *Erica cinerea*

*ダンマナス湾：Dunmanus Bay

8月15日　日曜日

　道を歩いて降りて、それから山を横切って海の近くのストーン・サークルへ向かった。約3000年くらい前のものだという。11の石がある。ほとんどは倒れているが、2つはまだ角を下にして直立していて、そのうち1つはしなびた聖なる樹の近くにあり、その枝が指を組み合わせるようにその石を包んでいる。

　私はDELLAタンパク質群のこと、その構造がこの石の配列よりどれだけ古いかということを思った。その一方で、DELLAタンパク質1分子1分子を取ってみれば、それがいかに儚(はかな)いかを。1つ1つはジベレリンに応答してマークされると破壊されてしまう。それが（私の思うところでは）よく分かった点だ。それが植物が成長するということだ。

　DELLAタンパク質がマークされたとき、それを検出し、そして破壊のためにプロテアソームの標的とするしくみが、植物にはある。このしくみはSCF複合体と呼ばれる形を取る。3つの異なるタンパク質、S、C、Fの頭文字で示されるタンパク質が協力するからだ。ここで最も関与するのはFタンパク質である。これには特別な機能がある。DELLAタンパク質を検出しそれに結合する際、マークされたDELLAタンパク質に特に強く引き寄せられるのだ。SCF複合体にひと度つかまると、DELLAタンパク質はユビキチン・マーカー、つまりプロテアソームへ入るチケットの鎖で印をつけられる。そうしてプロテアソームに到達後、DELLAタンパク質は破壊され、その構成要素であったアミノ酸が放出される（たぶん、これらは他のタンパク質の合成に使われる）。こうした

タンパク質はすべて——DELLAタンパク質自身もSCF複合体の構成要素もみな——個々の存在としては一過的だ。それでもその一連の働き、その機能には、確たる歴史がある。

8月16日　月曜日

　北から吹く涼しい風が、次々と濃淡の違う灰色の雲を運んでくる。突然雨が降る。時として大量の雨粒が砲丸のように地面を打ち、あるいは時として真珠色の霧が、どこからともなく縫うようにやってくる。雲が不安定なため、光の方向が常に変化している。わずかのあいだにもの——草の葉、花、ベリー、セイヨウサンザシの葉——の見え方が変わり、質感も強くなったり弱まったり、また下側もはっきりしたり薄れたりする。光の射す位置が変わるにつれ、ものは次々と新しい表情を表し、その新しい表情はまたすぐに異なるものとなる。こうしたことがみな、家の近くの道を濡れながら歩いているあいだずっと観察された。

　その道は両側に生け垣がある。生け垣の中では、フクシアが西コークの穏やかな湿気の中でとても元気に育っている。フクシアの紅い花は、膨らみつつあるセイヨウサンザシの実と調和している。紫のブラックベリー、オレンジ色のヒオウギズイセンはみなコタニワタリ*と入り混じって育っていた。さらに奥まった草深い道端には、シモツケソウの一種*が満開で、雨の合い間の湿った空気の中、強く香っていた。

8月17日　日曜日

　東へ行き、西に向かって半島の稜線沿いに歩いて戻ってみ

*コタニワタリ：原文はhart's-tongue ferns。学名は*Asplenium scolopendulum*。ヨーロッパ、日本を含むアジア、アメリカに広く分布し、園芸種も多いが、いくつかの種を含む可能性があるとされている。欧州産、米国産のものはそれぞれ亜種とされることがある他、東アジアのものとは別種と扱うこともある。

*シモツケソウの一種：前出のmeadowsweet、学名*Filipendula ulmata*。黄色い花を咲かせ、複葉。

＊バントゥリー湾：
Bantry Bay

＊ベアラ半島： Beara Peninsula

＊エリカとカルーナ：
原文はboth bell and ordinally heather。bell heatherは前出。学名 *Erica cinerea*、heatherは学名 *Calluna vulgaris*。この仲間は近年、複数の種類が園芸的に日本でも栽培されるようになってきたが、呼称はまだ混乱がある。

＊ミズン： Mizzen

た。右にバントゥリー湾＊、左にダンマナス湾。輝く太陽、ときどき曇り。一度、強い雨がベアラ半島＊を越えて滑るように進んできたが、私たちの近くまでは来なかった。突然小さな雲が陽をさえぎり、不安を誘った。何の？ 雨の？ 死の？ たぶんその両方だ。それにしても風景との触れあいはどういうわけか、死を思うときに浮かぶ不安と安心感とを瞬時に調和させるものだ。

　私たちは山稜の頂でお弁当を食べた。子どもたちは太陽のもとで愉しそうだ。食事の後、私たちは互いに読み聞かせをした。山頂は一帯に露出した岩だらけで、ヒースと荒れた茶色の草しかない。空気の匂いが素晴らしい。泥炭とヒースの（エリカとカルーナ＊の両方があった）の花の香りだ。植物の群落は全体にカーペット状に織り合わさって岩を包み、泥炭質の土を育くんでいる。山稜に沿ってミズン＊とベアラ岬を片側前方に見ながら歩いて帰るあいだ、私は、すぐにも本気で思考作業に戻るべきだと思うようになっていた。屈性について。どうやって植物が根と茎を曲げ、世の中から最良のものを得るのか、根がいかに石を回り込み、地中に向かって戻り、土の中の水や栄養に向かうのか。茎はどうやってよりうまく光に近づくのか。そして、こうした円柱形の構造は、どうしたら互いに曲がったりねじれたりして、ここの群落に見るような織物、夕陽に向かって私たちが愉しく踏みつけ進んでいるこうした織物を、作り上げるのだろうか。

8月18日　水曜日

　この素晴らしい地で、休暇は続いている。私たちの素晴ら

8月 *August*　273

しい白い家。目の前には、ダンマナス湾が皺だらけの灰色のシートのように広がっている。眼下にはミズン半島の、モスグリーンの林の塊が見える。

　後で、ベアラ半島の北側にあるディリーン*の庭園に行った。そこはケリー*州だ。庭園はクラシック調だった。家からの眺望は芝生を横切り、木々を通って下の海に通じる。オリンピアン・ピーク*の麓の谷だ。外来の、ロマンティックな植物たち、ユーカリやヘゴといったものが、陰地の木立に植えられている。湿った空気の中、香りと精油を感じる。シャクナゲの堤。湿地のあいだにこれほどの豊饒(ほうじょう)とは。私は強い畏敬の念を抱いた。ヘゴの構造、その祖先的な構造パターンが、いかにしてDNA分子の二本鎖の分離と複製の結果として、成り立つかに対して。

*ディリーン：Dereen

*ケリー：Kerry

*オリンピアン・ピーク：Olympian peak

　するとオリンポス山の神々が、椅子を引きずり床を鳴らした。雷鳴がうなり、はじけ、雨がバケツをひっくり返したように降り始めた。私たちは芝を駆け抜けたが、じかに大量の水にさらされて、瞬時にずぶ濡れになってしまった。数分後、太陽はまた顔を出した。

　それからビーチに行って、海に浮かぶ黄色い海藻に混じって遊び、体を日にさらして服を乾かした。素晴らしい時間だった。岩に囲まれたタイドプールを見つめ——生の震えが見える——小エビを突き、イソギンチャクに触れた。小さなヤドカリがタマキビの貝殻を背負っている。プールから見上げると、アオサギが飛んでいた。それは一瞬、まるで画家が描いたイメージのように見え、くちばしと羽ばたく翼と円柱形の斑を表すわずかな線が、何か表象のようにも、「飛ぶアオ

サギ」といった概念の抽象画のようにも見えた。思うに、自分で以前に心に描いたことのあるものと同じ姿だったのだろう。これが、私たちに、世界を見せ、自らの心に描き出し、その一部だと感じさせるしくみなのだろうか？　もし私たちの科学的なイメージに対して、同じことができたら何が起きるのだろう？　たとえばDELLAタンパク質を示す、普通に理解できる表現（あるいは抽象画）が作られたとしたら？　そうしたら、そこには空を飛ぶアオサギのように、よく見る風景に抱くような、親しみのある感覚が生まれるのだろうか？

8月19日　木曜日

　8月にしては妙に寒い。ダンマナス湾から眺めてみると、雲間からミズン半島に斜めに陽が射している。雲の切れ目が移動するにつれ、ミズン半島の形も異なって見える。同じものが変形する――風景の山襞(やまひだ)が現れたり消えたりする。タンパク質の風景として私はそれを見た。ここに類似性がある。イースターのとき、ウォーフデイル*で同じようなことを考えたのを思い出した。

*ウォーフデイル：
Wharfdale

8月20日　金曜日

　まだ寒い。それに今朝は北からの風が、秋の気配を運んできている。太陽の熱と、そよ風の冷たさのあいだに緊張感がある。

　ドゥーニーン*の岸辺に行った。引き潮――タイドプールは縞模様のある貝でいっぱいだ。赤、緑、紫のイソギンチャク、緑と黄色の海藻。アザラシの光る灰色の頭が、海の方か

*ドゥーニーン：
Dooneen

8月 *August*　275

らすぐ近くでひょいと動いたり、海を背景にして私たちを見たりしていた。アザラシが鼻を鳴らしたり怒ったりしているのが聞こえた。ダンマナス湾に降りると素晴らしい風景が続いている。

8月21日　土曜日

　空気はまだ冷たい。しかし、今日は完全に無風だ。厚板ガラスのような湾の水面は、対岸に立つ岩、木々、それに家々を映し出している。

　休暇なので、私は内省の時を過ごしている。このノートやスケッチを1月に始めてから、どれだけのことが変化し、どんな進歩があっただろう？　その後、私は不調に陥り、物事の繋がりを見ることが難しくなった。しかし、今はより鮮明にものを見ることができる。私たちの科学がしっくりした感じに見える。

　特に今日、私は世界の複雑さに畏敬の念を抱いた。DNAとその複製が、私たちの知る生物界を作り上げているのだとは、よく言われることだ。もっともこの真理は、私たちがわが生を見る際には、完全には取り入れられていないと思うが。私自身でさえ、そうなのだ。今朝、隣の牧場で搾乳を見ていたとき、黒白ぶちの牛たちも、牛の糞も、藁(わら)も、ミルクと飼料と糞の匂いも、蝿も、搾乳小屋の構造でさえ、すべてDNAの複製の結果なのだということは、私は強いてでなくては考えられなかった。

　それにDNAだけがこの風景の本質というわけではない。たとえばDELLAタンパク質群だ。DELLAタンパク質群がな

ければ、藁はなく、牛も牛の糞もなく、搾乳室もなく、われわれも存在しない。DELLAタンパク質群は数え切れないほどの異なる分子や構造の１つに過ぎないが、生命と呼んでいるものにとって必須で相互依存的な部分だ。それでも私たちはこれを見ることができない。まるでシンフォニーを聴きながら、最も高いピッチの音しか耳に入らず、ハーモニーを構成しているバスの音を聴き取れないでいるようなものだ。

8月22日　日曜日

　夜はひどい嵐だった。木々を通り抜ける風のうなる音やドッという音、垂木の軋む音、サッシの窓がバタンと閉まる音で目が覚めた。雨は屋根のスレートに砂粒を叩きつけるような音を立てていた。一方、私たちはベッドで気持ちよく寝ていて、この天候にもかかわらず、薪ストーブのおかげで暖かった。横たわったまま、そうした音、外と中にあるものとのあいだの強いコントラストからくる安心感を愉しんでいた。私は、ノリッジよりもここでは常にはるかに強く感じる感覚、世界と繋がっているという感覚を愛した。ここでは人は、天候の非常に微妙な変化、風の速さや光と影、雨の変化を常に感じる。それが時間をよりリアルに感じさせる——時間が特別なものとなる—— 一瞬一瞬が感じ取られ、刺激となり、そして去っていく。より単調で、特徴の薄いノリッジでの時間とは違う。生と、死と、儚さという現実が、ここではより身近なのだ。

　今朝は静かだ。風はなく、白い雲のあいだから太陽がのぞいている。光のせいで、山がまた新しい形に見える。異なっ

た形が影で浮き彫りになって、あるいは強調されている。

　重力屈性に関する論文の形をどうするか私は考え始めた。まだやることはたくさんあるが。いくつかのセクションを想像した。最初のセクションは、DELLAタンパク質群を欠くシロイヌナズナ変異体には重力反応に欠損がある、ということを示す。それは、私たちが７月の終わりにかけて見つけたことを記述するものである。正常な芽生えがシャーレの中の寒天上で育てられた場合（その寒天表面は垂直に立ててあり、重力に対して平行である）、根は下に向かい、寒天の表面に沿って育つ。そのシャーレを９０度傾けると、根は速やかに直角に曲がり、そしてその（新しい）下の方向に向かって伸びる。しかしDELLAタンパク質群を欠く変異体をこの処理にかけると、その根は、正常なものよりずっとゆっくりと曲がる。

　この論文の次のセクションはまだ明確ではない。しかし、それは他の植物ホルモン、以前少し触れたオーキシンと呼ばれるホルモンにかかわるものだ。根を曲げるのはオーキシンである。成長中の根がシャーレの回転で動かされると、それはもう地面に垂直な方向には向いていない。オーキシンはその根の（新しい）下側の細胞に蓄積する。この蓄積は下側の成長を抑制するが、上側の細胞の成長はその限りではない。その結果、根は曲がって成長するというわけだ。私たちの新たな観察結果では、DELLAタンパク質群の欠損はオーキシンの蓄積を阻害するか、下に位置した細胞がそれに反応するのを阻害するかなのだろう。私たちの実験により、この２つの可能性のどちらが正しいかは、これからの２、３カ月のあ

いだに明らかになるはずだ。何が見つかるにしろ、新しいもの*である。

> *新しいもの：科学の世界では、「新しい」発見をもたらさなくては評価されない。既存の知識を集大成するような、生き字引の状態となるだけで評価される文系の一部の分野とは、そこが大きく異なる。

8月23日　月曜日

　ここの植生の特性は精神状態に影響する。家から道を下った公有地の湿地帯に、イグサの塊が密に茂っている。緑と茶色、花と一部の茎は茶色で、残りの茎は緑だ。そうした風景は、そこを見下ろすとき、いつでもわが心の弦を引き、メランコリーな音を奏でる。その音が私の心に広がるかどうか、響いてすぐに消えていくか、あるいはいつ私が目をそらすかは、それとは別である。しかし、イグサの色と質感が、心を動かす力やポテンシャルを持っているのは間違いない。なぜ？　何か忘れている記憶と関係があるのだろうか？

　それに他の植物にも同じ作用がある。今朝、小屋から薪を取ってくるとき、納屋の裏手のセイヨウカジカエデを見上げてみた。突然、そこに秋色の最初の兆候、何枚かの葉の緑と、翼果の鞣し革色の中に、うっすらとオレンジ色を見つけた。その光景に私はぐいと引き留められた。心臓が止まったかのようだった。秋のいち早いサイン*だ。

> *秋のいち早いサイン：この後の記述でも、著者は秋や冬に向かう季節の進行に非常に神経質なところを見せる。イギリスは緯度が高いので、日本の本州太平洋岸より圧倒的に日が短いうえ、冬は寒いだけでなく天気が悪い。ただでさえ冬は過ごしにくい季節である。

　思考の流れは、不意に襲う心配事で常に中断させられる。いつも心は、変化する気温、目に映る太陽やその突然のかげり、漂う香り、気をそらすような騒音に、突き刺すような傷を受ける。それでも私たちの科学的思考は、たとえば分裂組織の理解は、そうしたことにかかわらず背景から浮かび上がってくる。その連続性も、世界の他の部分が侵入してくることで、いつ何時破壊されてしまうか分からない。たぶんこれ

8月 August　279

が、科学をそれほどにも困難なものとしている要素ではないか？　科学は、ものを見る際、心を冷酷に対象に集中させ、生のその他のものを排除する。世界から科学を切り離す不動の集中だ。このノートは、この矛盾を解くための試みだと思う。

8月25日　水曜日

　これを私は今、家の背後にある稜線のてっぺんで、バントゥリー湾を見下ろしつつ書いている。ハングリー・ヒル*が目の前にあり、スィーフィン*は左手の下に、湾のスレート状の水面には白い斑点があって、風はヒースとハリエニシダの花の香りを運んでくる。陽は暖かいが、しかし、その光と熱は涼しい北の風で弱まっている。

　3つのピークを越えて頂上まで登ると、太陽と湿った地面とが、ピークごとの避難小屋に汗ばむような湿り気を与えていた。最後に、昔の畑と荒廃した家々を通り過ぎた。その畑は、忘れ去られた人々の手によるたいへんな努力によって存在していたものだ。まだそれは残っていて、朽ちた石の壁が縁を囲み、そのしるべとなっていた。私たちは昨日、半島の端まで西に歩いたが、その時もずっとそういう感じだった。古い住居の跡、放棄された耕地の輪郭。沼地にゆっくりと戻りつつあるが、その畑地としての特徴はまだ目に見えて残っている。

　昨日は歩きながら、このところ、死について以前よりよく考えているように感じた。誰でもそうなのだろうか？　20歳のときには、私は決してそんなことを考えなかったが、今、

*ハングリー・ヒル：Hungry Hill
*スィーフィン：Seefin

５０近くなって、考えるようになった。時として、ある特定のことを新しい視点で見たとき、たとえば半島の端で、それまで気づかなかったパターンで崩れる波を光がとらえる様子を見たときなどに、死のことが思い浮かぶのだ。そしてその時私が理解するのは、ある特別な瞬間の感覚は、言葉でとらえること、また心の記憶にとどめようとするのがいかに難しくても、その特別なビジョンは私とともに消え去ってしまう、ということなのである。

8月26日 木曜日

*キルクロハン：
Kilcrohane

今日はスィーフィンまで歩いていき、頂上でランチをして、それからキルクロハン*へ続く道を降りていった。バントゥリー湾とダンマナス湾を左右に見つつ、陸地に背を押されるようにして海に向かっていく感じは愉しい。風景は感動的で荘厳だ。とりわけ、壮麗な、海から急峻にそびえ立つハングリー・ヒル。かっちりとしていて、それでいて刻一刻と変わる光に移ろう、本当に絵画的な風景だ。どうしてこれがこんなふうに私たちを感動させるのか？ あらゆる細胞が同様に美しい風景を持っていて、同じように畏敬の念を呼び起こすことを私は思った。しかし、そこには感動はない。だが、なぜ風景がこんなふうに私たちに影響を与えるのか、まったく理解していないので、この類の思考をたどり続けるのは難しい。たぶん、ロマン派の詩に始まる文化的なものか？ よく分からない。感動的な風景がもたらす効果はそれほど内腑に染みいるもので、先天的に思える。

私は、他の論文で書くことになるはずのことをスケッチし

8月 *August* 281

てきたし、それは、風景とも関連のあることである。植物の外界が、いかにしてその成長と発達を作り上げるのかについてだ。この論文は重要なものになると思う。たとえばこれは、なぜDELLAタンパク質群があるのかを説明してみせるものだ。以前にはこれは本当に不思議だった。もしDELLAタンパク質群が植物の生活にとってそれほど重要なのならば、DELLAタンパク質群を欠く植物が、なぜそれらを持つ正常な植物にそれほどそっくりなのか（植物を最適な環境下で育てると、その違いはほとんどない）。新しいアイデアは、DELLAタンパク質群とは、植物が逆境に応答するのを助けるもの、本当の「適者生存」の能力だ、というものである。

　逆境（暑過ぎる、寒過ぎる、土に塩分が多過ぎる、乾燥している、等々）の下ではストレスが強いので、成長を減速し、よりよい時期を待つことが、植物にとっては有益なのだろう。土壌中の塩は根の成長を抑えるが、DELLAタンパク質群を欠く根では成長の阻害は弱いことを、私たちは示した。次に見なくてはならないのは、生き延びるかどうかの点だ。DELLAタンパク質群が成長を抑制すると、植物は逆境を生き延びられるのか、という点をテストすることである。私はそうなると思う。毒になるほど濃い塩分はDELLAタンパク質群を安定化させ、その結果としての成長遅延は、植物にストレスの高い条件で「居続ける」ことを可能とする。だから条件が改善されたとき、成長を回復させることができる。これが、私たちのテストしたいことだ。

8月27日 金曜日

　今日私たちは、船で湾に浮かぶ岩だらけの島々にいるアザラシを見に行った。浅瀬には、太陽のもとできらめくニシン*の大群がいた。千かそれ以上いる小さな魚が方向を一斉に、突然変える様は、無数のフラッシュのようだった。それを見ていると、DELLAタンパク質群を思い起こし、私たちが１つのタンパク質について語っている「抑制の緩和」モデルが、実際には、多くの分子、タンパク質の大群について起こる大きな作用なのだと思われた。

8月30日　月曜日—オックスフォード

　最後の数日は帰宅の旅に費やした——フェリーに乗って静かな航海をし、帰途のオックスフォードで二日間滞在した。今日は午後、歩いてビンズィー*教会に行った。そこでショックを受けた。前回来たときには、ここには背の高い、華麗なマロニエのトンネルがあって、教会の墓地に向かう道を覆う優美な風情を見せていた。しかし今ではなにもなくなってしまっていたのだ。切られた、みな切り倒されてしまっていた。なぜ？　切り株を一目見て、突然、眼にパンチを食らったかのような衝撃を受けた。あの光景は消え失せ、失われ、なくなってしまった。それにしてもなぜ、あらゆる場所の中でもここで、「ビンズィー・ポプラ*」がいくらかなりと価値を持っていると考えられている場所で？　１本も残っておらず、切り株がいくつか、２列平行して残っているだけだ。

　なぜだ？　明らかに訴訟を恐れてのことだ。枝が落ちて誰かを傷つけるというリスク*からだ。そのおかげで、私たち

---

*ニシン：原文はsprats。ニシン属の小魚。

*ビンズィー：Binsey

*ビンズィー・ポプラ：Binsey Poplars。１９世紀、英国の詩人ホプキンズ（Gerard Manley Hopkins：1844-1889年）の詩のタイトル。

*誰かを傷つけるというリスク：日本でも、街路樹はおざなりな扱いを受けていることが多い。ナンキンハゼのような紅葉が美しい街路樹をせっかく植えても、紅葉の始まる直前に大規模な枝打ちをして、なにも見所のない姿にしてしまったりする。イチョウを含め同様の措置は、各地で見られるものだ。そのため、ここでマロニエの伐採を引き起こしたような、大枝が枯れ落ちて通行人に被害を出すというような事態はまず起きないが、その代わり風情のある並木道もきわめて少ない。

8月 August　283

は今や、この土地の樹をすべて伐り倒さねばならないというのか？ 私たちは世界をねじ曲げようとし続け、繕い続け、ついには何も残らなくなるまで、安全を追求するのだろうか？

9月 *September*

9月2日 木曜日

　ノリッジに戻った。家に帰ったのだ。書斎の窓から初秋の景色が見える。それに光は秋の質感を持っている。毎日太陽は少しずつ低くなっている。光は傾いている。

　今日は風がなく、ほんの少ししか動きがない。セイヨウボダイジュの葉はじっとしている。葉をゆらすだけの風がないので、どの葉も1つところにとどまったままだ。そして色は変わりつつある。ヨーロッパブナの木の葉は薄めたオレンジジュースのようだし、書斎から見えるセイヨウボダイジュの葉の塊は、暗緑色を背景にしたカスタードイエローの跳ね染みのようだ。

　私には、疼くような興奮だ。秋になるといつも感じる特別

な気持ちである。何だろう？ なぜ？ 冬の始まりに近づいていると明確に知ることで、生命が騒がしく通り過ぎていく音がはっきり聞こえるようになるからだろうか？

　昨日は、セント・メアリーに出かけた。もう何株かはシロイヌナズナが見られるだろうと期待して。しかしまだ何もなかった。墓地を覆う土壌の粒子のあいだで何か起きたのだろうか？ いつあの芽生えは生えてくるのだろうか？ 開裂した実からぶら下がった小さな茶色い種(たね)を私は見た。それから2、3日後、種はなくなっていた。今から6週前のことだ。あの種は今、何をしているのだろう？ どこかにいなくてはおかしい。露と最近の雨で、土は湿っている。きっとすぐに発芽するのではないか？ 次の世代を見たい。ライフサイクルの次の段階を。興奮していたので、芽生えが見られなかったのは、刺すようなフラストレーションだ。

9月3日　金曜日

　まったく静かな朝だ。初秋の陽光には、金の縁がある。それを見ていると、表現しがたい気持ちが湧き上がる。敬意と悦びと愕きの入り混じった感じだ。今日の光は、書斎の前に広がる景色といっしょになって、刺激を与えてくれた。かつては、世界は神によって創られたものだという考えが一般的だった。目に見えない神、しかし自然に顕在化する神。今、科学の進歩の結果、私たちは自然を異なる見方で見がちだ。しかし現代の視点では、神秘的なことは何もないとよく言われるし、神秘はどこか寂れてしまったとも言われる。まるでより深く理解することが畏れを消滅させているかのように。

しかし、私はこの考えを認めることができない。世界は栄光に満ちていたのであり、今も変わらず栄光に満ちている。

そうすると目的についての疑問が生じる。自然界にある、植物や動物の構造を見ると、その力学の背景にはデザインあるいはパターンが潜んでいると考えるのが自然だ。実際、サイエンスそれ自体も、生命を、シグナル経路を、その他を記述するときに、よく機械論的な表現を使う。私たちはしばしば、生命を、自らがある目的を満たすために設計し、組み立てる構造と比較する。この目的というアイデアの根底には、神が世界を創りたもうたという見方がある。

サイエンスはこれと異なる物語を明らかにしてきた。何も基本デザインはなかった、計画に沿ってすべてが進んでいるかどうかをチェックする力はなかった、というものだ。私たちはランダムな突然変異で変化している。その変化がたまたま機能を改良した場合、それは生き残る。この新しい物語は、古い物語に比べるとあまり心地よくないかもしれないし、魅力にも欠けるかもしれない。しかし、そこにもまだ鑑賞の余地はある。私たちは畏れを抱き続けるべきだと思う。愕きの感覚を捨て去ってしまうことなしに、神の目的というアイデアを放擲するようなやり方を見つけるべきだ。*

9月7日　火曜日

サーリンガムは暖かい金色の陽光で輝いている。

今の時期、マロニエはとりわけ素晴らしい。掌状の葉はまだ緑だが、月日を経て年老いてきた（茶色や黄色の斑点がはっきりしている）。彼らの時間はもうじき尽きる。それにト

＊神の目的……べきだ：これはもともと宗教心が薄い現代日本人にとっては、誰もが難なくやってきたふつうのことだが、一神教であるキリスト教文化に深く浸かってきた著者のような欧米人にとっては、相変わらず苦闘を強いられるところなのであろう。そこで易きに流れると、「神」を「デザイナー」と言い換える宗教、最近欧米で流行している「インテリジェント・デザイン」教にはまることになってしまう。

ゲのある丸い、種を入れた果実を垂らしている。塊になった緑のスプートニクたちは、すぐにも地面に落ちるのを待っている。

しかし思うに、私にとっては、初めてシロイヌナズナの新しい世代の芽生えを見たことが最良だった。たやすくは見つからなかったが。手のひらと膝とを地面について、墓地の角を拡大鏡でなめるように探してやっと見つけたのだ。芽生えは本当に喜ばしい、レンズを通して輝く本当に見事な宝石だ。緑の子葉。活き活きとして、ほのかにカラシナの色合いを帯びている。黒く湿った土に映えて明るく光っている。確かにこれらは群れの中で藁束のように立つ残骸の子孫だ。ここに連続性がある。次世代。サイクルが回っている。

私は急いでその一部をスケッチした。枯れ果てた茎を囲んで、だいたい直径４インチ*ほどの円に収まる地面に１４の芽生えがあった。芽生えたちは均一に散らばってはおらず、今では枯れ果てた母株が作った雨陰*のような場所に、一カ所に集中して群がるように生えていた。

芽生え１つ１つをより正確に記述しよう。芽生えは種子の中にあった胚がほどけ、広がって育ったものだ。何と見事な変身だろう。小さな、ほとんど見えないくらいの、乾いた、生気のない点が、フレッシュな芽生えとなったのである。すべて２、３日のあいだのことである。それぞれの芽生えは１対の子葉を向かい合わせに広げ（シュート頂分裂組織はそのあいだにある）、１本の胚軸と、すでに土の中に入り込んだ根（これはもちろん私にも見えない）を持つ。その構造は胚の中にあったそのままだが、大きくなっている。胚軸は、そ

*４インチ：約１０センチ。

*雨陰：山の下側で雨の少ない地域。

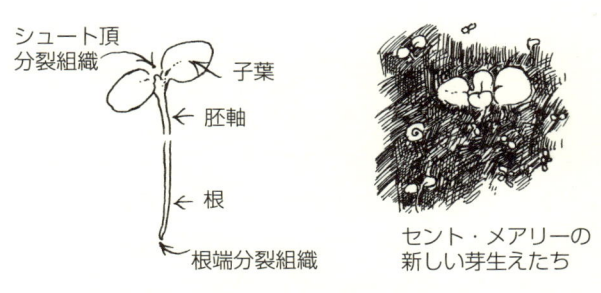

シロイヌナズナの芽生え　左、1個体の芽生えの模式図。右、新しい芽生えたちの一部。

れを作る細胞の伸長によって育つ。それぞれの細胞は、膨大なサイズ増大を示す。それぞれが、膨圧の力とそれを抑える細胞壁の弛みにより柱状に膨れ、長くなり、もとの数百倍という体積になるのだ。DELLAタンパク質群はこれを制御しており、胚軸の細胞は、DELLAによる成長抑制を調整しながら緩和することで成長するのである。そして胚軸が成長するあいだ、子葉や根も同じようにして成長する。ここに細胞分裂と細胞伸長とがともに寄与するのである。

　こうした結果が、まさに芽生えなのだ。小さな、墓地に生えた十字架群なのである。

　DELLAタンパク質群には、気象の変化とシロイヌナズナの芽生えのタイミングとを調和させる働きがある。未発芽の種子は比較的安全なので、この調和は重要である。一方、発芽した種子は賭を始めた状態になる。不確かな運に対してカードを切った状態である。種子の中は生き延びるためのパッケージだ。1回分の栄養の配給が子葉には貯められている。それらの栄養は発芽が進行するあいだの燃料として使われ

9月 *September*

る。しかし配給量には限りがある。芽生えは、最終的には自活できる存在にならなくてはならないし、そうなるまでの時間は、配給量に依存し、限られている。

　芽生えを見つけることができて安心した。古い確信が復活した感覚だ。振り子の心地よい振れとも言える。種から種へまた種へ、何年ものあいだ続く時計の刻みだ。

　1年かそこら前、私たちはシロイヌナズナの5種のDELLAタンパク質群のうちの1つが、水分量に応じてシロイヌナズナの種子の発芽を触発するうえで、特定の役目を果たすことを発見していた。そして今、それを思い起こしてみて、これほど長いあいだ、新たな研究の方向を見いだせないままでいたのはなぜなのか、まったく理解できないことに気がついた。この方向に進むべきなのは明々白々だったのに。私たちはすでに、DELLAタンパク質の1つが、植物の中と外界とを繋ぐインターフェースであるという実例を手にしていたのだ。環境に応答して種子発芽を制御する1つのDELLAタンパク質。なぜ私たちは、もっとスムーズに、この特別な例から、もっと一般的な見方へと移行しなかったのだろう？

9月8日　水曜日

RGL2と発芽について

　また明るく美しい朝だ。まるで、頭上の大気に浮かぶサイクロンの周りに、同心円状の等圧線が見えるかのようだ。静かな空気の中、ランニングの道すがら2羽のモリバトを驚かしてしまった。彼らが動き始める直前まで私の目に入らなかったのだ。そのとき、万物は、見えるものと見えないものと

＊トランスポゾン挿入株のコレクション：作業としては、まず外来のトランスポゾンをシロイヌナズナに形質転換し導入する。それとは別に、このトランスポゾンを転移するトランスポゼース遺伝子を持つ形質転換シロイヌナズナを作り、先のものと交配する。するとトランスポゾンがシロイヌナズナのゲノム中を動きまわる。十分トランスポゾンが動いた後に、野生株とのあいだで戻し交配を行なってトランスポゼース遺伝子を分離・除去すると、トランスポゾンの位置が固定した系統ができる。こうしたものを多数株用意した後、1系統ごとに、それぞれトランスポゾンの挿入された位置を調べる。ここで用いるトランスポゾンは、もともとシロイヌナズナのゲノム中にはない配列なので、これを目印とすれば、その挿入位置を知るのは容易である。
このようにトランスポゾン挿入株を1つ1つ調べ、トランスポゾン挿入位置の情報を蓄積していくと、いつか、シロイヌナズナの全遺伝子について、それぞ

でできているのだと感じたが、時として見えないものの質の変化は、それを見えるものに変えることもある。

種子の発芽に戻ろう。昨日の発見に。ジベレリンを欠損したシロイヌナズナの種子は、ジベレリンを与えない限り発芽しない。以前私は、ジベレリンを欠損した変異体の、茎の成長の矮化が、そこにジベレリンを与えるか、あるいはDELLAタンパク質群のうちのGAIとRGAを植物細胞から除いたときに、いかに回復するかを述べた。しかし、GAIとRGAを除いても、ジベレリンを欠損した植物は完全には正常にならない。種子発芽は、相変わらずジベレリンの投与を必要とするのである。このことは、GAIとRGAとは茎の成長を調整しているが、他のDELLAタンパク質群（RGL1、RGL2あるいはRGL3）のうちの1つかまたは複数は、種子発芽を制御しているということを示唆するものだ。

つい最近、私たちはこの推測をテストしてみた。そして私たちが見いだしたのは、見事な秩序だった。

*GAI*遺伝子のクローニング以後の数年間、シロイヌナズナの生物学はたいへん理解が進んだ。なかでも、すでに述べたように、シロイヌナズナのゲノムの配列決定は最も重要だった。ゲノム配列が解読されつつあるころ、いくつかの研究室は、シロイヌナズナのどの遺伝子配列がトランスポゾンで分断されたかが分かっているような、トランスポゾン挿入株（それぞれ何万もの独立の系統だ）のコレクション＊を確立した。そうしたコレクションの中には、*RGL1*、*RGL2*あるいは*RGL3*の遺伝子中にトランスポゾンが挿入されている変異体も含まれている可能性があった。非常に興奮したことに、

私たちは、*RGL1*と*RGL2*については挿入を持つ株をいくつか見つけることができたのである。

　これらの挿入は、挿入を受けた遺伝子の構造を破壊し、その働きを阻害している。そこで私たちは、新たに得た変異体と正常な植物とのあいだで、何か違いが見つからないか調べてみることにした。一見したところRGL1あるいはRGL2を欠く変異体は、まったく正常に見えた。種子は発芽するし、成長し、大人になると花を咲かせて、その形も隣に植えた正常な植物とそっくり同一だった。しかしGAIやRGAを欠く植物も見かけは正常で、これらの欠損がもたらす効果が明らかになるのは、ジベレリンのレベルが下がった場合のみである。そこで私たちは、RGL1あるいはRGL2を欠く変異体を、*ga1-3*変異体（ジベレリン合成ができない変異体）と交配し、これらのDELLAタンパク質群の1つないし2つを欠くとともにジベレリンも欠く植物体を得た。

　ここで、私たちの思いがけない発見の出番だ。私たちは、RGL2を欠くとともにジベレリンも欠く植物の種子を播いてみた。何か起きるかもしれないという万一のためだった。何かが起きるとは、実際、私たちは思っていなかった。種子は結局のところジベレリンを欠いているので、たぶん発芽しないだろう。2、3日後、驚くべきことに、種子は発芽した。芽生えが見つかったのだ。地面と天に平行に広がる緑の子葉を抱えた胚軸がしゃがんでいた。ジベレリンがないにもかかわらず、発芽は起きたのだ。そしてこれらの植物をその後数週間にわたって見ていたところ、その後の成長は、正常なレベルのRGL2を持つジベレリン欠損の植物とまったく同じで

れの挿入変異体を集めることができる。本書の著者は、こうしたコレクションを活用したわけである。

　現在ではトランスポゾンよりは、T-DNAを挿入することで得られた挿入変異体のコレクションの方が、世界的に広く用いられている。いずれの場合にせよ、挿入により変異した株を検索するためのデータベースも完備しているので、それで研究に必要な株を探し出し、ストックセンターに注文すれば、実費で手に入れることができる。

あることが、明らかとなった。緑が濃く矮性で、花弁も雄蕊も短い花を咲かせたのである。

したがってRGL2は、シロイヌナズナの種子の発芽を制御することに特化しているということになる。RGL2は他のDELLAタンパク質群がやらないことをしている。そしてこの観察は、ジベレリンを欠く種子が発芽しないようにブロックしているのは、まさにRGL2の働きだということを意味している。正常な種子でRGL2の働きを抑え、発芽を許可しているのはジベレリンなのだ。

私たちは、RGL2が実に特別なやり方で発芽を制御していることを見いだした。母親から放たれた種子は乾いていて、ほんの少しの水しか持っていない。発芽には水が必要だ。加えて、水は発芽の過程を解き放つ。乾いた種子が水に触れると、種子は水を吸収する。そうすると、発芽が始まる。加えて胚の細胞の中で、急激に*RGL2*のメッセンジャーRNA（RGL2をコードするRNA転写産物）[*]のレベルが上昇する。この上昇はRGL2タンパク質のレベルを上げ、そしてRGL2は種子発芽を阻止する。こうして水は、発芽過程を始めさせるとともに、そのプロセスが実行に移るのを止めるのである。

この時、シロイヌナズナの種子は、発芽のために単に水がほしいというような状態ではない。発芽には光も必要である。シロイヌナズナの種子は暗所では発芽しない。種子が光にさらされると、光はジベレリンの合成を誘導する。そしてジベレリンは*RGL2*のmRNAのレベルを下げ、RGL2タンパク質の破壊を促進する。これがRGL2による発芽阻止を解除し、発芽の次の過程への移行を許可するのだ。

＊メッセンジャーRNA：2月13日の記述を参照。mRNAと略記する。

これこそが、セント・メアリーの墓地の地面でそれぞれの種子に起きていることである。その感受性に関してはある種きわめて見事な点がある。雨が来た。雨は土にしみ込む。種子は水を吸い込み、スポンジのように膨らんだ。水分に応答して*RGL2*のmRNAレベルが上昇した。RGL2ができ、発芽がそれ以上進まないように阻害した。しかしこれは一時的な阻害だった。検査ポイントだ。種子は土の表面にいた。陽光が種皮を透かし入り、胚の細胞にジベレリンを作るよう刺激した。ジベレリンは*RGL2*のmRNAレベルを下げ、RGL2タンパク質の分解をもたらした。こうして阻害が外れ、種子は芽生えを作り出す過程に進行したのである。

　これが検査とバランスの一連の流れだ。他にもある。これらのものは完全な発芽に向けての過程を保証するが、それは正しい状況が首尾よくそろったときに限る。水も光も必要だ。ここには調和がある。

９月１１日　土曜日

　予報ではさらに雨が降るようだ。天気図上は、大西洋を横断して南スコットランドを目指す強い低気圧の渦と目が見える。その縁では雨——したがってここでは明日雨になる。

９月１２日　日曜日

胚軸の伸長について

　夜通し強風と土砂降りの嵐だった。木々は大揺れで、うなるような音がずっとしていた。雨粒は、滅多に見ないほど大粒だった。そんな天気が何時間も続き、地面は水浸しとなり

びしょ濡れになった。これは芽生えたちにとっては実際よいことで、成長が可能となる状況だ。それに今朝はインディアン・サマー*の日和が戻ってきた。

*インディアン・サマー：晩秋に、時ならぬ暖かい日が訪れる時を指す。

朝は晴れてそれから霧が出た。仕事に向かう途中、川沿いをサイクリングしていて、霧の壁に突っ込んだとたん、私は、太陽が濃厚な卵黄色からトマトのような薄いチェリーピンク色に変わるのを見た。

発芽というものは大概、細胞の伸長を含む過程である。水を吸収すると、胚は種皮を破るほどに膨らみ始める。ひと度、種皮から出ると、その成長は続く。胚軸の伸長成長は特におもしろいものだ。その方向と程度は、胚軸にある細胞の遺伝子と、世界のその他のもの、そしてそれを越えて太陽の働きの賜物である。

太陽は地球に届く光を放つ天球だ。だから私たちは太陽をふだんそう認識している。しかし、その縁はどこにあるのだろう？　太陽というものを、より大きな光の広がりで規定される球の中の、1つの核と考えてみよう。そうすると私たちはみな太陽の一部であり、種子の発芽というものも、太陽そのものの性質ということになるだろう。

9月13日　月曜日

金色に輝く晩夏の朝だ。

ブラコンデイル*に向かってサイクリングしているあいだ、顔はずっと太陽光にさらされ、実際の光景はほとんど霧に包まれた視野の縁にしか見られなかった。と突然、シティーホールの遠くの鐘が8時を鳴らし始めるのを、最初は意識して

*ブラコンデイル：Brancodale

9月 *September*　295

聴くわけでもなく感じ取った。意識して聴いたのは2つ目の鐘からだった。しかし、私は知っていた——最初の鐘の音も、それを聴いているとは気づかないままに知っていたのだ。感じられた。2つ目の鐘は、ミルク色の静かな空気を伝ってやってきたのだった。

それからサーリンガムに行った。すすり泣くような、ドップラー効果のオートバイの音にびっくりした。オートバイのライダーは鈍い黒の革をまとっていた。私と、反対側からこちらに来る車とのあいだの道は、急な堤に面している。私は震えた。以前、このようなオートバイのライダーが、道ばたの草地に、折れ曲がったように横たわっているのを見たことがある。無意識なのか、あるいは意識の縁からなのか、ロボットのような動きだった。彼の手は腕から不吉な角度で曲がっていて、少なくとも手首は折れていた。私には彼が、革に包まれたゼリーのように見えた。彼が生きていたのか死んでいたのかは分からない。

それからウィートフェンへ行った。柳の樹の下に座って、湿地の方を眺めた。その湿気の中には驚きの感覚があった。湿地は以前よりも織物らしくなっていた。葦はまだ立っていたが、今やその平行線のあいだを埋めるものがあった——より若いひこばえの葦の茎だろう。しかしそれだけでなく、それら縦糸に対して横糸として織り込まれているのは、セイヨウヒルガオ、イラクサの類、アカバナの類、エゾミソハギ＊の茎が、みな寄りかかったり巻きついたりして、布地を織り上げていた。

まだ蝶が数頭いた——アトランタアカタテハやコヒオドシ＊

＊セイヨウヒルガオ……、エゾミソハギ：順に原文ではblindweed、nettle、willow-herb、purple loosestrife。

＊アトランタアカタテハやコヒオドシ：原文はred admirals、small tortoiseshells。和名との対応は奥本大三郎・埼玉大教授のご教示による。学名等は8月3日の訳注を参照。

などだが、以前より明らかに少ない。湿地の紫にけぶる水面上を飛んでいるのはつがいになって連なったトンボたちだ。

　葦の花はずっとたくさん咲いていて、前回見たときよりもほどけ、1つ1つの紫の小穂が広がっていた。湿地の、木々で覆われたあたりで、葦の花を1個叩いてみると、たちまち花粉が放たれ、風に流されるまでのつかの間に、雲状に広がった。小穂に近づいてよく見ると、花粉を放つ小さな淡黄色の葯が見えた。太陽光にあふれた広い湿地には、結実した花もさらに続いていた。結実しているのは、もっとふさふさしていて、より細かく分かれ、紫というより茶色で、もう花粉を放たない。

　光は、上からというよりも後ろから射すようになり、湿地の色を明瞭に見渡すことができるようになった。葦はまだ緑がまさっているが、以前ほど均一でなくなった感じだ。葉の一部は茶色くなり始めていて、先端にいくほど茶色く、また風で破け、断面が黄色く縁取られているものもあり、黄色や紫を帯びた葉もある。

　虫の羽音がして、コオロギの声もした。どうしてこの時間にこんなにも魅了されるのだろう？　光、そう、アヒルの卵のように青くて高い空、遠くの雲の連なり、そうしたものたちのおかげだ。しかし、たぶん見ているうちに薄れていく知識もその一要素だろう。

　湿地の周りでは――シモツケソウの一種*の穂に、もう、毛むくじゃらの種子*が塊になって、びっしりとついている。種子1つ1つに黒か茶色の毛があって、ダーツ状をしているのである。それぞれの穂に何千もの種子がついているのだ。

*シモツケソウの一種：原文はmeadowsweet、7月13日、8月3日、8月16日にも出てきた。

*種子：正確には果実。

それらの穂はもう香りを放っていない。乾いて、枯れつつある。しかしそこにある種子の中の潜在性といったら！

セント・メアリーに移動した。マロニエの葉は青空を背景に、見事なオレンジ色のリングになっている。墓へ。太陽のもと芽生えは明るく光っていた。しかしそのうちの1つは、今回見たところ、タンポポのうすべったい新しい葉の陰に入ってしまっていた。この日陰にある芽生えは長い胚軸をしている。太陽をフルに浴びている株より背が高く、細い。近づいてみようとしたとき、マロニエの果実の殻が地面に激突した。そしてその衝撃を見て、風景の壮大さに比べ、何と自分は小さいのだろうと考えてしまった。私は上昇と下降とを思った。マロニエの実の落下を思った。伸び上がる胚軸の先端にある子葉の展開を思った。衝撃で割れた果実は、白い瑞々しい膜で包まれた、つややかな茶色のマロニエの種子を裸出していた。

胚軸の細胞壁は、その中の圧力に応じて緩んだり変形したりする。この瞬間は私の記憶にとどまるだろう。

謙虚という語は、現代科学の辞書にはない。驚きも。私たちはこうした感覚を論文に書くことはない。私たちは二重に縛られている。驚きを認めることは主観的になるということだ。個人的な熱中や感情は、客観性を曇らせる。客観性こそは、私たちが保つべきものだ。驚きは実際に私たちを駆り立てるものであり、また私たちが実際に感じるのも驚きなのだが、それを認めることはできない。するとほとんど驚きはないということになり、その結果、科学者でない人たちも、しばしば私たちを誤解することになる。科学者が描く絵は、時

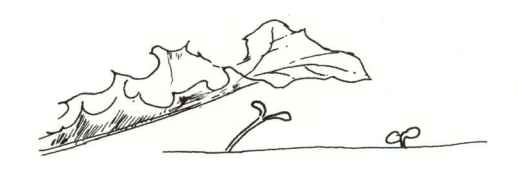

タンポポの葉の陰になったシロイヌナズナの芽生えは、隣の、
陰になっていない芽生えよりも背が高い。

として曖昧で、真の感覚を欠き、要点を欠く。それはその絵の核心部が曖昧にされ、積極的に伏せられている[*]からだ。

まさにこの瞬間、私は、開けたところにある芽生えより、陰にあるものの胚軸が長いということに驚いている。この違いは、胚軸の細胞の内的な働きと、それが育っているところでの光の質との関係に起因する。それはまだ一部しか理解されていない現象だ。

胚軸は胚がつくる茎である。円柱形の構造で、中心には根とシュートを繋ぐ維管束のコアがある。その先端にはシュート頂分裂組織と子葉とがある。その根もとには根の軸がある。発芽と芽生えの最初の成長とのあいだに、胚軸は伸長する。種子の胚から最終的な芽生えの胚軸までのあいだには、非常に大きな伸長が起きる。これはみな細胞の縦方向への伸長によるものだ。

胚軸伸長の程度と方向は、光の質によって決まる。光の強さ、差し込む方向、その波長の特性（それを構成するさまざ

*積極的に伏せられている：生物学の場合、「驚いたことに」とか「予想しなかったことに」と論文に書き込むスタイルは、人にもよるが現在、それほど珍しくない。

まな波長の光の相対的な量比）によって決まる。したがって太陽の、何百万マイル*も遠くにあるその中心は、これら特定の胚軸の成長を制御していることになる。胚軸は光を見る*ことができる。その細胞は光受容体として働くタンパク質を持っている。それらの受容体は特別な分子だ。その分子は光の存在を検出し、その情報を細胞中の核にある遺伝子に伝え、胚軸の成長を変更させるような遺伝子活性の変化をもたらす。私のように、これらの芽生えは見て、反応するのだ。私自身と同じく、植物の視覚から反応への一連の反応は、光を吸収する分子から始まる。

　光受容体によって検出された光は、胚軸の成長を抑制する。これは私たちにとっても身近な反応の一部である。暗いところに育つ植物は色が薄く、背が高くて細長い。著しい伸長をして育つのだ。これは生存を促す適応である。植物が生き残るためには光が必要で、速やかに暗いところから伸び出すことでのみ、光を見つけることができる。だから暗いところにある植物は葉の展開を止め（受け取る光がない以上、意味がないからだ）、茎の伸長を促進する（自身を暗いところから押し出すチャンスを増大させるためだ）。光の下では、茎や胚軸の成長は阻害され、葉の展開は促進される。

　光に依存した胚軸の成長阻害を理解するため、遺伝学者が採ったアプローチは、光による成長抑制が減少した変異体を探すというものだ。光の下で胚軸が長い（短いのではなく）芽生えを探すのである。簡単だ。それにおもしろい*。何千もの中に1つ、他のものたちのてっぺんを越えて高く子葉を掲げ、まるで短い茂みの森から突き出た1本の高木のような

*何百万マイル：1マイルは1．609キロメートル。

*光を見る：実際にはおもに子葉が光をモニターし、胚軸の長さを調節している。

＊おもしろい：種子を突然変異源処理すると、個々の種子中の細胞にはランダムに別々の変異が入る。その種子を播いて育て、自家受粉して種子を採る。対になった染色体が同じ変異をそろえて持っている状態をホモ接合体という。こうして得られた種子は、いろいろな変異についてそれがホモになった個体や、ヘテロの個体、正常型の個体のミックスだ。シロイヌナズナの遺伝子は数千種類あるので、こうしたミックスから目的の変異体を探すには、最低でも数千株は調べてみる必要がある。7月21日のオオムギに関する記述のように、これは小さなシロイヌナズナでもたいへんな作業なので、変異体を新しく見つけるにあたっては、効率のよい探索法を考案するところが鍵となる。ここの場合は、図にもあるとおり、一目で分かる探索法が使えるので、変異体の探索が簡単で愉しいと言っているのである。

ものを見つけるのは、とても興奮する。

光の下で長く伸びる胚軸を持つ変異体は、光を検出する能力か、それに反応する能力が欠けたものだ。シロイヌナズナのゲノムには、それが変異で活性を失った際、胚軸が光の感受性を失って伸長するようになる遺伝子が、多数ある。そうした遺伝子の中に、光受容体のファミリーをコードする、フィトクロムというタンパク質遺伝子群がある。

フィトクロムは驚くべき性能を持つ。これらの働きは非常に敏感だ。とても敏感に光の質も見分ける。というのも、これらは光にただ反応するだけでなく、特定の光の色、特定の波長の光に反応するのである。進化の過程は、これらタンパク質に、この見事な色感受性をもたらした。

フィトクロムは不安定な形状のタンパク質だ。しかしこれについて触れている暇が今はない。今は自分自身を何とかしないといけない。明日、私はニュージーランドに飛び、ニュージーランド、オーストラリア、シンガポールを訪れる2週間半の旅行に出るからだ。出発を前にわくわくしているが、ここでの物事から引き離されるのは嫌だ。

光
↓

短い正常な芽生えのあいだから、長い胚軸を持つ変異体を見つける。

9月 *September* 301

9月14日　火曜日——シンガポール

　飛行場での1時間は、ロンドンからシドニーへのトランジットだが、飛行機から出られた開放感に満ちている。背後には、大理石を張ったコンクリートとは不釣り合いな、ガラス貼りの三角形をした小さなオアシスがあり、すばらしい木生シダやその他、われらがコタニワタリ*に似たシダの、地面を抱えるほどのロゼットがあふれんばかりに植えられている。香りは甘く、13時間も飛行機の空気を吸った後では心静まる思いだ。

　疲れていたが、とてもいい気分だった。むしろ興奮を愉しんでいた。まさに赤道を越えようとしている（初めてだ）。それに読書の機会があるのは、中断されることなく読書することができるのは、素晴らしい。私はウイリアム・ゴールディング*の「海の三部作*」、19世紀初頭に彼がイングランドから対蹠地（たいせきち）*に向けて旅したという設定の、フィクションを読んでいるところだ。私の旅と、その記述とのあいだの大きなコントラストのおかげで、観賞が深まった。ここには多くの生命がある。それにシダたちは私を回復させてくれた。

　私の旅の目的は2つ。第一は、ニュージーランドで共同研究者と会うこと。2つ目は、オーストラリアで開かれる大きな国際会議で「基調」講演をすることである。

9月15日　水曜日

フィトクロムについて

　ニュージーランドへ向かう飛行機で寝ていた。寝ているあいだ、夢を見た。ノーフォークでの静かなある日のことだ。

*コタニワタリ：原文はHart's-tongues。8月16日の訳注を参照。

*ウイリアム・ゴールディング：William Golding（1911-1993年）。イギリスの作家。『蠅の王』1954年が有名。

*海の三部作：Sea Trilogy『To the End of the Earth』のこと。『Rites of Passage』1980;『Close Quarters』1987;『Fire Down Below』1989からなる。

*対蹠地：地球の正反対側にあたる2つの地点。日本にとってはアルゼンチン。

弱い陽射しの中、私は自転車で仕事に行こうとしていて、空はとても高く感じられ、雲はわずか、最も高いあたりに霞のような平らな層があるだけだった。そこの谷底には、ボウルに入ったミルクのような霧の層があり、表面は平らで、私はその中に自転車ごと突っ込んだ。突然、剥き出しの腕が冷たくなった（シャツの袖はまくってあった）。上を見上げると、空は依然として青かったが、灰色がかり、木目状の煙が加わっていた。

　目覚めてから私は、セント・メアリーの墓地の地表にあるシロイヌナズナの芽生えを思い返してみた。太陽とシロイヌナズナの芽生えとを繋ぐフィトクロムについて。そして、芽生えそのものを太陽の1つの層と考えるアイデアについて。こうした思考は私の状況にどこかぴったりだ。つまり地表から何千フィートも上に浮かんだ、金属の空洞に支えられている生命にとっては。

　フィトクロムは、クロモフォアという小さな分子が結合したタンパク質である。タンパク質にクロモフォアが結合することで、素晴らしい性質を持った構造ができる。この構造は光子（光エネルギーの単位）を吸収できる。太陽光のエネルギーをとらえ、フィトクロムをして光受容体としているのは、まさにこの性質、この能力なのだ。この構造は光を検出し、その情報を細胞の他の部分に伝える。伸長中の胚軸では、フィトクロムによる光の検出は、細胞伸長の阻害という結果を生む。だからフィトクロムを欠く変異体では、光の下で育てても胚軸が長くなるのである。

　フィトクロムは2つの異なった状態、つまり「活性化」し

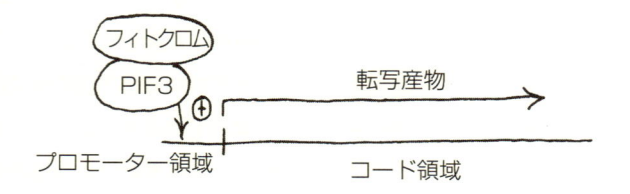

フィトクロム−PIF3による遺伝子の活性化　活性化型フィトクロムとPIF3タンパク質の複合体は、遺伝子のプロモーター領域に結合し、その遺伝子のコード領域の転写（mRNAへのコピー）を促進する。

生えたちの成長と、太陽とを繋ぐ鎖があるということだからだ。太陽は光を放ち、光は芽生えたちの上に降りそそぎ、フィトクロムが活性化され、細胞質から核へと移動し、PIF3と複合体となり、フィトクロム−PIF3複合体は特定の遺伝子群のプロモーター領域に結合し、遺伝子発現が変化し、植物の成長が変化して、芽生えの胚軸伸長が阻害される。

　セント・メアリーの出たばかりの芽生えたちのあいだで胚軸の長さが異なり、タンポポの葉の下に育っている一個体が他のものより長いのは、その葉による被陰で説明できる。つまり、光が弱いことで、フィトクロムの活性化が低く、そのため成長抑制が弱いというものだ。しかしそれだけではない。太陽光がタンポポの葉にあたると、一部の光は反射し、一部は吸収される。残りの光は葉を通り抜けて、その下の芽生えに届く。もちろんこの影になっている芽生えは少ない光しか感知せず、結果としてより背を伸ばすことになる。しかしその芽生えが感知する光は、タンポポの葉を通り抜けたことによる強度と組成の変化をもモニターされている。葉はフィル

ターである。葉の細胞はある波長の光を、その他の波長のものよりよく吸収する。特に赤い光は、遠赤外光よりもよく吸収される。そのため、タンポポの葉を通り抜けることでフィルターにかけられその下の芽生えに届く光は、遠赤外光の比率が高いものとなっている。遠赤外光は活性型のフィトクロムを不活性化する。活性レベルの低いフィトクロムは、胚軸成長の阻害程度が低く、それはひいては長い胚軸を生むというわけだ。

　自然選択圧の力の、はっとさせられるような実例である。フィトクロムは、他の植物の影になった部分の成長を促進するメカニズムを作っている。日陰から日向への成長を可能とするわけだ。世代の継続がかかった光の受容を、改善するものである。必要なことに対して見事に適応したシステムだ。他の植物の陰に特徴的な光の質を感知する特別な能力である。

9月17日　金曜日
——ニュージーランド／パルマーストン・ノース[*]

＊パルマーストン・ノース：Palmerston North

　素晴らしい風景だ。しかし私は疲れていて、心理的な距離感があるため、この瞬間に景色と正面から向き合うことができない。休憩中、気がつくと、昨年の今頃、ノーフォークで過ごしたある1日を思い出していた。子どもたちといっしょだった。光と陰の1日だった。陽光と雨の。激しい雨を含んだ小さな雲が風で運ばれ、積み上げられ、1つまた1つとやってきては、雨で地面をびしょぬれにし、その合間の暑い陽射しに湯気を立てた。

私たちはブラックベリー摘みをしていた。トゲだらけの枝はベリーでいっぱいだった。緑のもの、紅いもの、紫のものがあり、中には、はち切れそうに太って、黒々と光っているものもあった。中にはすでにしぼんで乾いているものもあり、その上では青蝿がひなたぼっこをしていた。スズメバチたち。私の指についた紫の染み。そして紫色の記憶は、記憶をさらに遡らせる。カルーナ*が見える。私が父とヨークシャーの荒野を歩いている。ずっと昔だ。強風が吹きすさぶ午後だった。雲は低く、灰色で、陰気で、威圧的だった。私はというと、8才か9才の子どもだった。父と私は射撃場に逃げ込んでいた。吹きさらしの茶色い風景の中、何マイルも歩いた後だった。磨石硬砂岩の道沿いの、泥炭と砂の広がり。驚いたライチョウが、何度となく、しわがれ声とともに飛び上がる。

　歩き始めは私も興奮していた。父と二人だけでそんな冒険に出るということで。その光景に、荒野に、天気に、カルーナと枯れいくシダの茂みの色と匂いとに感受性をかき立てられていた。風に逆らって歩くという挑戦を大いに楽しんでいた。しかし、長時間歩くにつれ、自分の心が外界から離れていくのを感じた。私は内省的になり、足が痛むのに気を取られた。不安が湧き上がる。もっと遠くまで歩くのだろうか？それほど自分は強いだろうか？漠とした苛立ち。それから、射撃場の線と小道とが交差したところで、父が、いっしょにしばらく避難し、昼食を取らなくては、と言った。父は私をレインコートで包み、風を避け、サンドイッチを1つ渡してくれた。私はそれにかぶりついた。唾液腺の周りの筋肉に、強い収縮を感じた。パンの塊は甘かった。

＊カルーナ：原文はheather。8月17日の訳注を参照。いわゆるヒース群落を作って広がり、花は紫色なので、この連想にいたったのだろう。

しばらくのあいだ、私は口の中に広がる甘さの他、ほとんど何も感じていなかった。しかしその後、私は気分が明るくなってきたのを感じた。周りに注意を向けると、眼前に、射撃場の壁に開いた穴を通して、緑の谷が広がる景色を見ることができた。イメージはより鮮明になってきた。より明確に。私は興味を抱いた。谷の中の家から家へと、線をたどっていくと、たくさんの繋がりがあった。

　眼下の畑、乾いた石壁で囲まれた畑を見つめていると、それらは別々の国々、それぞれ独自の暮らしをはぐくむ国々となった。私は聖書の中の話、イエスが高い山の頂から、大地の国々を眺める話を思い出した。甘さは今、心の中にあり、私は幸せで、吹きつける風、荒野の厳しいまでの壮大さ、下の谷間の暖かな緑を愉しんでいた。太陽と大地と雨からコムギへ、コムギから小麦粉へ、小麦粉からパンへ、デンプンから糖にそして舌へ、内腑と脳へ、舌、内腑、脳から心へ。我が日々のパンよ。

9月19日　日曜日

——ニュージーランド／パルマーストン・ノース

　私がここに来ているのは、DELLAタンパク質群の研究計画について、どう共同研究をするか話し合うためだ。

　この地にいることで、この2、3日のあいだにも私の興奮は高まってきている。その興奮は、混乱した感覚で強められた。いきなり初秋から春に投げ込まれたからである。どこもかしこも子羊だらけで、ラッパスイセンだらけだ。部屋の窓からは、そびえ立つような落葉樹の、寂しげな、裸の枝々が

見える。何もかもまばらなのは、何よりもショックだった。ほんの数日前には、私は、晩夏の華麗さを体験していたのだから。

しかし、旅は世界が1つだという考えをより強くしてくれる。昨夜は、突然、世界を見る私たちの最も基本的なアプローチには、たとえばわれらが数学の場合のように、ある部分を他から切り離す*というものが含まれていることに、考えが及んだ。私たちはものを数えるとき、番号1から始める。その結果、その数えられたものを、ただちに他のすべてから切り離すことになる。確かにこうした分割や仕分けといったことすべてのせいで、私たちは、世界を他ならぬある特定の見方で見るようになっているのに違いない。近づいてみれば見るほど——何かを特に注視すればするほど——私たちは世界を1つのものとして見ることがなくなっていく。

それともちろん、私は新しいシロイヌナズナの芽生えたちがどうしているかが気になった。その小さな根は土に入り込み、1インチずつでもここ、私のいるニュージーランドに近づいているだろう。

*他から切り離す：このことの基本性、重要性については、2月13日のアリスの話にも出てきた。
11月15日ではこの考えが発展する。

9月21日　火曜日——キャンベラ

光屈性について

シロイヌナズナの芽生えは、いくつか異なるタイプの光受容体を使って光を検出する。フィトクロムの他に、別のクラスの光受容体として、フォトトロピンがある。フォトトロピンは植物が、光の方角に曲がることを可能とさせている。

フォトトロピンは細胞の外膜に存在する。フィトクロムの

光 →

正常な株　　phot変異体

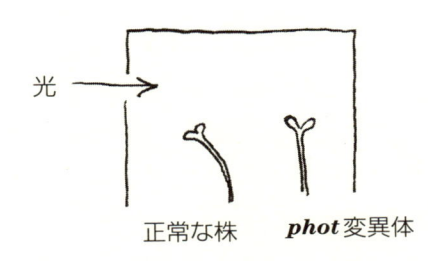

正常な芽生えは光に向かって曲がる。phot変異体は、フォトトロピン光受容体を欠くため、光の方角へ曲がることができない。

ように、これも光を吸収する分子である。フォトトロピンは2つの異なる領域からなる。光を吸収する領域と、シグナルを発する領域だ。光を吸収する領域は、ちょうどフィトクロムが特に赤い光に親和性があるように、青い光に特に親和性がある。青い光はフォトトロピン分子を活性化するのである。

　フォトトロピンのシグナル領域は酵素の性質、リン酸化酵素の性質を持っている。これは、タンパク質の中のアミノ酸、特にセリンやスレオニンにリン酸基（リン原子といくつかの酸素原子からなる）を足す能力があるということだ。フォトトロピンの光を感知する領域は青い光を吸収すると、その形が変わる。この変化がシグナル領域を活性化し、セリンかスレオニン残基のリン酸化をもたらす。これはフォトトロピン自身のリン酸化（自己リン酸化）であるとともに、おそらく他の（未同定の）タンパク質のリン酸化であろう。この出来事に続く連鎖反応は知られていない。しかしフォトトロピンによる青い光の感知が、光屈性（植物器官の、光の方角に対する屈曲）を招くということは分かっている。私たちはこの

ことを、フォトトロピンを欠くシロイヌナズナ変異体の研究によって知った。正常な芽生えを、壁にピン穴を1つあけた暗箱に入れてみると、その胚軸は、その穴から差し込む光に向かって曲がる。これは適応的な反応である。こうすることで植物は成長に必要な光を探すことができるため、自然選択は、芽生えがこうした反応を起こすようにさせてあげたのだ。フォトトロピンを欠く変異体はこれができない。彼らの胚軸はまっすぐ伸び続ける。その欲する光を感知することができないのだ。

9月26日　日曜日──シンガポール

　シンガポールは気まぐれな気候だ。暑い。陽光、そして突然の激しい雨嵐。すごい速さで落ちてくる水の重い粒、稲妻のジグザグの光路。気候が私の精神状態を反映している。日周期の乱れのせいで気まぐれになっているのだ。「海の三部作」と共通するものがある──世界が回るその縁にあって、ラリった騒々しいパーティー、悪臭がして軋み音を立てる船の上の人々の、奇怪でばらばらな状態。

　昨日は熱帯雨林にいた。蒸し暑い。巨大な、緑に広がる葉。陰。何というエネルギー……鳥のさえずりにも。いろいろな高さの金切り声。そうした音に重なって、織り込まれるように、林冠に隠れてほとんど見えない鳥たちの揺れるような声が聞こえる。巨大な昆虫たち──赤ん坊の拳ほどもある蟻、蜂。オレンジやブルーの──蝶。銅色の、三角形をした羽のトンボ。みなすべてが1つのものとなり、強い光と高温のせいでスピードアップし、豊富な水ではぐくまれた生命の激流

という感じがする。蒸気機関の肉体を持つ生命だ。

　生命の相互依存は、熱帯雨林ではとても明確に見える。植物の集合体は押し合いへし合いし、互いに巻きついている。つる植物や葡萄性植物は侵入し、つかみかかり、抱擁している。植物自身の中にある連結性の反映*だ。細胞の中の連結性。私たちの研究グループが最近考えるようになったまさにそれにあたる。２００３年に私たちが経験した研究の大きなブレイクスルーは、内的な連結の発見だった。何かは分からないが、何かがそこにあるはずだと私たちは疑っていた。

　それ以前に私たちは、植物の成長にDELLAタンパク質が関わるという解釈に達していた。しかしその説明はほんの部分的なものだった。植物には、成長率に影響する他のものもあることを、私たちは知っていた。内的な要素、たとえばジベレリン以外の植物ホルモンだ。それら他の因子が、DELLAタンパク質群と関係するのか、するとすればどう関係するのかを知らなかった。端的に言って、私たちはDELLAタンパク質群が本当に、成長の制御にとって根本的なシステムなのかどうかを知らなかったのである。

　このことについて私たちは、長いあいだ悩んでいた。その問題は特に難しい１つだった。その重要性は明確であったが、それを解くのは簡単でなかった。前に進む道が見つけられなかった。DELLAタンパク質群が他の何かに繋がっているという仮説を、明確に疑いなく検証する実験が１つもなかったのだ。しかし私たちは、そうであるはずだと思っていた。DELLAタンパク質群は、植物の生の他の面にも繋がっていない限り、進化し得なかったはずだ。

*植物自身の……反映：熱帯の森における植物間の相互の関係は、非常にシビアなものであり、光を求めての熾烈な争いだ。つる植物は他の樹に取りつき、巻きつき、それを足場にして、いち早く太陽の方、天高くに背を伸ばす。その結果大きくなって、挙句には土台の樹を絞め殺してしまう、いわゆる絞め殺し植物の例は有名である。ここには、著者が以下に述べるような関係とはずいぶん違う、生存競争の関係が見える。

それから、私は1つのアイデアを得た。1950年代に行なわれた実験について書いた本を読んでいた。ジベレリンを欠損した矮性のエンドウの植物体を使った実験だ。通常、こうした植物はジベレリンに対して素早く反応する。ジベレリンを与えられれば、その茎は速やかに伸長を始める。この伸長に関わる領域は、シュート頂分裂組織のすぐ下にある茎の節間である。私の読んだ実験は、ある予想されなかったことを示していた。もしシュート頂分裂組織を除去してしまうと、ジベレリンはもはや、これらの茎の節間の伸長を促進しないというのだ。したがって、ジベレリンによる茎の成長は、実際に分裂組織が成長をするわけではないにもかかわらず、シュート頂分裂組織の存在を必要としているのである。

　オーキシンという植物ホルモンは、植物の茎の先端から根の先に向けて流れている。このオーキシンは、ほとんどがシュート頂分裂組織でつくられているので、この分裂組織を除去するとその流れも減少する。このオーキシンの流れの減少が、ジベレリンに対する茎の節間の反応を弱めたのだろうか？ 矮性のエンドウを使ったさらなる実験から、この疑問に答えることができる。そのシュート頂分裂組織を除去した場所に、純粋なオーキシンを与えてみると、ジベレリンに対する茎の節間の成長反応は回復した。したがって、ジベレリンの成長促進を許可するのは、分裂組織に由来するオーキシンなのである。

　私は、この実験のことを何年も前から知っていたが、それを記述した本を読み返してみるまでは、その重要性が本当に分かってはいなかった。その実験は半世紀ほども前に行なわ

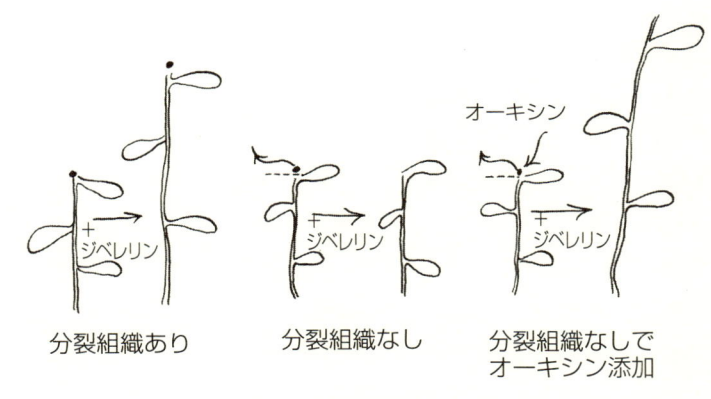

分裂組織あり　　　分裂組織なし　　　分裂組織なしで
　　　　　　　　　　　　　　　　　　オーキシン添加

ジベレリンは、無傷の状態の矮性エンドウのシュートの成長
を促進する（左）が、シュート頂分裂組織を欠く場合はそれ
ができない（中央、分裂組織は黒い点で表現してある）。ジベ
レリンに対する反応は、シュート頂分裂組織の代わりにオー
キシンを与えることで回復する（右）

＊図について：この図
では、エンドウの葉の
形は極端に単純化して
表現されている。これ
はエンドウだけの現象
ではなく、一般性があ
るため、著者はこの図
でエンドウらしさを表
現しなかったのだろ
う。

れたもので、DELLAタンパク質群については何も知られてお
らず、ジベレリンがいかにしてDELLAタンパク質群による
抑制を解除し、植物の成長を促進するかについて、何も知
られていなかった頃のものだ。私たちはこれを追試する必要
があると理解した。DELLAタンパク質群の挙動を直接見る
ことができる形で、追試しなくては。追試するのに必須な材
料を私たちは持っていた。GFP-DELLAを発現する植物だ。
その植物の根は、強力な実験的モデルとなるだろう。なぜな
ら、根は色を持たないために蛍光を透視して見ることができ、
GFP-DELLAの存在を追跡できるからだ。それに私たちはす
でに、ジベレリンがこうした植物の根からGFP-DELLAの消
失をもたらすことを知っている。したがって、私たちの追試

は、シュートではなく根でやるのがベストだ。しかしまずその前に解決すべき問題があった。

9月29日　水曜日——ノーフォーク

　ついに家に帰ってきた。輝かしい金色の秋の光の中に。金色の線、一筋の光。薄れていく。見続けていたい色だ。葦の葉の上に露が載って、その灰色にアクセントを添えている。この地での興奮が帰ってきた。太陽の光のように強烈な瞬間が。

　セント・メアリーの墓地では、地面にマロニエの実が散らばっていて、中にはまだ、つぶれたトゲのある殻に一部包まれたままのものもある。教会の裏手の放置された一角には、藪がある。墓のあいだに、背の高い草が見える。チシマオドリコソウの類。クモの巣。ブラックベリーの深い茂みが、古い石でできた十字架に絡みついている。たわわに実った黒い実が、束になって垂れ下がっている。

　私のいないあいだに、シロイヌナズナの芽生えは急速に育っていた。それに数も増えて、さらに多くの種子が発芽していた。先に育っていた芽生えでは、対になった子葉のあいだに最初の本葉が明らかに見えていて、速やかに育っているものが多い。分裂組織は、将来ロゼットになる葉をらせん状につくり始めている。すぐに次の葉の始まりも見えるだろう。その他の株はまだ発達段階が若くて、中にはごく最近発芽したばかりのものもあり、まだ子葉だけが開いた状態のもいくつかある。疑いなく、根はその先端で土を掘り進み、潜り込んでいるところだ。

根の成長。私たちが解決しなくてはならなかった問題だ。根では、ジベレリンがGFP-DELLAの消失をもたらすことは知っていたが、それが実際に成長を促すかどうかは知らなかったのである。根の成長調整におけるオーキシンとDELLAタンパク質群との関係が何なのかを決めるために根を使うとすれば、この疑問に答えなくてはならなかった。そこで私たちは簡単な実験をした。ジベレリン欠損のシロイヌナズナの変異体の根を、正常な芽生えのそれと比較したのである。

　その結果、ジベレリン欠損の芽生えの根は、正常な芽生えの根より短く、変異体の根にジベレリンを与えると、正常な成長がもたらされることが明らかになった。そう、したがってジベレリンは、根の成長をまさに制御するのである。まあ驚くことではない。しかし次に続く実験はこの事実なしには成り立たない。

　もしジベレリンが根の成長を制御するとすれば、それは、DELLAタンパク質群のGAIやRGAの効果を打ち消すことによるのだろうか。シュートのときと同様に？　この疑問に答えるため、私たちは次の実験を行なった。するとGAIやRGAを欠きジベレリンを欠損する芽生えの根は、正常な植物と同様に伸びることが分かった。したがってジベレリンは、DELLAタンパク質群のGAIやRGAによる成長抑制を解除することで、根の成長を促進するということになる。これもまた、驚く点ではない。茎はシュート頂分裂組織からつくられる細胞により成長する。しかし茎の成長は実際には、多くは分裂組織の下にある茎の節間にある細胞の分裂と伸長によってもたらされる。同様に、根の成長は、根端分裂組織からもたら

ga1-3

正常　　　　　　　　GAIとRGAを
　　　　　　　　　　欠く*ga1-3*

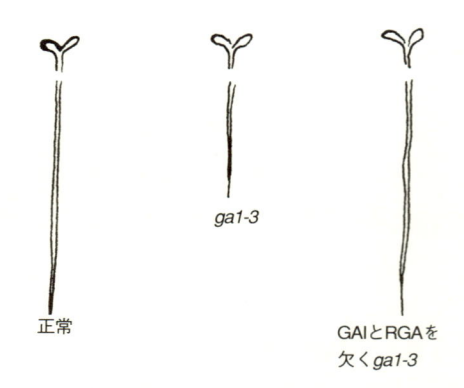

ジベレリン欠損をもつ*ga1-3*変異体の芽生えの根は正常な根より短いが、GAIとRGAを欠くと、*ga1-3*の根の成長は回復し、正常に戻る。

される細胞によって起きるが、根の成長そのものは、ほとんどが、根端分裂組織のすぐ上にある伸長帯での細胞の分裂と伸長*によっている。したがって、これらの現象に共通のしくみがあるという事実、ともにDELLAタンパク質群によって制御されているという事実は、驚きではない。しかし私たちはこれを知る必要があった。

　ではオーキシンの流れとは何か？　これもまた根の成長を制御しているのか？　説としてはそうであるべきだ。しかし私たちの知る限り、誰もそのことを実際にテストしたものはいない。そこで、私たちはとても簡単なことをやってみた。シロイヌナズナの芽生えを用意して、その先端を切ってみたのである。シュート頂分裂組織を切り取った。

　その結果は明確だった。シュート頂分裂組織を欠く芽生えの根は、正常な芽生えよりも短かった。そして除去されたシュート頂分裂組織の代わりに、純粋なオーキシンを含む液滴

＊伸長帯での分裂と伸長：根の伸長帯では、おもに細胞の伸長が起きていて、分裂はそれほど起きていない。

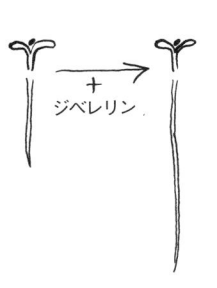

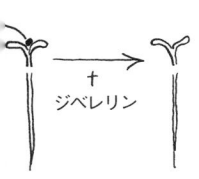

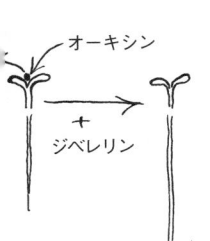

ジベレリン欠損を持つシロイヌナズナの芽生えの根の成長をジベレリンは促す（上）が、シュート頂分裂組織を欠く芽生えに対してはその効果がない（中）。シュート頂分裂組織の代わりにオーキシンを与えると、ジベレリンに対する反応は回復する（下）。

を与えてみると、根の成長は回復した。私たちは興奮した。シロイヌナズナのシュート頂分裂組織から来たオーキシンは、茎から根に向けてずっと降りてきて、それが根の成長を促進するということを、見いだしたのである。植物の、2つの最も離れた極のあいだには1つの連係があるということだ。

　私たちは、1950年代の実験は本質的に、エンドウのシュートにおけると同様にシロイヌナズナの芽生えでも当てはまることを示した。ジベレリンもオーキシンも根の成長を促進する。そこで今回は、シロイヌナズナの根を使って、オリジナルの実験を再現し進めることができる。まずはジベレリン欠損変異体のシロイヌナズナの芽生えを育ててみた。これまでのように、これらの芽生えの根は短かったが、ジベレリンを与えると長く育った。私たちの実験は、この根の成長反応次第であった。シュート頂分裂組織を除くと、ジベレリン欠損の芽生えの根の成長に、何が起きるだろうか？　ジベレリンを与えさえすれば、彼らは成長し続けるのだろうか？

　私たちは、ジベレリン欠損の芽生えの一部からシュート頂分裂組織を除去し、そのまま2、3日成長させ、それからジベレリンを与えてみた。その後2、3日のあいだ、私たちは根の成長を観察し続けた。やがて、あることが見えてきた。ジベレリンはこれらの根の成長を相変わらず促進するものの、ジベレリンを欠くが無傷の植物の場合よりもその効果ははるかに弱いということだ。そして、シュート頂分裂組織の代わりにオーキシン水溶液の水滴を与えてみると、ジベレリンに対する根の成長反応は回復した。

したがってシロイヌナズナの根の成長は、エンドウの茎と同様の形で制御されているのだ。ジベレリンはいずれの成長も促進するが、それが完全な効果を出すには、オーキシンの存在が必要である。私たちは１９５０年代の実験を発展させることができて、興奮した。ジベレリンとオーキシンの関係が、１つの種(しゅ)の植物の成長に関してだけあるではないこと、この関係がシュートに関してだけでなく根においてもあること、そうしたことを示したのである。しかしいちばん興奮したのは、私たちの関心を今度は、このすべてに関するDELLAタンパク質群の役割に振り向けることができるからだ。DELLAタンパク質群はこうしたことにかかわっているのだろうか？

　私たちの次の実験は簡単なものながら、ジベレリン処理に反応してGFP-DELLAが精妙なしくみで消失することを、示すものだった。GFP-DELLAを発現する芽生えのシュート頂分裂組織を除去し、この除去のせいで、ジベレリンに応答した根の細胞からのGFP-DELLA消失の速度が変化するかどうかを見るというものだ。そして最後に、分裂組織をオーキシンの水溶液の滴で代替することで、GFP-DELLAの挙動が正常に回復するかどうかを見ることにした。

　私たちは効果が見られるだろうと思っていた。オーキシンの流れを止めることでDELLAタンパク質群が安定化し、DELLAタンパク質群による抑制が増して、その結果、根の成長が遅くなるというのは、筋が通っている。私たちの実験で、GFP-DELLAによる蛍光が、ジベレリンに応答して弱まることがなかったら、このことを示すことができる。逆に、

シュート頂分裂組織を除いた芽生えにジベレリン処理をしても、根の細胞の核には、蛍光が存在しているだろう。

　この実験の結果はエキサイティングだった。無傷の芽生えの場合、ジベレリンを投与してから4時間以内には、根の細胞の核からGFP-DELLAは失われた。しかしシュート頂分裂組織を欠く芽生えの場合、それらの核は光り続けていた。そしてシュート頂分裂組織をオーキシン水溶液の液滴で代替した芽生えでは、GFPの蛍光は消えていたのである。

　これらの観察は、植物の成長に対する理解に新たな側面を与えてくれた。私たちはすでに、成長がDELLAタンパク質群で抑制されていることを見いだしていた。それから私たちは、ジベレリンが、DELLAタンパク質群の分解を促すことで、成長を促進するという発見を追加してきた。私たちは今、オーキシンには、ジベレリンによるDELLAタンパク質群の分解を可能にする役目がある、ということを知ったのだ。

　やった。ジベレリンとDELLAタンパク質からなる成長制御系を、オーキシンへと繋ぐリンク、植物の成長制御にとって重要ということが分かっている他のものとのリンクを見つけた。理解の統一に向けた一歩だ。この連係は根においてだけでなく、シュートでも、葉でも、花でも十分あてはまるだろう。それにシロイヌナズナの根、シュート、葉、花だけでなく、他の植物にもあてはまるはずだ。湿地の葦でも。マロニエの樹でも。ありとあらゆる土地の植物でも。

　この発見は、その後、2003年の春に、大きな興奮をもって公刊された*。それは成長についての新たな視点であり、この発見のおかげで、今では見ることができるようになった

＊2003年春に……
公刊された：*Nature*誌の2月13日（421巻6924号）にFu & Harberdの連名で掲載されている。

ものに対し、私は畏敬の念を抱いたうえ、その発見の一部を担ったことに対しては、たいへんな幸運を感じたものだった。しかし、ほんの数カ月前まで私は十分理解しないでいたが、２００３年の秋から２００４年の春にかけて私は苛立ちを抱えることになった。それというのも、私たちの発見は、植物の成長をもたらす隠れた内的要素間の連係を明らかにはしたものの、それらがそれ自身、植物の外界とどう繋がっているのかについては、何も語らなかったためだった。

　しかし今や、私たちは動き始めた。この数カ月の実験で、この苛立ちは解消した。そしてこの２、３週間で、私たちは大きな進歩を得たのだ。

１０月２日　土曜日

　秋が深まっていく。気温が下がってきた。太陽も低くなった。ものの質感は鮮明に浮き彫りとなって感じられ、影は斜めになった光で長くなった。

　科学は世間一般と同様に気まぐれで、流行を追いやすく、次の大きなテーマを求めて移ろう。重要な進歩は、他の発見が脚光を浴びているがために、何年も日の目を見ないことがある。再発見によって、あるいは最初の研究に気づかずに科学者が追試をすることで、その真の価値が認識されるまで。真の展望が開けるには、つまり世界の見方が本質的に変化するような、主要な進展が実際に認められるまでには、何年もかかることがある。それに、すでに確立したはずのことがら

でさえ、しばしば見直しを迫られるというのも、科学的進歩の過程の一面だ。あるいは、より新しい見方によって一掃されることさえある。

１０月３日　日曜日

　オレンジの色が点々とあるいは塊となってどんどん広がっている。オーク樫は、葉むらが黄色や褐色に変化しつつある――まだ緑の葉に混じって、弱ってきた葉が垂れている。セイヨウボダイジュにも同じような塊が見られる。しかしこちらはより暗褐色がかり、より乾いてしわくちゃで、もう枯れているように見える。それから昨日見た１本のナナカマドの樹などは、全身、赤橙色の塊のようになっていた。季節が速やかに進んでいるのを感じる。斑点状だった色が足早に溶け合いつつある。

　風は木々を揺すり、光がそれとともに動いている。薄いブルーの空に、塔の形をした雲が１つ浮かんでいる。天気予報では、西から嵐が近づいているという。夜には風が増し、ひどい雨となるだろう。しかし今は、寝室の白壁に反射した陽射しが、眼にまぶしく、心の中にまで届いている。

　あとでセント・メアリーに行こう。地中に伸びる根のイメージはとても優美だ。これについて春に書いたことを思い出した。しかし最近、私たちは重力屈性の実験を行なっているので、今、そのときよりもさらに詳しくなっている。

　根の成長の速度と方向は、さまざまなことに影響される。重力は重要な役目を果たす。私たちがごく最近行なった実験の結果、今では重力屈性のしくみを、より詳細に、より深い

*オルガネラ：細胞の中で形態的、機能的に独立した構造を指す。核、ミトコンドリア、葉緑体、液胞などがその例。アミロプラストは葉緑体と同じく色素体の一種で、デンプンを貯める。

形で記述することができるようになった。アミロプラストという、比重の高いデンプンで満ちたオルガネラ*のことや、根の位置が変化したときにアミロプラストが移動するしくみを使って。

アミロプラストの移動は、根の成長の方向をどのように変化させるのだろうか？ すでに、オーキシンが関与していることが分かっている。オーキシンはシュートや根の中心維管束を通って下に降り、根端にまでやってくる。ここに来てオーキシンは、噴水のように折り返し、皮層の外側の細胞やそれを囲む表皮を通って戻っていく。こうしてオーキシンは、細胞の伸長（分裂ではなく）によって根の成長が起きる場所、根の伸長帯に達する。この伸長帯こそは、オーキシンが細胞伸長の度合いを調整することで、根の成長を制御する場なの

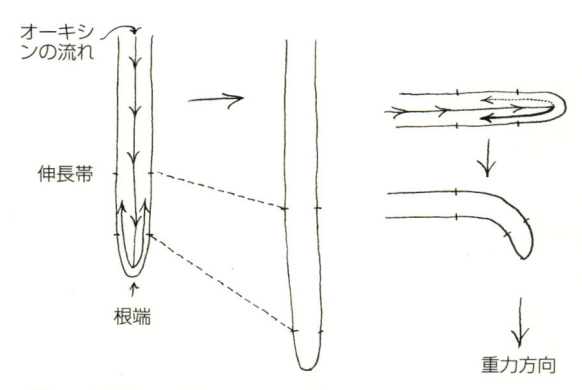

地面に垂直方向に成長している根では、オーキシンの流れは根の中心維管束を降りていく。それから折り返し、根の周辺組織で均等に側面の成長をもたらす（左）。根を地面に平行に置くと、折り返し点で、オーキシンの流れは不均一になり、根の上の面に比べ、下の面に多く流れるようになる。その結果、根の下の面の成長が上の面に比べて阻害され、根はカーブする（右）。

だ。

　根が重力の向きにしたがって下に伸びているとき、折り返しのオーキシンの流れは均一である。しかし根の位置が変化して、アミロプラストの移動が生じると、オーキシンの流れは変化する。どうしてアミロプラストの移動がこうした変化を引き起こすのか、正確なところは不明だが、根の（新たな）上側の面へのオーキシンの流れが減少し、（新たな）下側の面への流れが増大することが知られている。

　オーキシンは、通常の濃度では根の成長を促進する。しかし高濃度のオーキシンは実際には阻害効果を示し、根の成長を遅らせる。これこそが、重力刺激を受けた根で起きていることだ。根の上側の成長が続いている中、（新たな）下側のへのオーキシンの流れの増大は、その側の根の成長を阻害する。その結果、根は重力の方向に戻るようにカーブするのだ。

　私たちはすでに、正常なまっすぐ伸びている根では、オーキシンがDELLAタンパク質群の安定性に影響することで成長を促進していることを、見いだしている。同様のしくみは重力屈性にも関与しているのだろうか？　オーキシンが重力屈性の駆動力の一部なら、DELLAタンパク質もまたその１つなのではないか？

　ひと月かそこら前に軽く触れた重力屈性の最初の実験は、このアイデアに対する簡単なテストだった。そのときの私たちの結論は、重力方向の変化に合わせて正常に反応するうえで、シロイヌナズナの根はDELLAタンパク質群を必要とするというものだった。推察するに、重力刺激を受けた正常な根

では、下側にある伸長帯の細胞へのオーキシンの蓄積が、DELLAタンパク質群の働きを介してそれらの細胞伸長を阻害するのだろう、と考えたのだ。DELLAタンパク質群のほとんどを欠く変異体の根では、こうしたことは起き得ない。

　しかしそのとき私たちは、他の解釈もあることに気がついた。何にせよ、正常な植物と、DELLAタンパク質群を欠く植物とで、オーキシンの流れ方に違いがないという証拠が私たちにはなかった。DELLAタンパク質群は、それ自身がオーキシンの流れに影響するのかもしれない。もっとテストする必要があった。それにまだもう1つ謎があった。以前私たちは、まっすぐ伸びているときの基本的な根の成長は、シュート頂分裂組織からのオーキシンによって促進されることを示していた。しかし今私たちは、曲がりつつある根の場合、伸長帯で下側に位置する細胞に蓄積するオーキシンが、ジベレリンで誘導されるDELLAタンパク質群の分解を阻害することで、成長を阻害すると考えているわけだ。どうしたらそうなるのか？ オーキシンが、DELLAタンパク質群の分解に対して促進的にも阻害的にも働き得るなどというのはあり得るのか？ 今の時点、これを書いているこの瞬間、私たちはこうした疑問を明らかにするための実験を行なっているところだ。

　そして、これはセント・メアリーにある新しいシロイヌナズナの芽生えたちの根に、まさに起きていることなのだ。根は湿った、冷たい土の中に伸びている。ゆっくり進んでいる。その道筋は、今、私が書いたばかりのしくみで保たれている。まるで重力刺激を感じ取るアミロプラスト、オーキシンの折り返しの流れの変化、DELLAタンパク質群の性質の変化（た

ぶん近いうちに何だか分かるはずの……)、そしてその結果としての成長方向の変化といった連続作用が、測鉛線につながれているかのように。重力方向からどんな形にずれたとしても、こうして進むべき方向へと修正されるのである。

１０月４日　月曜日

種(しゅ)について

　予報どおり、昨夜はひどい雨だった。今朝、世界は少しだけ動いた。前より寒い。冷たい風がジャンパーの中に入り込む。空は鉛色と金色で、シンバルを叩いたようだ。真鍮(しんちゅう)色の雨。

　昨日は、ブラックベリーを摘みに行った。アリスとジャックは競って丸籠を一杯にしようとしていた。顔は紫の染みで一杯だ。トゲのひっかき傷だらけ。紫の実が輝いていた。果実を集める収穫の儀式だ。

　ブラックベリーを摘みながら私は、生物学的な思考法ではたいてい、生命を種(しゅ)に分けることを思い返していた。たとえば、私たちは一群の植物をセットにして考える。私たちがオーク樫と呼んでいるセット、セイヨウボダイジュと呼んでいるセット、デイジーと呼んでいるセットがある。それらを分けているものよりも、もっと共通することの方がたくさんあるというのに、それらをセットごとにまとめ、相互の違いに焦点を当てている。そうした区分のせいで、私たちは生命を１つのものとして考えにくくなってはいないだろうか？

　庭にあるセイヨウボダイジュは、夜のうちに多くの葉を失ってしまった。木の下には薄い層となって落ち葉が積み重な

＊種子：この場合は、正確には果実。

っている。種子＊はまだ垂れ下がっている——柄の先に垂れて、ぶら下がった淡黄色の球がそよ風に揺れている。

１０月５日　火曜日

　世界を聖なるものと見なすことに、何か具合の悪い点はあるだろうか？　今朝、私は世界をそういうふうに見た。何も曖昧なことはない。こうした見方を受け入れることで、安心感を得た。そして冷たい世界から切り離された観察者ではなく、世界の一部となることから来る一体感の温かみを得た。しかし、これはただの快適な幻想に過ぎないのだろうか？　安易な解答？　心の中には、もう１つ、反対方向に私を動かそうとする声がある。それは焦点を当てるため、ものをきちんと見るためには、距離が必須だと言っている。こうした対立意見をどうしたら調和させられるだろう？　それにこれらの意見は絶対相反するものなのだろうか？

１０月６日　水曜日

　秋が深まっていく。昼を夜が浸食している。オーケー、私たちは冬に突き進んでいるわけだ。しかし、世界は変わり続けるだろう。私自身は死に近づいている。しかし生は続く。では、何か恐れるものはあるだろうか？　来る冬に向き合って、私は少しでも落ち着きを保とうと思う。そしてそれは、世界が聖なるものだという文脈で考えるとより容易になる。

　アリスは私の進みゆく生活の一部となっている。彼女はDELLAタンパク質について、自分なりの考えを持っている。学校に送っていくとき、私たちはDELLAタンパク質について

ときどき話すことがある。アリスは、そのタンパク質を使って、私たちの庭に日陰を作っている隣家のセイヨウカジカエデの成長を遅くしてほしい、と言ったのだ！

１０月８日　金曜日

DELLAタンパク質群と逆境

　そう、秋は深まっている。朝起きたときの光は弱々しい。毎日、夕闇の訪れは早くなっている。今、午前の中頃で、オレンジイエローの太陽の光が平らに射してきている。静かだ。薄い、平らな雲が空に浮かんでいる。仕事場に向かって自転車をこいでいると、湿地の上にはぼうっと霧がかかっていた。

　昨日、私たちは新たに素晴らしい結果を得た。同時に２つの異なった観察が出たのだ！　私たちの塩ストレスの話に関する最新の進展である。

　私たちの最初の発見からは、成長を抑制するDELLAタンパク質群の機能は、何らかのしくみによって、植物が逆境の際に優勢となる、ということが推測された。そして私たちが行なった最近の２つの実験のうちの１つは、その推測をテストしたのである。昨日私たちは、塩を含む培地で育てた芽生えの根では、GFP-DELLA融合タンパク質の蛍光シグナルが、塩のない培地で育てた根よりもずっと強いことを見いだした。そう、成長を抑制するDELLAタンパク質群は、実際に逆境でより優勢となるのである。その結果、増加した活性が、成長を抑制するのだ。

　しかしなぜそうなるのか？　なぜ逆境に育つ植物は、自ら

の成長を積極的に抑えなくてはならないのか？ 2つ目の実験はこの疑問に答えるためのものだった。そしてDELLAタンパク質群を欠く変異体は、高濃度の塩を含む培地で速く成長するだけではなく、むしろ先に枯れてしまうことを私たちは見いだした。この観察から推察が得られる。今や私たちは、なぜ植物がDELLAタンパク質群を持つのか、分かりかけてきた。これまでは、私の心の奥の、どこかさほど深くないところで、1つの疑問が漂い続けていた。もしDELLAタンパク質群を欠く植物が比較的正常に育つなら、成長の制御の要点は何なのか？ 今や私はこの質問に対する答えを得たと思う。

　DELLAタンパク質群は成長そのものにとって本質的なものではなく、植物に、環境条件に合わせて成長を微調整する手段を与えるものなのだ。これはこれまで私にとって自明ではなかった。なぜなら研究室では、植物はふつう「理想的な」条件で育てられているからだ。外の世界に出たことで目から鱗が落ち、私はDELLAタンパク質群が「適応的な意義」を持つことを示す実験を思いつくことができた。DELLAタンパク質群は、植物が暮らしている環境の気まぐれに対し、植物がその生理条件を適応させることを可能にしているのであり、そのためDELLAタンパク質群を持つ植物は、それらを欠く植物よりも、そうした環境のぶれのもとで生き延びやすくなっているのである。

　今私の心の中では、疑問が沸々と湧き上がっている。おそらく最も大事なのは、いかにしてDELLAタンパク質群は逆境を感知するのか？ 逆境に応答してDELLAタンパク質群を蓄積させるものは何か？ これが、次にテストしなくてはなら

ない点だ。

　逆境の生物学は、セント・メアリーの墓地に育つシロイヌナズナの繊細な芽生えにも当てはまるものだ。秋は近づいている。日々寒くなってきている。雨は周期的に洪水をもたらし、そして乾燥がやってくる。しかし、DELLAによる抑制システムが常にシェルターとなって守っている。周期的な気候変化から、あの芽生えたちを守り保護する。その時々の環境条件に対し、成長の速度を上げたり落としたり、適切に保つものなのだ。

１０月９日　土曜日

　今日はしばらくのあいだ不安な気持ちになっていた。何か間違っているのではないかという恐れがよぎったのだ。科学は真実を露わにしようと試みる。ここで私は、DELLAタンパク質群は植物の成長と、植物が成長している環境との関係で、必須のものだと提案しようとしている。自然界において、DELLAタンパク質群は生き延びるのを助けるということも。大きな主張だ。間違っていることがあり得るだろうか？　疑う理由は何もない、でも疑いは忍び寄ってくる。おかしくらい気持ちが揺れ動いている。

　どうして人は、これほど速く確信から疑問に飛び移れるのだろう。昨日私はエキサイトしていて、肯定的で、新たな発見、生まれたてのアイデアのことで心躍っていた。今日になって不安になり、疑問を発している。私の心のどちらも、思うに科学者として必要な部分なのだろう。それでも面食らうくらい移ろいやすい存在だ。

１０月１０日　日曜日

　ウィートフェンに行った。雲は低く、陽射しは弱かった。空は雲間のところどころに見えた。オレンジの濃淡が植生に広がっている。まるで風味から味へといった移ろいだ。至るところに見え、時としては局所的に広がりつつある大きさになっていた。

　西よりの風が穏やかながら、ずっと吹いていた。林の樹冠でうなり、シュウシュウと言っている。枝から離れた葉は哀しく散っていた。小道から湿地を眺めると、１本のセイヨウカンボク*が木々のあいだから見えた。葉とベリーでできた明るい紅の信号灯。湿地の中の炎の島だ。

　いつものように柳の木の下に腰を落ち着けてみると、水位が上がっているのが分かった。ノートのページが風でぱらぱらとめくれ、蝶たちは去ってしまった。たぶん２、３日前の嵐のせいで、葦は曲がっている。葦の色合いもまた変化した。花序は褐色の鞣し皮色で、もう紫の色味がない。それに毛羽立ってきた。ついこのあいだまで小花であったのが、今や長い、絹状の毛を持った種子を含んで、風にふわふわとしている。種子そのもの*はその毛の一方の端にある暗褐色の小さな点だ。こうした変化は、本当に速く、驚くほどだ。それに葉も変化した。黄色いものも、茶色くなっているものあり、緑は少なくなった。

　湿地の周りを歩きながら、風の震えから、昨秋、みんなで行ったコンサートのことを思い出した。ノリッジにあるセント・アンドリュースのホールで開かれたビバルディの演奏

*セイヨウカンボク：日本にも自生するスイカズラ科ガマズミ属の、カンボクの変種にあたる。果実は深紅で木を覆うほどびっしりと成ることがある。ここはそうした場面だ。

*種子そのもの：正確にはこれは果実。

だ。垂木を渡る風のうなり声とバタバタいう音に抗して、美しい弦の演奏が聴かれた。音楽はドラマチックな、情熱的な流れの表情に富んでいた。劇的なる芸術だった。突然のダイナミックな変化。絵画のような美しさ。薄ら暗いイタリアの風景を彷彿とさせるビジョン、アルカディア*に輝く岩山と木々。陽光のもと輝く遠くの雲。あたりに広がる平穏に、つかの間の脅威を与える遠くの雷鳴のつぶやき。

*アルカディア：古代ギリシャにおける理想郷。

　私には何かが見極められないが、世界を表現する音楽によって引き起こされる反応と、私がこの日記を書くことでつかみ取ろうとしていることとには、どこか、何らかの類似点がある。現象の喜び？　いやそれ以外にもっと何かがある。なぜなら音楽は同時に異なるレベルで存在することができ、異なるスケールで焦点を当てることができる、それに音楽はこうした意味での生命そのものにも似通っているからだ。

　それからセント・メアリーへ行った。墓地を壁のように囲む木々は秋色になりつつあった。葉はブロンズ色に縁取られている。割れて、茶色の種子が覗いているマロニエの実が、いくつもの枝からぶら下がっている。木の下では、地面に、マロニエの実が一面に散りばめられている。シロイヌナズナの芽生えはよくやっている――ちょうどよい温度の中、順調に育っている。私はある不調和に気づいた。秋の雰囲気は薄れつつあり、季節は終わろうとしているのに、この芽生えのフレッシュさは、何と鮮明なコントラストだろうか。

１０月１２日　火曜日

　昨日、私は１日休みを取って、リーファムまで古い路線に

沿って自転車で行ってきた。行きも帰りも陽光がまばゆかった。ノリッジの郊外では、道沿いの林を透かして産業の発展が見える。じめじめした運河、製薬会社からの悪臭。それからドゥレイトン*やソープ・マリオット*を抜けると、景色はさらに田舎らしくなっていった。森は広い耕地で分断されている。灰褐色の刈り株の群れが、太陽の熱を顔に反射する。湿地帯や葦原はリーファムまで何マイルも続いた。ランチを取り、1パイント*ほどビールを飲んで、家に戻った。

　道すがらずっと、オレンジ色と褐色が、緑だった空間を浸食し折り重なるように広がっていた。紅色は、ほとんどが野生のバラの実やセイヨウサンザシの実だ。光り輝くベリー類はいっしょになって、遠目にはひとかたまりの色彩、朱色の茂みとなっていた。荘厳ですらある。昂揚させられる。これらすべての下、来る暗黒のことを思うと、なぜか、ぞくぞくする感じが強くなる。

　私は、宇宙の中心をどこと見るのか、思いを馳せてみた。コペルニクス以前には、それは地球だった。コペルニクスの後では、それは太陽だった。今、それがどこにあるか知っている人がいるだろうか？ しかしたぶん、中心というものは概念的には重要なものだ。おそらくそれは、私たちの考え方にとって中心的なものを規定するだろう。そして私はふと、以前の見方、地球を中心と見なすやり方に戻るべきではないと思う。所詮地球は私たちの宇宙の中心なのだから。星々は遠い。

*ドゥレイトン：Drayton

*ソープ・マリオット：Thorpe Marriot

*1パイント：570cc。

１０月１８日　月曜日

DELLAタンパク質群はマイクロRNAを制御する

　色彩はますます鮮明になっている。今朝、靄(もや)のかかった空のもとサイクリングしていて、ピンクの、チェリーレッドの、茶色の、それにオレンジ色などの葉を見た。

　それと秋には、何か記憶を刺激するものがある。昨日の夕方、暮れなずむ頃、ランニングに出た。遠くの人影や、移ろう木の葉のあいだに瞬く街灯を見るうち、私にある特殊な瞬間が訪れた。その瞬間の完全性には何かがあった。視野の映像が、朽ちていく葉の匂いと相まって記憶を掘り起こし、子どもだったときの１枚の映像、秋のある夕方に母と手を繋(つな)ぎ、半ズボンをはいて、膝はかさぶただらけの、私の姿を浮かび上がらせてきたのだ。

　ここ数日というもの、このノートを手にしていなかった。単にやることが多過ぎたからだ。今日の私の仕事の日誌には、予算申請書を書くこと、原稿の審査、論文の執筆が記されている。そう、あの塩ストレスと成長の論文や重力屈性の論文のことをまだ考えている。この２つは簡単にはいかない。

　しかし今日、私はちょっと他のことを考えていた。塩ストレスや重力屈性のことと平行してやっている、あるプロジェクトのことだ。私たちは、生物学的な理解に関する最近の革命に、DELLAタンパク質群を結びつけるような、興奮すべき新発見をしたのである。

　一般に、遺伝子はmRNAに転写され、そのmRNAはタンパク質に翻訳され、そうしてそのタンパク質が機能を示す。遺伝子の活性を調節する１つのやり方に、細胞の中の当の

mRNAの量を制御する方式がある。低レベルのmRNA量はタンパク質の量を下げ、高いレベルのmRNA量はタンパク質の量を上昇させる。

　最近の革命とは、新しい種類の、マイクロRNAと呼ばれるRNAがmRNAの量を制御するという発見のことだ。マイクロRNAは非常に短いRNA断片で、たった２０か２１ヌクレオチド＊ほどの長さしかない。遺伝子（実際はアンチ遺伝子と考えるべき遺伝子だ）にコードされており、その存在はほんのつい最近になって見いだされたものである。これらマイクロRNAは、特定のタンパク質をコードする（それよりずっと長い）mRNAの中のある領域に対して相補性がある。相補性というのは逆向きという意味で、マイクロRNAの配列が、mRNAの配列に対して塩基対として結合できる形になっている（ちょうど、DNAの二重らせん分子が互いに塩基対で結合するのと似ている）ということだ。その結果、長い一本鎖のmRNA分子はどこかその中間あたりで、短い二重鎖になることとなる（mRNAにマイクロRNAが結合するためだ）。細胞には二重鎖のRNAを破壊する酵素の複合体が含まれているので、二重鎖RNAは（二重鎖のDNAと異なり）たいへん不安定である。この複合体は、防御応答として進化した＊ものと考えられている。これによって細胞は、多くの場合に二重鎖RNAの形を取る感染性ウイルスを、破壊することができるのである。しかしこのメカニズムは、遺伝子の制御方法ともなった。植物のmRNAに相補的なマイクロRNAの進化は、それらmRNAの破壊を可能とし、ひいてはmRNAの量の制御も可能としたのである。

＊２０か２１ヌクレオチド：A、U、G、Cといった塩基の数で２０−２１個程度という意味。生物によってこの長さは若干異なる。

＊防御応答として進化した：必ずしもそうではなく、もともと遺伝子調節の１つの方法として進化したしくみが、１つには病害防御に、１つには発生や分化の制御に、それぞれ用いられるようになったと考える研究者も少なくない。

私たちの場合、シロイヌナズナにも、GAMYBと呼ばれるタンパク質をコードするmRNAにほぼ完全に相補的な配列を持つマイクロRNA（miR159と呼ばれている）があるということを、最近論文で読んだ。GAMYBは転写因子である。ジベレリンによって制御される遺伝子群のプロモータ領域の特定のDNA配列に結合し、結合の結果として、その発現（mRNAの転写）を促すことが知られている因子だ。新たに発見されたマイクロRNAは、GAMYBの活性を制御するものなのだろうか？

　ほんのここ２、３週間に私たちは、miR159が実際にGAMYBをコードするmRNAをターゲットにすることを、見いだしていた。１つの細胞にmiR159とGAMYBのmRNAとが共存すると、その２つが相補的な部位でmRNAは切断されてしまう。加えてmiR159の配列は、さまざま異なる植物種にも見つかる。シロイヌナズナ、タバコ、それにオオムギからさえも見つかるのである。これらの植物は、共通の祖先を持っていたとはいえ、何百万年何千万年*ものあいだ、異なる道筋をたどって進化してきたものだ。それらが共通の配列を持っているとすれば、この配列は概して植物の生活にとって重要な何かをしているはずである。そう、miR159は植物の生にとって、普遍的かつ重要な役目を果たしていると期待できる。

　そして今や私たちは、植物の中でのmiR159の量が、ジベレリンによって制御されていることを見いだし、大いに興奮しているところだ。ジベレリンは、DELLAタンパク質群によって抑制されているmiR159の量を回復させることにより、これを制御するのである。DELLAタンパク質群がマイクロRNAの

*何百万年何千万年：この３者の中で最初に分岐したのは単子葉類で、分子系統学的解析から、約１億４０００万年前のことと推定されている。

レベルを抑制するという可能性は、これまで私たちがまったく考慮していなかったことだけに、実際にそうであるという発見は、思いがけないものだった。驚きの源だ。この観察で特にエキサイトさせられるのは、これが最初の発見だという点だ。植物のマイクロRNAの量が、1つの植物ホルモンで増大するという、最初の発見なのである。

それだけでなく、miR159はある種の「ホメオスタシス」制御*をもたらしている。ジベレリンはGAMYBのmRNA量、*GAMYB*遺伝子の転写を増大させることがすでに知られている。今私たちは、ジベレリンはmiR159を介してGAMYBのmRNA分解を促進することにより、GAMYBの活性を抑える働きも持つことを見いだしたのだ。活性の促進と抑制との微妙なバランスが、最終的なGAMYB活性のレベルを規定しているのである。

これはすべて素晴らしい発見だ。しかし、まだ大事な疑問が残されている。発生上の機能は分かったのか？ 果たしてmiR159が、植物の成長と発生に何か実際に影響を与えることを示すことはできるのか？ これらの疑問に答えるために、ここ数日、私たちはmiR159のレベルが上昇した植物を作成していた。非常に活性の高いプロモータ領域を使ってその発現を動かすことにより、正常な植物よりもmiR159のレベルが高い植物を作る*のである。期待どおり、miR159の高発現はGAMYBをコードするmRNAのレベルの低下をもたらす。しかし、より興奮を覚えたのは、miR159の発現が高まった植物で、発生が実際に変化するのを見いだしたことだ。正常な植物より花成が遅くなったのである。

*ホメオスタシス制御：恒常性維持のための制御。室温を快適に保つためには、冷房と同時に暖房の機能が必要なように、生命の活動が一定レベルを保つためには、個々の生命現象に関して、促進する因子と抑制する因子とがともに備わっていることが必要である。そうした相反するしくみが組み合わさることで、一定の安定した生命活動が保証される。これを恒常性の維持、ホメオスタシスという。

*miR159のレベルが高い植物を作る：通常は、カリフラワーモザイクウイルスが持つ強力で、かつほとんどの細胞で発現するプロモーター領域、通称35Sプロモーターを使う。この35Sプロモーターの下に目的の遺伝子のコード領域を繋ぎ、植物に導入すると、もともと植物のゲノム中にあった正常なコピーからの発現に加え、植物体の全身で目的の遺伝子が多量に発現するような状態を作り出すことができる。

```
ジベレリン
   |
   ▼
DELLAタンパク質群
   |
   ▼
マイクロRNA
   |
   ▼
GAMYB
   |
   ▼
ジベレリン反応
```

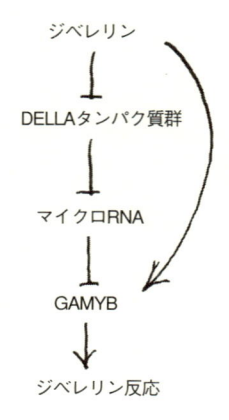

ジベレリンはGAMYBをコードするmRNAの生産を直接促進することでGAMYBの活性を高める。加えてジベレリンは、マイクロRNA（miR159）を阻害するDELLAタンパク質群を阻害する。こうしてジベレリンはmiR159のレベルを上げ、それによってGAMYBをコードするmRNAのレベルを下げる。したがってジベレリンは異なるルートを介して、GAMYBをコードするmRNAのレベルを上げるとともに下げる働きを示すのである。

　ある意味この結果は、意外なものではなかった。私たちはすでに、ジベレリンがシロイヌナズナの花成の時期を決めていることを知っており、またGAMYBがそれに鍵となる役目を果たしているという証拠も、先に得ていた。したがって、GAMYBのmRNA量が減少すれば、花成が遅れることは推定できたことである。しかしこの最近の観察で本当に新しい点は、miR159のレベルの変化が、それ自身、花成に影響するという点だ。したがってmiR159や、そのGAMYBの活性に与える効果は、発生上の重要ポイントといえる。

　マイクロRNAについては、不思議な点が残されている。彼らは登場して間もない。まだ私たちの思考モデルにうまくなじみきっていないのだ。天文学でいうところの「暗黒物質」を思わせる存在なのである。マイクロRNAの存在は確かだ。これは遺伝子の発現に影響を与える能力があり、そうして発生を制御できる。しかしまだこれらの小さなRNA断片が、期待されているようなことを実際にどれだけしているのかは、

明らかでない。それでも、私たちが自然界で目にする植物の形状の、本質的な立役者であるということが今後判明してくるような事態は、十分あり得ると思う。

１０月１９日　火曜日

　今朝は、すべてが灰色の霧に包まれている。色を変えつつあるオレンジ色の葉が、その霧を通して信号灯のように見える。染み入るような静けさだ。

　興奮するとかエキサイトするとかいった言葉を、このノートで頻繁に使うようになったのは、私にとっても最近のことだ。その理由はおもに、何か新しいことを理解するときに得られる、ある特別な心の状態を正確に表現する言葉として、他に思いつけないからだと思う。何か新しい実験結果や突然得られる新しいアイデアのひらめきに伴う一瞬の輝きは、洞察が深まっていくときの一里塚である。しかしそうした瞬間の個性は、それを画一的に「エキサイティングだ」と記述したとたん、疑いなく失われてしまう。それにそうしたビジョンの瞬間を経験するのは、もちろん、とても嬉しいものだ。そうした瞬間を繰り返し経験したいという欲求こそが、科学上の疑問追求の過程では重要なモティベーションとなる。

　そうした瞬間に、何がそうした不思議な密度を与えるのだろう？　もちろん、予想したことの証明、パズルの完成、長いあいだ残されていた問題の解決、未知の現象の発見といったものがある。それらはそれ自体、みな喜びを与えるものだ。しかし思うに、それがすべてではない。違う。本当の興奮は、ビジョンの広がりから来るものだ。突然、世界をなすもう１

つのピースが視野に飛び込んでくる。今からは、ふつうの言葉である「興奮」「エキサイティング」といった言葉を使うときは、それらが表現すべき瞬間の個々の個性をまとうよう、努めよう。

１０月２０日　水曜日

　今朝、まだ暗いうちにベッドを離れた。以前より明らかに寒かったが、霜は降りていなかった。次第に明るくなっていく書斎の窓から見えるクモの巣は、露で形が浮き彫りになっていた。そしてそれからずっと時間が経った今、輝かしい金色の光が、ふたたび秋の葉のとりどりの色と調和を見せている。オーク樫、セイヨウボダイジュ、セイヨウブナに加え、セイヨウハシバミも色を変えつつある。露で濡れた灰色の芝生の向こうに、黄色い葉が見える。

　この瞬間、私には生きているものとそうでないものとのあいだに、何も明確な違いはないように思えた。目前の窓を通して見える木々はそれぞれ、ほとんどが枯れているように見える。DNA分子は生きていない。生きているものは、生きていないものでできている。だから私たちがもし、生命を何らかの意味で聖なるものと見るとすれば、そのとき、生きていないものも必然的にそこに含まれなくてはならない。しかし明日も同じように考えているかどうかは分からない。

　木々の葉は、木ごとに異なる早さで色を変えている。７月の終わりにオレンジ色になり始めた隣の庭のセイヨウブナは、まだ多くの葉をつけている（オレンジというより今は茶色だ）。しかし他の木々の葉は、セイヨウカジカエデのよう

に、セイヨウブナよりずっと後から色を変え始めたのに、すでにほとんど落ち尽くしている。

　その日遅く。寒く、にわか雨がたびたびあった。そのうちの何回かは強く、大きな音がするほどだった。まず最初はドラム・ビートの連続音で、それから定常的なうなり声になった。1つ1つの衝撃は強力な力を伝える。雨が小降りになってから、私はセント・メアリーのシロイヌナズナの芽生えを見に行った。するとほとんどの株は平らになってしまっていた。地面に叩きつけられ、打ちのめされていたのである。胚軸は地面に寝ていた。根こそぎやられてしまったのではないかと思った。

　しかしより成長した芽生えのうち、4株はまだ立っていた。前回訪れてから何日か暖かい日があったので、それぞれのロゼットには何枚も葉が加わっていた。数えてみると、そのらせん状に並ぶ葉は、1株は5枚、別の株は6枚、そして9枚の株もあった（大きな8枚と、出たての葉1枚だ）。今日の雨との戦いを生き延びたこれらの植物は、雨がもたらした水を今、土から吸い上げているのだろう。彼らは成長を続けるだろうと私は思った。

１０月２１日　木曜日

　昨日とその前の夜の大雨がすっかり止み、今日は快晴の青空と、黄色い光と、そしてひどい風だ。風は衣服を通り抜けて身に喰らいつき、その牙で葉をとらえ、木々からちぎり落としている。オーク樫は裸になりつつあり、芝生の上には渦巻く葉のカーペットができつつある。

１０月２３日　土曜日

　今朝は光が霧を通して薄く、空気には薪の煙の匂いがして、どこもかしこも見渡す限り、葉の色の変化は目を引いた。レモンイエローのイチジクの葉、緑の染みを残した琥珀色のセイヨウブナの葉、茶色くなりつつ弱って垂れ下がったオーク樫の葉。秋への歩みを、風が伝えている。

　塩ストレスと成長に関する論文は、あらかじめ予想されたとおり、とても書きづらいことが分かってきた。今のところ私は以下の３つの図にそって*、セクションに分けて本文をアレンジしている。

　図1a。芽生えの成長は塩ストレスで阻害されるが、DELLAタンパク質群を欠く芽生えではそれほどではない。図1b。塩はDELLAタンパク質群の蓄積を増加させる。

　図2。塩ストレスは栄養成長期から花成期への移行を遅らせる。しかしDELLAタンパク質群を欠く変異体ではその程度が軽い。

　図3。DELLAタンパク質群を欠く変異体は長時間、高濃度の塩ストレスにさらされると、正常な植物よりも生き残る率が低い。したがってDELLAタンパク質群は植物に、逆境のもとで生き延びさせるよう手助けしている。

　私はこの発見を気に入っている。これらは風景に大いに関係があるものだ。植物の外の世界が、成長や発生を定める方法に関しても。論文の構成は明確である。しかし話は複雑で、いくつもの糸が絡んでいる。単純な１本線ではない。それに私はそのリズムに大いに手こずっている。言葉は常に流れに逆らってきしみ、まるで海で船が前に進もうとしているのに、

*図にそって：論文の書き方は人それぞれだが、実験科学の場合は、初めにデータありきの形を取るため、ここでのように、まずデータを用意しておき、それから書き始めることも多い。文系の論文で、図は添え物か埋め草でしかないことが少なくないのとは、大きな違いである。

押し戻す波が打ちつけてきているかのようなのだ。論文はScience誌に投稿する計画なので、もしそこで出版されることを望むならば、私はこれをみな解決しなくてはならない。問題点の一部は、これがふつうの遺伝学や分子遺伝学の論文ではない、というところにあると思う。そうした論文がありがちなレベルよりも抽象度が高く、通常の論文がよく扱うより遠く離れているものどうしを繋ごうとするものだ。これは新しい。しかしその新しさが、執筆をより難しくしているのだ。この複雑さとしばらく格闘した後、私は、もうその図が自分にあまり見えなくなってきたこと、すべてぼやけてしまっていることに気がついた。

書きながら今ちょうど、私は突然、自分の心の目に、数週間前、シンガポールから戻って、エッジウェア・ロード*駅の、環状線地下鉄の開いたドアの近くに、旅行鞄と隣り合って立つ自分を見た。しかしなぜ、ひとりでに、その瞬間、脳裏にあったものと特に何も繋がりのないそれが、現れたのだろう？　心は不思議なものだ。繋がりのある考えにそって特定の筋道を論理的にたどるかと思うと、同時に、気が散って、一時的に強い記憶の蘇りが生じることもある。

*エッジウェア・ロード：Edgware Road

１０月２４日　土曜日

昨夜は穏やかで、風があり、湿っていた。そして私は寝ることができなかった。意識があまりに活動的になっていた。考えが互いに巡り巡っていたのだ。季節は完全に私に影響してきている。季節が進むことに対する興奮、私たちが向かうものに対する不安、それらの不安定な混合状態。

今朝は自分を統制するためにランニングに出た。湿った秋の葉と土の好ましい香りがする。小豆色、茶色、金色、橙色、紅色、そして黄色の葉。すべてが平穏を取り戻すのに与っていた。

　その後、私はセント・メアリーに出かけた。雨に打ちのめされたシロイヌナズナの芽生えは枯れていた。それは地に伏せていた。萎れ、葉は土にまみれてぼろぼろになってしまっていた。しかし先週の水曜日の嵐の後もまっすぐ立っていた4株はまだ成長を続けていた。

１０月２５日　月曜日

　夜、強い風が吹き、何度か強い雨が降った。今朝はさらに多くの葉が散っていた。庭のいちばん端にあるセイヨウブナの木のほんの数枚の葉、セイヨウカジカエデに残っている葉はぼろぼろにやられていた。くしゃくしゃで破れ、輝く灰色の空を背景にこわばっていた。そして大西洋では次の嵐ができ始めていて、この秋いちばんの強い嵐となりそうだ。水曜日あたりにここにも来るだろう。

１０月２６日　火曜日

　夕暮れどきのクロウタドリがどんなにかん高い声を出すか、どうやったら表現できるだろう？　さし迫ったとでも？　ゆき過ぎる光に対する刺すような不安？　薄れゆく光の中、残ったシロイヌナズナの芽生えを見下ろす私の耳に、こんな音が響き渡っていた。彼ら、生き残った4株はまだそこにあった。まだ成長している。

私が意識しているある要素は、ますますこのノートで前面に出てきつつある。しかしまだ私は、その周りをぐるぐる歩いているところでもある。まるでそれに向き合うのを避けるかのように。そして今では、墓地の表土から最近生えだしたシロイヌナズナの芽生えを見下ろしているあいだも、特にそのことに意識的になっていた。私のシロイヌナズナに対する気持ちの中に、宗教的な要素を持つものがあるということだ。実際、この要素はこの生活史の研究を始めたときから明らかだった。しかしこの数カ月、今まで以上にそれは強くなり、私のビジョンを染めるようになっている。

　この宗教的な感覚はなんだろう？　私には表現するのが、それを書き留めるのがとても難しい。しかし、その１つの側面は、意義の特質だと思う。どこかこれらの芽生えには、そしてそれに付随する現象（成長とかその他のもの）には、実際に観察されることを越えた意義がある。世界に達する意義、さらに宇宙に達する意義だ。この意味の意義とはもちろん、自己肯定性のものだ。それが芽生えを以前よりもより世界の一部とならしめており、その結果としての一体感は、それ自身、宗教的な響きを持っている。

　しかしここに問題がある。それはもちろん、その芽生えたちに意義を広げ吹き込もうとする私自身だ。意義はあの芽生え自体に内在するものではなく、私が押しつけているものだという議論がありうるだろう。それに科学者として、そうした押しつけには不愉快に思う部分があると、私も認める。加えて「科学的」立場と「宗教的」立場とのあいだには軋みがある。もし私たちが、その部分部分（やその総和）よりも高

い意味を持つ、ある統一体の中にあるとすれば、個々の分かれた対象物から得られる理解が、真実をどれだけ反映しているか知るのは、難しいことになる。それなら何をしたらいいのか？　今日私たちがこの問題を抱えて存在している世界は、科学が有効な世界だと思う。それは私たちに世界観を与え、それなくしては私たちのビジョンははるかに貧しくなるだろう。しかし同時に私は、宗教感覚を保つことにしたい*。

１０月２７日　水曜日

　予想された嵐は、ここではそれほどひどくなかった。アイルランドではかなりひどかったが。バントゥリーでは明らかに洪水となっただろう。芽生えはまだ元気だ。

　今日はほとんど重力屈性の論文を書くのに費やした。論文を簡潔な表現でまとめ上げた。絞り込み、部分部分を繋いだ。だいぶよくなってきている。これも *Science* 誌に向けたものだ。そこまで行けるだろうか？　誰が知ろう？　しかし、チャンスがあると思う。結局のところ、オーキシンのレベルを変え、成長の速度を変え、そして根の重力屈性をもたらすものを確定することこそが、重要なのだ。

１０月３１日　日曜日

　ある意味、冬の始まりの朝である。夜のあいだに時計が進んだ*。しかし霧が晴れると、雲のあいだから明るい陽が射した。

　カテドラルまで走って、戻るあいだ、雨雲の周りに見える光の形を見てきた。空の色も葉の色も素晴らしい。オレンジ、

*宗教感覚を……したい：イギリス人の生物学者にしては、著者はかなり宗教心の高い人物のようである。私の知る限り、宗教心とこれほど常々葛藤している生物学者は、キリスト教文化圏でも珍しいと思う。

*時計が進んだ：１０月末日にサマータイムは終了する。ここはそれを表現したものだろう。

スカーレット、朱色、暗い中、光に輝いている。きらめいている。心に突き射し、入る。心を導き、覆す。不安に縁取られた栄光だ。

　2、3日前、私は通りで一人の老人を見た。頭を深く垂れ、灰色の肌は貧相で汗ばんでいた。目は力なく、瞳は小さく、痛々しかった。私はその通りを順調に降りていた。さらに私は先を進んだ。私たちはみなその道を行くのを知っているが、止まれないということはほとんど無視している。ランニングから戻って風呂を浴びているとき、自分の足を見た。優美ではない。吹き出物が出ている。形もよくない。しかしちゃんと働いている。カテドラルをまわって、その尖塔と、雲を突っついている風見鶏を見、そして家に戻って、私のルートで市内をくくるのに４０分で済む。

　突然、あの残った芽生えが弱々しい存在なのを思い始めた。今年ももう遅く、彼らはそれぞれのロゼットにたった数枚の葉しか持っていない。今やますます寒くなり、成長はますます遅くなるだろう。彼らには十分な肉づけができないのではないかと、私は恐れた。冬の最悪の時期を生き延びるには、あまりにデリケートだということを。

11月
November

11月3日　水曜日

　今朝、仕事に行く途中で、草の茂った道端に生えた1本のイチョウの若木に目を吸い寄せられた。出勤途中、ほぼいつも、この木の横を自転車で通り抜けていたはずだが、今までは気づいていなかった。気づいたのは、その色のおかげだ。小さい、丸い信号灯のような輝く葉の塊が、棒きれのように細い、1本の裸の幹の先についている。まるで燐光のような、目立った明るさのレモンイエローに輝いていた。

　昨日は、とてもいいことがあった。1日中、重力屈性の論文に取り組んでいたのである。いつも私の楽しんでいる段階に来た。原稿をしっかりとしたものにし、引き締め、同時に重要なポイントを明示するため、光るところをつける段階で

ある。ときに私は彫刻を彫っている気分になることがある。石から断片を取り除き、荒いところをそぎ取って形を浮き彫りにし、ディテールを浮かび上がらせる。投稿にこぎ着けるにはまだ長い道のりだ。もっと推敲しなくてはならないだろうし、議論も改善の余地がある。しかしますます私には、それが確かにあるという感じが強くなってきた。固有の確からしさを持った実在だ。

１１月５日　金曜日

　そして今、私はまたもとの状態に戻りつつある。昨日、原稿を再読してみて、重力屈性の論文はあまりに多くの点で欠けていることに気がついた。筋道はみな繋がっていないし、観察結果は十分記述できていない。全部宙に放り投げて、その散らばるさまを見たい気持ちになった。たぶん新しくできる山の方に、もっと良いパターンが見えてくるだろう。いや、そんなことをしてはいけない。これまで書いてきたものに、さらに推敲をしていこう。原稿を書くたびに同じ経緯をたどるというのは、おかしなものだ。いつだって、憤懣をもたらす前進と後退こそが、最終的な形をまとめるのに必須なのだとは知りつつも、そんな過程に憤懣が溜まるのだ。

　しかし今朝は良い天気で、静かだ。空が青い。白い雲が高いところで筋を引いて房状になっている。

　書斎の窓から見える木々の葉は、今、驚くほど色彩に満ちている。セイヨウブナは陽の光を浴びて赤褐色に輝いている。オーク樫に数枚残った葉は、ブロンズ色か赤銅色だが、後はみんな散ってしまった。オーク樫は、今では細かい枝の先か

ら小枝、太い枝、幹にいたるまで、ほぼ露わとなり、いちばんくっきりと見える裸の樹となっている。セイヨウハシバミにはまだ葉が残っている。その葉は黄色だったり、縁が黄色で中心は緑のものもある。セイヨウボダイジュも黄色い。セイヨウハシバミよりも黄褐色に近い。菌類にやられて中心の黒くなっている葉がいくらかあり、黄色に黒の斑が入った模様となっている。

　ひっきりなしにセイヨウボダイジュから葉が散り、地に舞い落ちる。ゆっくり回旋したり、ジグザグを描いたり。刈ったばかりの芝の上に、点状に、ランダムに散らばった葉。芝生を隠すほど十分には降り積もっていない。

　その後——夕方、セント・メアリーに行った。マロニエはわずかに残った縮れた葉をのぞけば、もう裸になっている。ほとんどの葉は散り落ちていて、地面はすっかり覆われている。その下に隠れたシロイヌナズナを見るためには、葉を1枚取りのけてやらなければならなかった。しかし、芽生えはちゃんと育ち続けている。たぶん、芽生えというよりはもう若い植物というべきだろう。ロゼットのらせん葉序には、また2、3枚の葉がつけ加わっている。季節外れの暖かさがそれを助けている。もう11月上旬なのに、まだほんの数回しか霜は降りていない——まだ、本当の寒さの続く時期ではないのだ。

１１月６日　土曜日

　花火大会から戻ったところだ。空中の閃光、鋭い上昇音、そして爆発。輝かしい、瞬間的なイルミネーションが、木々

の裸の枝を照らし出す。つかの間の影、空に突然現れる色とりどりの形。ふつうに私たちが認識するような形でそれを書くこともできる。今まさに経験していることの記録として、瞬間的な感覚を、感覚の1秒1秒の変化や移ろいをとらえる試みとして。こうしたものは共有できる。

そして科学もまた、現象にひそむ驚きを扱うものだが、科学についてそうした共感をもって書き表すのは困難だ。そのイメージはしばしば退屈だし、輝きを欠いた定常感がある。それに、文章はそうした共有経験をとらえることも再現することもできない。これが問題だ。

11月7日　日曜日

紅葉と落葉

今日の午後、アリスと私はウィートフェンの森に行った。私としては、重力屈性の論文についてもっと考えるためだった。娘にとっては、学校の宿題として、何か秋の葉を集めるためだった。私たちはウェリントン・ブーツで木々の中をあちこち歩きまわった。傾いた太陽の光が枝を透かして射していた。

秋はその終わりに向けて、他の季節よりもずっと速く進行しているようだ。滑り込むように冬に向けて突き進んでいる。今日はそうした中に、はっとするような瞬間があった。光のきらめきの中、ところどころに覗く青空と、東風に駆り立てられた灰色の雲とが、西に向かって競争をしていたのだ。陽光がコート越しにつかの間、暖めてくれた。

私たちは倒れた幹に、サルノコシカケがついているのを見

た。その茸の手触りは塊状の樹肌のそれとそっくりだったので、まるで茸は樹の肌の膨らみか奇形のようだった。アリスが言ったように、どこで樹肌が終わり、どこから茸が始まるのか、見極めるのは困難だった。ある種の変形だ。

　それから他の種類の葉を探しに森に入った。強まっていく落ち葉の朽ちる匂いの中に、鼻腔には酸っぱい匂い、甘い匂い、あるいはぴりっとしたり、刺すような匂いが感じられた。そしてまだ樹についたままの葉を見ていて、私はまた変化のスピードに気がついた。緑は金に、オレンジに、琥珀色に、黄色に、紅に、また茶色に変化していた。それらすべての美しさに心動かされた。時として、樹が一陣の風にとらわれると、葉は震え、突如、空中に放たれる。息をのむ光景だ。

　葉は落ちる前に、それら死にかけた葉に含まれる物質を新たな生命に与えていく。次の年に出る葉は、そうしたものから作られるのだ。高分子化合物——古い葉の細胞を作っていたタンパク質、脂質、それに炭水化物——は、より小さな構成分子に分解され、木の幹の中へと吸収されていく。そうでなければ葉が散る際に失われてしまう資源を、保持するしくみだ。資源は、来る春に出る新しい葉を組み立てるのに使われる。そのすべてのプロセスは、数カ月前にセント・メアリーで見たシロイヌナズナの、茶色く枯れていく葉の場合と同じだ。

　私たちはさらに森の中を歩き続けた。若いセイヨウブナの前に立ち止まった。太陽に向かって優美なカーブを描いている大枝をじっと見つめてみると、葉は緑から黄色を経て、金色へ、そして茶色へと斑点やグラデーションになって変わっ

ていくことが分かる。樹冠の、かつて葉があったあたりは、今は空間になっていて、裸の枝が見られるばかりだ。身を伸ばして、低い枝から1枚の葉を取り、アリスに手渡してやった。葉脈は明瞭で、太い主脈は葉の基部から先端にかけて走る中央の脈となっており、そこから側脈がある角度で現れ、それぞれ葉の縁に向けて走っている。その側脈からはまた、一定の間隔でさらに細い葉脈が出ていて、さらにそれがまた分枝することで残りの空間を埋めている。

　アリスは、側脈の周りの組織は緑のままだが、その指状に伸びた緑の線のあいだ、主脈から最も遠い部分は、茶色い斑点になっていることに気がついた。私はアリスに、葉を離れていく養分が、葉脈を通って木の幹に流れていくことを説明した。アリスは、まるで樹が緑のお菓子を、葉脈をストローのように使って吸っているようだ、と言った。アリスが言ったように、私はまたもやどこで生命が始まり、どこで終わるのか本当に分からないことを、思い知らされたのである。

11月9日　火曜日

　1日中、重力屈性の論文にかかりきりだった。始めから終わりまで書き直した。今ちょうどそれを読み返したところだが、何と言えばいいだろう？　端的に言って、だめだ。それは明確さを欠いている。まだぎこちないし、エレガンスを欠いている。

１１月１０日　水曜日

驚きについて

　人生の中には、平凡に見えることが多々ある。私たちは朝起きて、子どもたちを学校に送り、働きに出て、また家に帰ってきて、そしてベッドに入る。同じことをして、同じことを見る。すべて予想のつくことだ。しかし本当にたまに、崇高なものが天を裂くようにきらめく場面に出会うことがある。そうした瞬間には、たとえば人は、世界が無限の空（くう）の中にあるきわめて小さな点に過ぎないことを思い起こすだろう。そうした短い瞬間に、世界は、またすべては特別な存在であることが明確となる。

　科学にもそうしたパラドックスはある。科学上の真理の確立は、観察結果の再現性に依存している。そうしてひとたび確立すれば、現実は予見可能となる。もちろん最初の発見には興奮がある。しかしそうした発見は、証明されるとすぐに、身近なものとなる。認められてしまえば、真理はつまらないものとなってしまうのだ。知識というものには、ひとたび理解されてしまえば、おもしろくなくなってしまうという性質がある。

　私は、こうした傾向に対抗したいという気持ちがますます強くなっている。セント・メアリーのシロイヌナズナの芽生えを、それ自体特別な存在として見ていこうと思う。そして、すでに分かっている世界にも、私たちの実験が明らかにしていくことにも、ともに驚きを見いだし続けていきたい。そうしたことが驚くべきものとして明確に見えるとき、その意義は、１週間かそこら前に書いていた重力の意義は、もっと明

確になってくるだろう。おそらく、より妥当なものとして。

そうした驚きを適切な形に持っていくことができた結果、私は安堵を覚えた。あたかも、それまで気づかずに担っていた重荷が、肩から消え失せたかのように。今からは私も世界を、喜びと驚きをもって見ることだろう。

１１月１２日 金曜日

オーキシンの輸送体について

ようやく形ができてきたと思う。いつものように、論文執筆にはピーク時と沈滞時とがある。今はピークにいる。ついに要旨は、私がそうあってほしい形になった。簡にして明晰だ。それに私は、オーキシンの輸送タンパク質についてのセクションの、以前には適切でない形で理解していた部分を、大規模に書き換えた。論文の副テーマの１つは、DELLAタンパク質を欠く根におけるオーキシンの移動の話だ。この移動は、特別な輸送体タンパク質の働きによるものである。たとえば、根におけるオーキシンの噴水状の移動は、根の細胞の底面（オーキシンの移動方向で定義するところの底面）にある輸送体によって駆動されるものだ。それら輸送体は、「排出」キャリアと呼ばれている。これらはオーキシンが、ある細胞から出て行くのを助け、その結果、オーキシンが次の細胞に入るようにしている。排出キャリアタンパク質を欠く変異体は、オーキシンの流れがもはやうまくいかないため、重力応答が減少する。

DELLAタンパク質を欠く変異体は、オーキシンの流れが異常なため、重力屈性に異常を持つ可能性がある。それはたぶ

図中ラベル:
- 細胞
- オーキシンの流れ
- オーキシンの排出キャリアタンパク質
- 根端

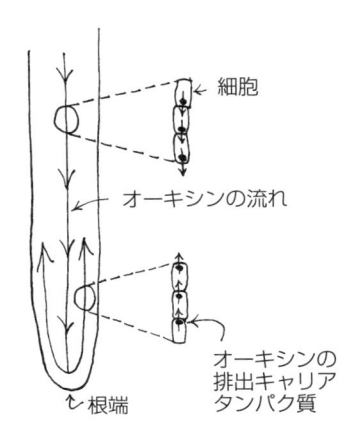

中央の維管束の細胞の底面に存在するオーキシンのキャリアタンパク質によって、オーキシンは根を下方に降りてくる。そうして根端の周辺部にある細胞で、オーキシンの流れは逆転し、根の基部へと向かう。

ん、DELLAタンパク質の欠損が、何らかの形で排出キャリアに影響するからだろう。この可能性についてはテストが必要だ。そこで私たちはやってみた。DELLAタンパク質を欠く変異体の根の細胞を、オーキシン排出キャリアタンパク質を浮かび上がらせるやり方で染めてみたのだ。その結果分かったことがある。キャリアタンパク質は、まさに正常な植物においてあるべき位置に見られた。このデータはあまりに多くのことを語っており、私の以前の記述はうまくそれをつかんでいなかった。しかし今や私はその意味が分かった。重要なポイントは、DELLAタンパク質の欠損変異体が示す異常な重力屈性は、オーキシンを輸送するタンパク質の欠損によるものではないという点だ。

11月13日 土曜日

重力屈性の際に見られるオーキシンの蓄積について

　風向きが北西に変わった。昨夜、木々のあいだを吹き抜ける風は荒れ狂っていた。今日は寒くて、夜はたぶん、今期初めての例年らしい霜が降りるだろう。

　さて次の疑問はこうだ。DELLAタンパク質を欠く変異体において、もしオーキシン輸送の機構がまだ存在しているとすれば、根の向きが変えられたとき、オーキシンは下側になった細胞にきちんと蓄積するのだろうか？ もしそうでないとしたら、重力屈性の欠損は、植物がオーキシンの蓄積に正しく反応できないという説よりは、こうしたアイデアの方で説明が可能となる。

　ふたたび緑色蛍光タンパク質（GFP）を用いることで、私たちはこの疑問に答えることができた。オーキシンに応答してGFPが光る[*]ようにする方法があるのだ。こうした工夫を加えた植物の根の向きを変えると、根の下側になった細胞が一時的に光る。この蛍光は根の向きを変えて6時間後にピークを迎え、それから消失し始めるというように、重力刺激に応じた短いオーキシン蓄積のパルスを示す。同じことは、DELLAタンパク質を欠く根でも起きた。そこで私たちは、他のアイデアを除外して考えることにした。DELLAタンパク質を欠く根に見られる重力屈性の異常は、根の下側になった細胞にオーキシンを蓄積できなくなったせいではないのである。

11月14日 日曜日

　やることが多過ぎる――予算申請をしなくてはならない

[*]GFPが光る：オーキシンが植物の細胞に蓄積すると、速やかに発現を開始する一連の遺伝子群がある。そうした遺伝子のプロモーター領域にGFP遺伝子を繋いで、植物に導入すると、細胞がオーキシンを蓄積するとともに、GFPタンパク質を合成するよう仕向けることができる。それを青い光で励起してみると、オーキシンに応答している細胞が緑に光って見えるというしくみである。GFPタンパク質そのものがオーキシンに反応して光るわけではない。

し、論文を書かなければならない。研究チームを鼓舞してマネージしなくてはならないし、委員会にも出なければならない。リストは終わりが見えないほどだ。しかし仕事には、目的感が感じられる。今年の初めには欠けていたものだ。私は興奮している。参ってはいるが、こうした中でも方向はつかめているという感覚があるし、それを頼りに道を探り当てることはできそうだ。

　ウィートフェンにちょっと行ってみた。秋という季節による崩壊はさらに進んでいた。葦は黄色く、固くなっている。その色彩は木々に映えている。沼地は黒々と広がっていた。その上には霧と低い雲。空気は冷え切っていた。オオバンが1羽鳴いていた。すべてが静寂の中にあった。

11月15日　月曜日

ものごとを分けることについて

　木々のあいだを風がうなりながら通り過ぎる。その音はアイルランドの家を囲んでいた松の林を思い起こさせる。さらに、数年前の7月のある日の夕方、近所にあったダラスのセント・ジェームズ教会で聴いたリサイタルを思い出させる。キャサリン・レナード[*]の無伴奏バイオリンで演奏されたバッハの「シャコンヌ・ニ短調[*]」だ。彼女の汗ばんだ指は弦の上を滑り、曲の表現する痛切な儚さを表していた。下水の臭いに加え、近くの入り江の引き潮の干潟からも、重い匂いが立ちこめていた。そうした雰囲気の中、音楽はその誇張された特質、限界ぎりぎりの緊張感にその力を発揮していた。カテドラルは張りつめた弦でできていた。すべては死の匂いの

[*] キャサリン・レナード：Catherine Leonard

[*] シャコンヌ・ニ短調：J．S．バッハ作曲「無伴奏ヴァイオリンのためのパルティータ第2番ニ短調（BWV1004）」の第5曲。1720年の作。

中に浮き彫りにされていたのである。

　そのとき私は、分離というものが、物事を個別に分ける行為が、科学だけの特質ではないことに気がついた[*]。われわれの文化はすべて、それに基づいている。私たちは常に、1つのものを他のものから分類し、分割し、別のものとしている。おそらく視界をさえぎり、不愉快なもの、理解しがたいもの、恐怖、その他いろいろなものを無視するために。私たちは、自身が示す生物学的事実の不快な面から、自らを隔てている。排便すること、食のために他の生命を殺すこと、そしていつかは死ぬということから。

＊分離というものが、……気がついた：2月13日のアリスの話、9月19日の数学の話を受けた表現である。

１１月１６日　火曜日

　今日は穏やかだ。薄暗い灰色の光。１１月は陰気な老朽のシーズンだ。朽ち葉が風に踊っている。ものごとが終わる受諾の時期だ。この閉鎖感から、このノートの一部を、5月6月のあたりまで戻って読み返してみた。全体の印象としては、何かしら意味がありそうだった。執筆の速度はエネルギーを反映する。文章は不完全で、油絵で喩えればオイルがまだ乾いておらず、ワニスも塗られていない感じだ。もちろん飛び出たところもいくつかある。また固まりきっていない考えは、どこか理解が不完全な感じを与える。もし文章書きがもっと完成されていたら、削られていただろうアイデアもある。しかしここに記してあるのは人生だ。今年の進展をこれは表していると言える。

１１月１７日　水曜日

重力屈性の話の結論

　それでは大円団に進もう。重力屈性の話の最後のひねり。それは実に単純だ。DELLAタンパク質を欠く変異体は、根の重力屈性の程度が減少している。それでも彼らは正常な植物と同様に、芽生えに重力刺激を与えれば、下側になった部位にオーキシンを蓄積する。だから変異体でおかしくなっているのは、重力に応じて蓄積したオーキシンに対する反応のし方であるはずだ。

　そして実験結果はこの結論と一致している。高濃度のオーキシンを含む培地で根を成長させ、重力屈性で引き起こされるようなオーキシンの蓄積を人為的に再現してやると、正常な根は成長が阻害される。これはもちろん、重力刺激で起きるものと同じではない。この場合過剰なオーキシンは、根の両側に存在している。だからカーブして成長するのではなく、根の成長は全体にゆっくりとなる。根が重力に反応してカーブする際に、根の片側で起きることが、この場合は両側で起きているのである。同じ実験をDELLAタンパク質を欠く変異体で行なうと、根は成長を続ける。彼らはオーキシンに応答することができないのだ。

　というわけで結論になる。根が、重力刺激によって生じるオーキシン蓄積に正常に反応するためには、DELLAタンパク質群を必要としているのだ。これは重要な理解の進歩だ。しかしそれを論文に書くには、本質的なポイントがまだつかめていないと思う。原稿を読み直すたび私は心許ない感じがし、完全には理解できないと思う。

11月20日 土曜日

　寒い。昨夜はひどい霜が降りた。この冬の最初の、本格的な攻撃だ。私たちは家を暖めるために火をかき立てたが、それでも熟睡できなかった。冬は私はだめだ。夜に冷えてしまい、胸に圧迫感を感じ、心臓がどきどきして、汗をかいて目が覚めた。昨夜はそんなひどくはなかった。しかし、毛布の重さも、暑くて乾いた感じも好きではない。うまく直せないのだ。どちらを取るかだ。

　しかし今日は気分がいい。昨夜、私はついに重力屈性の論文を書き上げた。ペースとレベルの問題だった。取りかかっていた論文に対しては、全体から、個別の詳細な部分まで、いろいろなレベルでやるべきことがあった。そうしたいくつものレベルでの鮮明さを欠く論文は、平板で特徴のないものに見える。それとペースの方は、それぞれのレベルが同時に進むようにしなくてはならない。どうしたらいいのか、明確にならないことがよくある。ただ新しいことをトライし続けるしかなく、そうすると突然、打開点が見つかる。私は昨夜、その地点に達したのだ。

　明日もう一度読んでみて、変な言葉やフレーズを疑いのないように推敲し、2、3がたがた言っているネジを締め上げよう。しかしもうあまり変わらないだろう。それから月曜か火曜日に、*Science*誌（これは絶対だ！）の編集部宛てのカバーレターを付け、投稿だ。

　私が最近考えていた、意義というものについての黙想に戻ろう。この1年間に、このアイデアは私の考えの中心となった。まず最初は、セント・メアリーのシロイヌナズナとその

子孫を追っていて、植物の成長と、季節というものをより密接に繋いで考えるようになった。それから、DELLAタンパク質群が、環境変化に応じて植物の成長を制限する、という私たちの発見があった。ということは成長は、植物の問題であるとともに、環境の問題でもある。唯一性という感覚、世界が本来的に1つだという感覚は、ここから生じた自然な発想である。そしてこの唯一性は、圧倒的に重要な概念だ。聖的である。私が、それについての自分の感覚をまとめてみたとき思いつくことのできる最良の言葉だ。

　聖的。もちろん、宗教的な意味のある言葉だ。しかし私はこの言葉を、ここでは神の手になるものという意味で使う気はない、それはやりすぎだ。むしろ世界を、畏れと謙虚さとをもって見るべきだと提案したい。私たちの行動は、地球の根本にある特性や安定性をますます脅かしている。聖なる世界に関する概念を、もっと受け入れられるようになったなら、私たちは自分たちのやり方を変えることはできるだろうか？

11月21日　土曜日

　今朝、セント・メアリーに行ってみると、墓地が手入れされていた。今回はずっと仕事がきちんとしていた。墓地は除草され、きれいにかきならされてあった。芽生えの痕跡は何もなかった。すべては失われたのである。

　最初、それはとてもがっかりすることに思われた。私はあの芽生えたちが冬のあいだにどうなるか楽しみにしていたのだ。そのあと私は、まだたぶん、休眠中の種子が地中にあるだろうと思い出し、春まで待つことにした。

今は家にいて、これまでのことを思い返してみて、物語はもうほぼ語り終えていると思った。この記録を書き始めた目的は、そのとき私が理解していた程度には、少なくとも部分的に達成された。それに、科学に対するわが興奮はまたかき立てられた。だからここが、この記録の終わり、少なくともいくつかある終わりのうちの１つなのだ。

１１月２３日　火曜日

　今日はまた穏やかになった。昨日は西風が吹き止まず、空を雲の切れ端が速い速度で飛び、空気にはエネルギーと興奮が満ちていた。そして昨日、ついに、私たちは重力屈性の論文をScience誌に投稿した。コンピュータ時代の今日、すべてが素晴らしく電子化されている。本文、図、補遺その他を含んだファイルは、みなインターネットを通じて、私の端末からScience誌の編集部に送られた。マウスをクリックするだけで、大西洋を飛び越えていくのだ。今ややるべきことはやった。待つばかりだ。

　ここでいくつかの段階が待っている。第一段階：編集部はこの論文を、考慮に値すると見るだろうか？　そうなら、第二の段階だ。論文は、徹底的な審査に送られる。レフェリーたちが気に入ったとして、きっと彼らは何か変更を求めてくるだろう。文章の一部を書き換えるとか、たぶん、追加実験すら求めてくるだろう。となると書き直しが第三の段階で、そこで編集部に最終判断を求めることとなる。受理か却下か。もし却下されれば、どの段階にしろ、私はただそれを書き直し、どこか他の雑誌に送るまでだ。

12月3日　金曜日

　ここ何日も日記を書いていなかった。先週までは予算申請書を書くことに完全に集中していた（今日はその締め切り日で、ついに完成した）。それで今、書類が完成し、一時的にせよ私の手を離れた安堵感を愉しんでいるところだ。昨日、天気は錬金術師の手にかかったようで、太陽の光を雲が屈折させたり反射したりして、青だったかと思うと金色に輝き、そしてオレンジにと変化を見せた。そうした風景は、申請書を最終的に推敲し、磨きをかけるところにもいくらか影響したと、私は思う。

　今朝は、突き抜けるような寒さと衣服の中にしみ通るような霧の中目覚め、一面の白い広がりの中、自転車で仕事に向

かった。それに私の期待はいや増しに増していた。毎日、電子メールをチェックしていたが、まだ何も*Science*誌からは返事が来ない。あの重力屈性の論文原稿を投稿してからかれこれ10日以上にもなる。もはや、ここまで来れば、編集部もあの原稿をレフェリーに回さずに（却下して）返してくることはあるまい[*]。確かに審査に回ったのだと思う。最初のハードルは越えた。

12月5日　日曜日

この日記には1つ、記入しておくべき科学上の筋道がある。転写因子の重要性だ。ここにこれまで私は、いくつかの例——寒冷に対する応答、花芽形成のタイミング、トライコームや花弁のアイデンティティーの形成、成長——こうしたものがすべて、いかに転写因子で制御されているかを示してきた。遺伝子によってコードされていながら、タンパク質となって核に戻り、他の遺伝子の活性に影響するタンパク質群による制御だ。

ここでちょっと戻ってみよう。このことを、より広い視野から見直してみる。一般に遺伝子は生物の成長に影響すると理解されている。多くの人々は、グレゴール・メンデルの仕事を知っている。たとえば、1つの遺伝子が植物の背丈を低くすることを、彼がどうやって示したかを知っている。そうした古典的な実験をもとに組み立てられてきた一般的な見方は、遺伝子は独立に働く、つまり遺伝子 x は明確に y という役割を果たす、というものだ。しかし、上にリストアップした発生過程のすべてが転写因子で制御されているという事実

[*]返してくることもあるまい：超一流誌の*Science*や*Nature*は、掲載を希望する投稿論文原稿の数が多いため、投稿原稿の大半は、レフェリーの審査に回される以前に、編集部サイドで目を通した段階で、あっさり著者に返却となってしまう。いわゆる門前払いだ。そのため、投稿後1週間程度が、門前払いを食らうかどうかの、見極めの山場とされている。ここでは、投稿後10日を経ても何も帰ってこないという事実から、著者は、おそらく編集部は審査に値すると判断したのだろう、と推察しているわけである。

は、この見方が単純すぎることを示している。そうではなく、生命のしくみは遺伝子のあいだのコミュニケーション、他の遺伝子の活性に影響する遺伝子群によって動かされているのだ。

　これまで、遺伝子のあいだの簡単な線形の関係として知られている2、3の例、つまり遺伝子Aが遺伝子Bの活性に影響するというような例を記してきた。しかし現時点での理解は表面的なものだ。ゲノムの中での異なる遺伝子群のあいだの関係は、明らかに、こうしたものよりずっと複雑である。それらは大規模にまた精妙に複雑な相互作用をしていて、大脳の中での働きのように、魅力的であるがとらえどころのない形を取っている。生物の発生はしたがって、個々の遺伝子の産物などではなく、その生物のゲノムが持つ遺伝子の相互作用の結果なのだ。調和を取って働く遺伝子群によってなされているのである。個々の働きが影響し、また影響されることで、成り立っている。それら全体を理解するために必要な科学も、それに対応しなくてはならない。同様に精妙に。同様に複雑に。

１２月１０日　金曜日

　今朝、セント・メアリーに戻ってみた。しかしシロイヌナズナの生えている気配は皆無だった。今では残った種子が発芽する可能性もほぼない。それには寒過ぎる。土中にまだ休眠中の種子があるとすれば、それは次の春まで待たねばならないだろう。

　まだ*Science*誌からの返答がない。レフェリーたちは私た

ちの原稿をどうしているのだろう。彼らはどんな弱点を指摘するだろうと、私はずっと考えていた。しかし科学論文として出版されたものには、すべて穴があるし、答えられていない疑問を残すものだ。進歩の一過程だから。

　昨日、私は塩ストレスの論文原稿の作業を再開した。たくさんやることがある——証拠を固め、焦点を絞り、といろいろなことが。重力屈性の論文がこの段階だったときとほぼ同じだ。まだ平凡で、すべてあるレベルにとどまっている。共鳴点を強調し、掘り下げて深みを与える必要がある。たぶん、いつか最終的にそれらを入れることができるだろう。この論文の結論については、私はとてもエキサイトしている。とても多くの異なる方向へ広がっていくからだ。植物が病気になったときに成長が遅くなるのは、DELLAによる抑圧のせいだ、ということを示すデータがすでにある。私たちのやった単純な塩分の実験、塩湿地の厳しい条件を再現しようというシンプルな試みからは、植物が外界の環境に合わせて成長速度を変える基本的なしくみを、明らかにできたと思う。そのことは、日増しに確信となっている。

12月17日　金曜日

　デイビッド・ホックニー*の『That's the Way I see It』*をまさに読んでいるところだ。この本には、彼のコラージュ写真の1つが載っている。パリのジャルダン・ド・ルクセンブールの樹の映像を、その庭園の十字路に並んでいる他の樹といっしょにしたものだ。私にはこのコラージュが、この日記で書いたことをいくつか先取りして要約したもののように見え

＊デイビット・ホックニー：David Hockney。1937年、英国生まれの画家。現在は米国で活躍。
＊『That's the Way I see It』：ホックニーの自伝書第二部にあたり、1976年以降を扱う。邦題『僕の視点─芸術そして人生』美術出版社、1993年

る。この作品は、異なる時間と、異なる縮尺のスナップショットを合成したものだ。樹皮、枯れ葉、道にいる鳩のクローズアップ写真。離れた位置から全体を取り込んだ、より巨視的な樹々の映像。結果としてできたものは、ひと度近接しながらも、地平線に向かって消えていく「樹」の合成像だ。私たちが瞬間瞬間の注視をもとに、そのつかの間のイメージを使って何か同調した全体像を組み上げる、その実際のあり方を表現したものである。それにこのコラージュは、1枚の葉から木々全体、芝生に庭園の道といった、異なる縮尺のものを1つに総合し、1枚の像としている。

概念上の縮尺の統合により、私たちは何とか生命を、目に見えるレベルと目に見えないレベルとについて、同時に見ることができている。そのことが、思うに、この世における経験を豊かとしているのである。

12月18日　土曜日

主体と対象とについて

寒い。東の風だ。空は素晴らしい藍色で、もろく、そして透明に見える。予報では雪だ。まだ重力屈性の論文は*Science*のところにある。そしてまだ私は塩ストレスの論文原稿で奮闘している。

私は、科学というものが真実を示す能力について、さらに考え続けている。確かに科学は、それなくしては知り得なかったことを私たちに教えてくれた。ビジョン、将来の展望、説明。そしてそのために、まさにそのせいで、これらの概念は、専門家でない人たちにとって正しく評価することが難し

くなった、といううらみがある。日常生活との関連もはっきりしないように見えてしまう。この日記を書くことは、科学がもたらしたもののいくつかを、他の人たちにも、もっとはっきり見えるものにしようという試みだった。

　しかし今日はそれが私の関心事というわけではない。もっと、洞察そのものの性質について注意してみた。よくよく考えれば考えるほど、それらは歪んだもののように思えてくる。客観性が持っている人為性がもたらすものだ。それはうぬぼれに過ぎない。私たちはそこに対象物があるといい、私たちはそれから分離されたものとして、それを観察している、という。しかしそうした見方は必然的に不完全だ。もともとが無理に引き延ばされた見方であって、ある部分は誇張され、逆にある部分は見落とされている。小説や絵画と同様に、それは真実の完全な形での表現ではないのだ。

　そうして私は、この考えを科学を超え、さらに敷衍し始める。私たちは文化的に、世界を主体と対象という関係でとらえるように条件づけられている。内なるもの「自身」と、外界「他者」とのあいだに、線を引くというものだ。私たちの生のすべては、こうした背景のもとで営まれている。この主体と対象という線引きは前提であり、所与のものであって、私たちの思考の中に深く染みついたものだ。自動的に、無意識に。

　そのため私たちの世界観は、必然的に不正確となる。私たちが実際主体であり対象である場合、他にどうあることができようか？

　では、どうしたら私たちは見方を改善できるのだろうか。

もっと真実に対して忠実なものにするには？　私には分からない。これは、私が取り組むには大きすぎる問題だ。しかし何らかの助けになるものについてなら、考えることができる。

　まず、科学に基づくイメージは、いくらか他のものに比べて歪んでいるということを、受け入れることだ。そして同時に、科学は私たちに、不正確であるにせよ、他の方法ではまったく見ることさえできないことを見せてくれるという点で、価値があることも、認めるべきだ。次に、世界は1つのまとまりだという見方を、一般的に受け入れることである。世界は私たちの一部であり、また私たちはその一部なのだ。何か聖なるものの一部として私たち自身を見ることだ。慎みに努めることである。

　これが、この日記に私がものを書く最後の機会だ。植物の話は終わった。私の気持ちも整理がついた。このノートはその目的を果たしたと言えよう。私も方向性を見いだした。私たちの科学も、植物の成長に隠された秘密にのみ焦点を当てるものから、世界の中の植物とともに、植物の中にある世界を見つめる、より広いビジョンへと変化したのである。

後日談

２００５年７月１５日

　今日、セント・メアリーに戻った。２００４年の１２月以来この方、ウィートフェンには度々行っていたのだが、墓地に行くのはあれ以来初めてだった。そこは記憶のままに残されていた。墓と茨とに囲まれた平和の地だ。そびえ立つマロニエの木立に守られた安息の地である。

　墓地そのものは完全に不毛の土地だった。整然としている。墓のあいだには何も生えていない。くまなく探して見たものの、墓地のどこにもシロイヌナズナは１本も見つけられなかった。ここで私が調べていた個体は、移住者だったようだ。外から運ばれたもの。たぶん、だれかのコートの裾に引っかかっていた種子だったのだろう。私が記録していたものは、あの集団の命として最後の段階のものだったようだ。

　それと２００４年の末に、書き終え、出版に向けて投稿しようとしていた原稿はどうなったか？　重力屈性の論文は*Science*誌で審査され、却下された。しかし、その却下の通知には、私たちがさらにデータを足せば、もう一度トライして良いという誘いも添えられていた。期待としては、これから私たちが得るはずの結果は、根の重力屈性とDELLAタンパク質群との関係について、より本質的な検証結果を出すだろう。それらの追加実験は今まさに進行中で、私たちはもうじきそれを再投稿するつもりだ。塩と成長の関係の論文は、想定されたとおり、そしてその新規性にもかかわらず、執筆が

とても困難だった。何段階もの試し書きと推敲とが繰り返された。最終的に私たちはそれをまたScience誌に投稿し、今まさに審査中*となっている。

＊**今まさに審査中**：この内容の論文はAchard et al. (2006) *Science* 311: 91-94として公刊された。

　私は、２００４年の後半に行なった実験で分かったことに、今でもまだ興奮している。それに植物の成長を、私たちの一生に関するメタファーとして見るようになった。DELLAタンパク質群はさまざまな反応性の要であり、成長のスピードを抑え、植物自身が認識しているさまざまな条件に対して、調和するように仕向ける立役者だ。DELLAタンパク質群がなければ、植物は鈍感となり、軽率となり、適切に抑制することができず、生き急ぐあまり、若いうちに枯れてしまう。適切な抑制は、私たち自身が注意すべきメッセージだ。

　こうした結論を書きながら、私は部屋の窓から遠くのオーク樫を見やっている。モリバトの柔らかなくぐもった声が頭上の、組み合わせ煙突から降ってくる。そして、私たちすべての細胞——オーク樫、モリバト、そして私たち自身の細胞——の構成物が、もともとははるか昔、海の水の中でできあがった原形質の、最初のゲルから由来した子孫だということに、私は思いを馳せる。それから膨大な時間が過ぎ去ったとはいえ、私たちは皆自分自身の中に、その最初の生命のさざめきの名残を、いくらかは有しているのである。（完）

用語解説（原注）
(アルファベット順／五十音順)
＊太字は、それぞれ注の中で互いに参照している語である。

ABCモデル：花を構成する4つの環状の場（**whorl**）に、萼片、花弁、雄蕊、心皮ができるにあたり、3種の異なる転写因子がどのように分布するのかを説明するモデル。

AGAMOUS/**AGAMOUS**：花の器官のアイデンティティーを決定する遺伝子/転写因子（**ABCモデル**を参照のこと）（訳注：イタリックで表記すると遺伝子の方を指し、立体だと遺伝子産物のタンパク質を指す。以下、他の例も同じ。*AGAMOUS*は花の器官のうち、雄蕊と心皮の形成に関わる。）

APETALLA1/**APETALLA1**：花の器官のアイデンティティー（**ABCモデル**を参照のこと）とともに、花序分裂組織としてのアイデンティティーをも決定する遺伝子/転写因子。

BOOSTER (B)/**BOOSTER(B)**：トウモロコシの細胞でアントシアニン蓄積を制御する遺伝子/転写因子。

CAULIFLOWER/**CAULIFLOWER**：花序分裂組織としてのアイデンティティーを決定する遺伝子/転写因子。

CBF/**CBF**：植物の寒冷に対する応答を制御する遺伝子/転写因子。

CONSTANCE/**CONSTANCE**：光周期（24時間の明暗周期における明期の長さ）に応じて花成の時期をする遺伝子/転写因子。

D8：トウモロコシの矮性の変異体の1つ。この変異体で変異している遺伝子は、トウモロコシの**DELLA**タンパク質をコードしている。

DELLA/DELLAs：植物の成長を抑制するタンパク質のファミリー。シロイヌナズナのゲノムには5つの異なるDELLAタンパク質**GAI**、**RGA**、**RGL1**、**RGL2**、**RGL3**をコードする遺伝子がある。

DNA：遺伝子を構成する物質。長い二重らせん構造を持つ高分子

化合物で、一連の塩基からなる。
***FLOWERING LOCUS C (FLC)*/FLC**：花成を制御する遺伝子/タンパク質。
FRIGIDA：寒冷に応答して花成を制御する遺伝子。
***GAI*/GAI**：*GAI*はGAIという**DELLA**タンパク質の「本来の」「正常な」型をコードする遺伝子。
gai/gai：*gai*遺伝子は、***GAI***遺伝子から由来した変異型の遺伝子で、**GAI**タンパク質の変異型（gai型）タンパク質をコードする。*gai*遺伝子は矮性をもたらし、***GAI***遺伝子に対して優性を示す。すなわち***GAI***遺伝子と*gai*遺伝子とをもち合わせた植物の背丈は、高くならず矮性になる。（訳注：ここでいう「型」は、アリル＝対立遺伝子のことである。*GAI*遺伝子と*gai*遺伝子とは染色体上の同一の位置（遺伝子座位）にある基本的に同じ遺伝子で、塩基配列に違い（変異）があるため、互いに対立遺伝子の関係にある。以下の*gai-d*や*gai-t6*も同じ。）
gai-d：***GAI***遺伝子のまた別の型の変異遺伝子で、*gai*変異体をさらに放射線照射処理した結果得られたもの（本文参照）。*gai-d*型遺伝子は何もタンパク質をコードしておらず、そのため*GAI*遺伝子に対しても*gai*遺伝子に対しても劣性を示す。（訳注：アリルの表記法として、-dはdominant優性の頭文字のつもりで優性変異のアリルを指すことが多く、ここの表記は紛らわしい。ここはdeficient欠損の略記であろう。）
gai-t6：***GAI***遺伝子のさらにまた別の型の変異遺伝子で、*gai*遺伝子の読み枠（ORF）中にトランスポゾンが挿入したものである（本文参照）。この*gai-t6*型はタンパク質を何もコードしておらず、そのため***GAI***遺伝子に対しても***gai***遺伝子に対しても劣性を示す。
***GAMYB*/GAMYB**：ジベレリンに応答する仕組みの一部を制御する遺伝子/転写因子。
GFP：緑色蛍光タンパク質を参照。
GFP-DELLA：緑色蛍光タンパク質(GFP)と**DELLA**タンパク質の

「融合」タンパク質。(訳注：融合タンパク質の作成には、まず、それぞれ元になるタンパク質をコードする遺伝子をつぎはぎすることで、融合遺伝子を作成する。これを目的の生物に導入し、転写・翻訳させれば、融合タンパク質ができるという算段である。)

GLABRA1/GLABRA1：トライコームの発達を制御する遺伝子/転写因子。

LEAFY/LEAFY：栄養成長期分裂組織から花序分裂組織への転換を司る遺伝子/転写因子。

mRNA：(メッセンジャーRNAとも) 読み枠を含む遺伝子から転写される**RNA**。**RNA**を参照。

ORF：読み枠を参照。

PCR：ポリメラーゼ連鎖反応を参照。

RGA/RGA：RGAは「本来の」「正常な」型のRGAという**DELLA**タンパク質をコードする遺伝子。

rga-24：***RGA***遺伝子の変異で、タンパク質をコードしないタイプ。そのため劣性を示す。

RGL1/RGL1：*RGL1*は「正常な」型のRGL1という**DELLA**タンパク質をコードする遺伝子。

RGL2/RGL2：*RGL2*は「正常な」型のRGL2という**DELLA**タンパク質をコードする遺伝子。

RGL3/RGL3：*RGL3*は「正常な」型のRGL3という**DELLA**タンパク質をコードする遺伝子。

Rht：コムギの矮性の変異体 (*Rht*の名はReduced height 短い背丈、から由来) の1つ。この変異体で変異している遺伝子はコムギの**DELLA**タンパク質をコードしている。*Rht*の変異型遺伝子は現在の「緑の革命」をもたらしたコムギの高収量化に貢献している。

RNA：塩基配列を持つ1本鎖の分子で、ふつう**DNA**の一部から転写によって作られる。

SCF複合体：タンパク質にユビキチンのポリマー (重合体) を結合させる酵素で、多数のタンパク質からなり、この働きによ

りユビキチンが結合したタンパク質は、プロテアソームの標的となって破壊される。

Whorl：同一の花器官（たとえば花弁）からなる花芽上の同心円状の場。

***WUSCHEL*/WUSHEL**：シュート頂分裂組織のサイズを制御する遺伝子/転写因子。

アスパラギン asparagine：アミノ酸の一種。

アミノ酸 amino acid：タンパク質を構成する基本単位であり、20種が知られる（たとえば**アルギニン**）。

アミロプラスト amyloplast：根冠に見られるデンプン粒を含むオルガネラで、重力に応じて沈降し、それにより根の重力屈性を司る。（訳注：根冠は根の先を覆うキャップ状の組織。アミロプラストは根冠以外にも、さまざまな組織に見られ、たとえばジャガイモの塊茎をすり下ろしたときに見られるデンプン粒も、アミロプラストに蓄積したものである。それらとは異なり、根冠に発達するアミロプラストは、特別に重力の感知のために特殊化している。）

アルギニン arginine：アミノ酸の一種。

アントシアニン anthocyanin：花や葉、茎の細胞に見られる紫色の色素。（訳注：紫に限らず、アジサイの青、アサガオの赤など、赤から紫、青にいたるさまざまな色彩をもたらす。）

維管束 いかんそく：両端で互いに直列状に並んだ細胞からなる管状の構造。**導管**と**篩管**からなる。

遺伝子 いでんし：遺伝情報の単位。**DNA**でできている。個々の遺伝子はイタリック（斜体）で表記（たとえば*CBF*）する。しばしばその遺伝子の発現（**転写の効率**）を制御する領域（**プロモーター領域**）とタンパク質をコードする領域（**読み枠ORF**）とからなる。

栄養成長期のロゼット えいようせいちょうきのろぜっと：シロイヌナズナの場合、開花前には中央の軸となる茎の周りに、葉が平らにらせん状に並ぶ。これをロゼットという。

栄養成長期分裂組織：シュート頂分裂組織を参照。

液胞えきほう：植物細胞の細胞質の中にあって、液体に満たされた空間（**生体膜**で包まれた**オルガネラ**である）。かなり大きくなることができ、細胞体積の大部分を占める。

エチレン ethylene：C_2H_2の化学式で表される分子。植物の成長を調節するホルモンの一つとして働く。

塩基えんき：**DNA**や**RNA**の基本単位で、DNAの場合は4種類の塩基すなわちA（アデニン）、C（シトシン）、G（グアニン）、T（チミン）から構成されている。

オーキシン auxin：植物の（訳注：正確にはシュートの）先端から基部に向けて、特別な輸送システムを介して細胞から細胞を流れる植物成長調節因子（植物ホルモン）。

オーキシン排出キャリア auxin efflux carrier：細胞の底面の細胞膜に局在するタンパク質で、オーキシンをその細胞から排出するのを助ける（そうすることでオーキシンをその細胞の下にある細胞に移す）。

オルガネラ organella：細胞の中で、**生体膜**に包まれ、ふつう特別な機能のために特殊化したコンパートメント。たとえば**核**、**葉緑体**（クロロフィルで光を集める部位）など。

海綿状組織かいめんじょうそしき：空気を含む細胞間隙の存在で特徴づけられる葉の細胞層ないし組織層。

花芽分裂組織かがぶんれつそしき：花器官を生み出す分裂組織。

核かく：細胞の中にあって、**遺伝子**を含む**オルガネラ**。

萼片がくへん：通常、花の最も外側の**whorl**に見られる花器官。

花序分裂組織かじょぶんれつそしき：花序の茎と**花芽分裂組織**とを生み出す**分裂組織**。

花柱かちゅう：柱頭および花柱を参照。

花粉かふん：受粉の際の精核（雄の**配偶子**）の供給源で、栄養核（花粉管が成長して柱頭・花柱を通り抜けることを担当する）も含んでいる。

花弁かべん：花の特徴的な器官で、ふつう第2 whorlに作られる。

切り出し（トランスポゾンの）：トランスポゾンが、もともと挿入されていた**DNA**上の位置から飛び出す過程。

クロロフィル chlorophyll（葉緑素ようりょくそ）：光合成の際、光をとらえるのに使われる緑の色素。

ゲノム genome：細胞の中にある核の**DNA**に書き込まれた遺伝子群の完全な1セット。

コドン codon：**DNA(RNA)** に見られる3つの塩基からなるセットで、それぞれ**タンパク質**を構成するポリペプチド鎖の中の1つのアミノ酸に対応する。

光合成こうごうせい：水と**二酸化炭素**とから、太陽光より**クロロフィル**で吸収したエネルギーを使って有機高分子化合物を合成する反応。

酵素こうそ：**タンパク質**のうち、細胞中で**代謝**に関して特定の化学反応を触媒する（反応を速め、促進する）働きのあるもの。

高分子化合物こうぶんしかごうぶつ：巨大分子（たとえば**DNA**、**タンパク質**、炭水化物）のことで、ふつう構成単位となる分子（たとえば**塩基**、**アミノ酸**、糖）が重合した鎖の形となっている。

孔辺細胞こうへんさいぼう：**表皮**にある三日月型の**細胞**で、2つペアになって生じ、そのあいだに気孔の穴を作る。膨圧によって形を変形させ、穴を通しての植物の中と外のガス交換や水の蒸散を調節する。

根端分裂組織こんたんぶんれつそしき：根の細胞を生み出す**分裂組織**。

細胞さいぼう：生物の基本単位。植物では1個の核、細胞質、それを囲む**細胞膜**、そして**細胞壁**からなる。植物細胞はふつうさらに液体が詰まった中央液胞をもつ。

細胞質さいぼうしつ：核以外の細胞の構成要素。水に高分子化合物が溶けた状態にあり、大きな構造体（オルガネラ）も含み、細胞膜で包まれている。（訳注：ふつうは細胞質には液胞を含まない。）

細胞伸長さいぼうしんちょう：細胞が大きくなる過程。

細胞分裂さいぼうぶんれつ：1つの細胞が2つになる過程。

細胞壁さいぼうへき：植物細胞の細胞膜を囲む堅い構造。セルロースとペクチンとからなる。

細胞膜さいぼうまく：**生体膜**を参照。

篩管しかん：植物体内にあって、糖やタンパク質などを運ぶ**維管束**。

雌蕊しずい：花の中にある雌性の生殖器官で、シロイヌナズナの場合は2枚の心皮の癒合によって作られる。

ジベレリン gibberellin：植物成長ホルモンの1つ。

柔組織（細胞）じゅうそしき（さいぼう）：茎や根にあって、しばしば細胞の間隙に空気を含む特徴的な組織・細胞。（訳注：葉の葉肉細胞も柔組織を構成する細胞である。表皮、分裂組織、維管束組織を除く植物体のほとんどがこの柔組織に当たる。）

シュート頂分裂組織——ちょうぶんれつそしき：葉と茎を生み出す**分裂組織**。

重力屈性じゅうりょくくっせい：植物器官が重力の方向にしたがって向きを替える過程。シロイヌナズナの主根は正の重力屈性（重力源に向かって成長する性質）を、またシュートは負の重力屈性（重力源から遠ざかろうと成長する性質）を示す。

子葉しよう：胚（種子）が作る葉。種子の貯蔵器官。発芽した芽生えで最初に目につく2枚の葉で、発芽後にシュート頂分裂組織から作られる「本」葉とは異なる。

心皮しんぴ：花の一番芯にある器官。シロイヌナズナの**雌蕊**は2枚の心皮が癒合することでできていて、中に胚珠を含む。**花粉**を受け取る雌蕊先端の表面は**柱頭**といい、その直下を**花柱**という。花粉の中の**精核**が胚珠を受精させると、胚珠は発達して種子に、また雌蕊は果実（さや）になる。（訳注：心皮より雌蕊の方が一般には馴染みが深いと思うが、わざわざ心皮という単位を考えるのは、花器官が葉の変形でできていると考えるからである。その考えでは、1枚の萼片＝1枚の花弁＝1本の雄蕊＝1枚の心皮＝1枚の葉という関係になる。**ABC**モデルはその考えに基づき、3種の

転写因子が4種の花器官を指定するしくみを説明した。)

ストップ・コドン stop codon：アミノ酸を何も指示せず、**タンパク質**（やポリペプチド）をコードする読み枠を終結させるコドン。（訳注：mRNAを読み取るリボゾームが、このコドンにさしかかるとタンパク質への翻訳を停止する。）

精核 せいかく：植物における雄の**配偶子**。

生体膜 せいたいまく：細胞やオルガネラすべてを包んでいるきわめて薄い脂質の膜で、**タンパク質**も含む。

接合子 せつごうし：雄と雌の配偶子が受精した結果できる細胞。胚を構成し、ひいては後に植物体のすべてを構成する最初の細胞である。

セリン serine：アミノ酸の1種。

セルロース cellulose：**細胞壁**を構成する主要要素で、グルコース（ブドウ糖）分子が連なった長い**高分子化合物**。複数の分子が束になって繊維構造をなす。

染色体 せんしょくたい：核の中で**DNA**を折りたたんだ状態にした構造。シロイヌナズナのゲノム（DNA）は5本の染色体に割り振られている。（訳注：1本の染色体をほどくと、両端のある1分子のDNAが得られる。）

挿入（トランスポゾンの）そうにゅう：**トランスポゾン**が**DNA**上に飛び込む（一体化する）過程。

代謝 たいしゃ：細胞の中で行なわれる化学反応過程。分子の分解（複雑な分子をより単純なものにする過程：異化作用）や合成（分子の複雑さを増大させる過程：同化作用）を含む。代謝によって得られるエネルギーや**光合成**の過程で得られるエネルギーは同化作用に用いられる。

炭水化物 たんすいかぶつ：一般的に$C_x(H_2O)_y$の形の化学式で書くことのできる分子。たとえばデンプン、ショ糖、**セルロース**など。

タンパク質：**遺伝子**にコードされた**アミノ酸**の重合体。遺伝子がコードする「活性のある」状態である。**酵素**や**転写因子**はタ

用語解説　383

おり、**gai-t6**遺伝子は何もタンパク質をコードしていない。

変異体へんいたい：変異型遺伝子をもつ個体のことで、その結果として目で見た特徴に違いをもつことがある。たとえば**gai**変異体はその変異した*gai*遺伝子のために矮性を示す。

膨圧ぼうあつ：堅い**細胞壁**が、その中の**細胞質**や**液胞**への水の取り込みによる体積増加に対して抵抗することによって生じる圧力。

苞頴ほうえい：イネ科植物（たとえばトウモロコシ）の花を包むカバー状の葉。（訳注：形態学的には正確に言うと、イネ科の小穂の根もとにある特殊化した葉を指す。小穂とはイネ科やカヤツリグサ科の花序の中で、1-数個の花がまとまって1単位となっている基本単位の部分。）

ポリペプチド polypeptide：アミノ酸配列の一部。**タンパク質**は巨大なポリペプチドに相当する。

ポリメラーゼ連鎖反応 polymerase chain reaction（PCR）：あるDNA断片を特異的に速やかに増幅する方法。（訳注：耐熱性の強いDNA複製酵素を使い、チューブの中で特定のDNAの複製を高速で繰り返す反応。この発明者は米国のキャリー・マリスKery B. Mullis氏で1993年にノーベル化学賞を受賞）。

翻訳ほんやく：**遺伝子の読み枠**の配列に対応する**タンパク質**（あるいは**ポリペプチド**）を、あらかじめ**転写**した**mRNA**の配列をもとに合成すること。

マイクロRNA microRNA（miRNA）：きわめて短い（21塩基の）**RNA**分子で、特定の**mRNA**分子を標的にして破壊に導く。

「メンデル」比' Mendelian' ratio：グレゴリー・メンデル（Gregor Mendel）が最初に発見した古典的な3：1（あるいは1：2：1）の分離比のこと。ある植物個体がある遺伝子座について**優性**の遺伝子と**劣性**の遺伝子とをもっていて、自己受粉した場合、その次の世代の子孫の4分の3は優性の形質を発現する。

雄蕊ゆうずい：花の雄性の器官で、その先端に**花粉**を作る葯をもつ。

優性ゆうせい：シロイヌナズナの（2倍体の）細胞はゲノム2コピ

一分を持っている。もしこの2コピー中どちらかが**変異**を有
したとすると、それは正常な遺伝子に対して**優性**か**劣性**
かを示す。もし優性であれば、植物は変異遺伝子で決められ
た特徴を示す。もし劣性であると、植物は正常型の遺伝子に
決められた特徴を示す。

ユビキチン ubiquitin：小さな**タンパク質**で、他のタンパク質に直
鎖状になって「ポリユビキチン」として結合すると、そのタ
ンパク質はプロテアソームによって分解されるべく標識され
たことになる。

"抑制緩和の仮説" よくせいかんわのかせつ：**DELLA**タンパク質群がどの
ように植物の成長を制御するかを説明する仮説。本質的な点
は、DELLAタンパク質群は成長を抑制する因子であり、ジベ
レリンはそのDELLAタンパク質群の分解を引き起こすことで
成長を促進する、というところにある。

読み枠（open reaing frame=ORF）よみわく：**タンパク質をコードする**
（遺伝子の一部としての）DNA塩基配列領域。

緑色蛍光タンパク質（green fluorescent protein=GFP）りょくしょくけい
こうたんぱくしつ：紫外線を当てたとき緑に光るタンパク質で、
マーカーとして使われており、生きた細胞の中でその位置を
顕微鏡のもと可視化することを可能にしている。(訳注：もと
もとはオワンクラゲが持っているタンパク質で、青から紫の光を当て
ると緑の光を発する。オワンクラゲは刺激を受けると細胞内のカルシ
ウム濃度が上がり、それに反応してエクオリンというタンパク質が青
い光を出す。その青い光を受けてこのGFPが緑の光に変換し、体を緑
に光らせるのである。現在では、分子遺伝学を扱う研究室なら、世界
中どこでも使っていると言ってよいほどに普及している。下村脩氏、
マーティン・チャルフィー氏、ロジャー・チェン氏の3名はこの
「GFPの発見と開発」により2008年のノーベル賞化学賞を受賞。)

劣性れっせい：**優性**を参照。

ロイシン leucine：**アミノ酸**の1種。

ロゼット rosette：**栄養成長期のロゼット**を参照。

謝　辞

　本書を書き上げるにあたり助力してくれた、たくさんの人たちにお礼を申し上げたい。まず、私の研究上の協力者たちに。私はMichael Freelingに多くを負っている。彼の研究室（カリフォルニア大学バークレー校）にいた時代は、私にとって、科学的にものを考える能力を伸ばす上で決定的な時期だった。一方、本書に書いた発見の多くは、私自身の研究チームが成し遂げたものだ。過去のメンバーおよび現在のメンバーは以下のとおりである。Patric Achard、Tahar Ait-ali、Liz Alvey、Mary Anderson、Marie Bradley、Pierre Carol、Rachel Carol (née Cowling)、Andy Chapple、John Cowl、Thierry Desnos、江面浩、Barbara Fleck、Xiangdong Fu、Llewelyn Hynes、Kathryn King、Jinrong Peng、Pilar Puente、Carley Rands、Donald Richards、安村友紀。彼ら個人個人の貢献あってこそ、私たちの科学成果が出版されたわけだ。彼ら全員に感謝したい。また本書に記した発見のうちのいくつかは、私たちの研究室の努力だけではなく、ジョン・イネス・センターの他の研究者との共同研究によって成し遂げられたものである。その中でも特に、Katrien Devos、John Flintham、Mike Gale、George Murphy、John SnapeそれにTony Worlandに感謝の意を表したい。加えてDavid Baulcombe、Jonathan Jones、Klaus Palme、Jinrong Peng、Thomas MoritzそれとDominique Van Der Straetenの各研究室のメンバーとの共同研究にも、厚くお礼

を述べたい。

　ジョン・イネス・センターに対しては、本書を書く自由を与えてくれたことに対して感謝する。特に、私の友人であり研究仲間であるEnrico CoenとKeith Robertsには、多くの有益なアドバイスや激励をいただいた。

　これは私にとっての最初の著書であり、本書を出版にまで至らせること自体が、魅力的な旅であった。その最初のステップで本質的な示唆を与えてくれたAlison CobbとStephen Cobb、Liz FidlonそれにAnthony Harrisにお礼を申し上げる。私のとびきり優秀でエネルギッシュなエージェント、Felicity Bryanには謝意とともに賛嘆を捧げたい。Broomsbury社のすべての人に深い感謝の意を表する。とりわけ、誰よりもBill Swainsonには、親切で忍耐強く着実な編集作業にお礼申し上げる。またAlexandra Pringleには、このプロジェクトに対する彼女の熱意、それに初期の草稿に対するコメントに感謝したい。最終原稿はAndrea Belloliの、洞察に富み正確な校正のおかげで素晴らしい磨きがかかった。本書の雰囲気はまた、Polly Napperの、美しく正確なイラストや図表のおかげで、非常に良くなった。私は彼女に対するとともに、彼女の絵を元に表紙の装幀をしてくれたWill Webbにお礼を述べたい。

　一読して明らかなように、本書に関する思索はウィートフェンの、Ted Ellisトラストによって管理された空間でなされた。あの地域の管理人とトラストは、この貴重な自然植生の執事役として素晴らしい仕事をこなしている。平和とインスピレーションとをもたらす天国だ。

私は両親に、Muriel HarberdとDavid Harberdに、私が1冊の本を書くというにとどまらず、何にせよ創造的なことをする能力を形作ってくれたことに対し、感謝する。何より、我が家族に、この本を書くにあたり、肉体的にあるいは精神的に彼らとの時間を犠牲にしたことに対して、我慢をしてくれたこと、そして助力してくれたことに感謝する。AliceとJackはインスピレーションを与えてくれた。そして最も大事なことに、我が妻Jessは常に私を激励してくれ、反響板の役目を果たし、最初の読者としてまた評論家として働いてくれ、そして、何かしら読むに耐えるものを書くことができるとは私自身も信じていない時ですら、それを信じていてくれた。

　上記のすべての方々の助けがあってこそ、本書は成り立った。誤りがあるとすれば、それはひとえに私自身の責である。

N. H.
ノーリッジにて、2005年11月

訳者あとがき

　本書は風変わりな本である。世間ではえてして科学者のことを、自分の専門のことで常に頭がいっぱいで、何を見てもその専門のことに引きつけて考えがちな、奇妙な人種と捉えがちだ。しかし本当は違う。たぶん、そして実際私自身が経験しているように、多くの人は、電車の中やコンサートホールの席上、あるいは柔術のクラスで科学者を見かけたとしても、ほとんどの場合は、そこにいるのが科学者だとは気付かないものである。いや、外見だけでなく、話をしたらわかるだろうとお思いになるかもしれない。しかし実際には、趣味の世界で会話をしている限りなら、自分から言わない限り、科学者だということは、まず悟られたりはしないものだ。

　ところが本書の著者ニコラス・ハーバード教授は、ちょっと違うようだ。一読してみると分かるように、おもしろいくらい、思考が「科学者的」である。そのうえ、時として非常に宗教的でもある。私もこの著者と同じくシロイヌナズナを使って発生のしくみを研究しているのだが、日本でこの業界を見渡しても、類似の人は見あたらないように思う。その意味で、私も読者の皆さんと同様、この本を訳しつつ、「世の中こういう人もいるのか」という、新鮮な驚きを愉しむことができた。

　不思議にハーバード教授の文章には、イギリス的なユーモアはあまり現れてこない。逆に軽い季節性鬱気質なのか、冬の訪れの徴候に一年中、（夏の最中でさえ！）怯えているの

が、微笑ましいほどだ。また博物誌的な要素を意識して書かれてはいるものの、ハーバード教授はやはり何よりも遺伝学者であるようで、本書はイギリス伝統の博物学的エッセイとはずいぶん違うものとなっている。その意味で独自性の高い内容と文体だと思う。

　またすでに上で述べたとおり、ハーバード教授の性格は、シロイヌナズナを研究する植物科学者の典型というわけでもない。本書は、ある意味、ある一人の植物学者の自画像であって、それはイギリス人の、というものでもないし、植物学者一般の、というものでもない。この微妙な一般性と個別性の共存したところが、本書の独自性であり、おもしろさの1つだろう。

　ただ、訳者として、日本の読者に是非紹介したいポイントは、そうした独特さを超えて、本書に記述されている、科学者の一般的な日々の営みの方である。常日頃、何とか新しい発見をしようと考えるところ。壁にぶつかり、何か打開策はないかと考えるところ。うまくいったとき、その興奮を抑えつつ、確認を取り、裏を取って、さらに論文を仕上げる地道な努力。その論文を一流の科学誌に載せようと、原稿を練り、投稿し、レフェリーとの攻防を繰り広げる毎日。そしてその一連の研究を支えるべく、研究費の申請書を書く日々。これらは、第一線の科学者なら誰もが経験し、たずさわっている日常である。

　その点、本書の読みどころは、ハーバード教授が研究の行き詰まりをどう乗り越えていったか、という記録としてもおもしろく読めるところだ。ハーバード教授は繰り返し研究の

壁にぶつかる。そのたびに枯れ葉や、子どもたちとの会話、教会墓地での野生のシロイヌナズナの観察をヒントにして、打開点を思いついてゆく。まるで創作したかのような話だが、本当のことらしい。現役の研究者やこれから研究の道に進む若い学生にも、これらの生の記録は参考になるのではないだろうか。実験科学者だからといって研究室に閉じこもっていてはだめだ、と外に出てヒントを探す教授の姿は、日本の多くの研究者に見習ってほしいところである。

　さてこうした科学者の日常は、今まで、一般に紹介される機会が日本ではあまり多くなかった。本書は幸い、日記体を取っているおかげで、以上のような、科学者としての毎日を、平易に、リアルタイム的に伝えることができていると思う。是非、ここのところを読み取っていただくべく、本書の訳出にあたっては、日本の一般読者にとって説明が必要と思われる事項には、積極的に訳注を付けることにした。その結果として少々煩わしく見える点は、ご容赦いただきたい。

　なおこの翻訳企画は、八坂書房の中居惠子さんからの薦めで始まったものである。見本を渡されて読んでみると、わりに軽い内容だったので、軽い気持ちで引き受けた次第。しかし本文でハーバード教授も嘆いているように、大学の用務も多いので、休日を全部使ってもそうそう時間は取れない。そこで私の研究室の修士課程の大学院生で、飛び抜けて英語力のある南澤直子さんと、共訳であたることとした。そうして基本体制が固まり、本打ち合わせをしてみたところ、なんと1年以内に翻訳・出版を、という話。出版上の常套手段として、さばを読んだ締め切りだろう、とたかをくくっては見た

ものの、思いがけず短い期間設定に、さてどうなることかと思っていたところ、南澤さんがずいぶん頑張ってくれた。おかげで翻訳の予定は、最初の計画とあまり大きくずれることなく、進むことができた。分担としては、私が全体を通して訳注を補いつつ、前半を南澤さんが、私が後半を訳し、その上で改めてふたりで訳稿を突き合わせ推敲する、という形を取った。南澤さんにとっては、初めての本格的な研究活動との両立で、かなりの負担だったと思われるが、自在な英語力で、難行をうまくこなしてくれた。彼女の貢献に感謝したい。編集部・中居さんの、悠揚迫らぬ手綱さばきにも感謝する次第である。

　なお訳出にあたっては、文化的あるいは英語力の問題で、ニュアンスがつかめなかった点も多々あったが、幸い本書は同時代の筆者になるものである。大体通して訳せたあたりから、著者ご本人であるニコラス・ハーバード教授に電子メールでお尋ねし、その度、丁寧なご教示をいただいた。幸いなことにハーバード研究室には、安村友紀博士が博士研究員として在籍中のため、地名など、日本語でどう表記するのが最もオリジナルの発音に近いのか難しい問題も、非常にスムーズに解決することができた。また多数登場する植物の名前に関しては、八坂書房と植物学者とが組んで訳すものだけに、図鑑類を見つつ正確を期したのは言うまでもないが、その際、英和辞典に載っている和名には、多々誤りがあるという教訓を得た。生物名に関しては、英和辞典を鵜呑みにしないのが安全である。またその点、比較的登場回数の多い蝶については、日本昆虫学会会長の奥本大三郎・埼玉大学教授に、正確

な訳と学名とをご教示いただいた。感謝の意を表したい。
　さて最後に、いちばんのお礼を申し上げるとすれば、それはもちろん、このちょっと風変わりな本を最後まで読んでくださった、読者の皆さんに対してである。できればこうした、世間であまり知られていない私たち植物科学者の活動に対して、これを機に、今後とも興味を抱いていただければと思う。この分野のまた他の書にも、目を通していただければ幸いである。
　　　　二〇〇九年　早春
　　　　　　　　　訳者を代表して　　塚谷　裕一

石垣のあいだに根を張り
ロゼットで冬を越すシロイヌナズナ

著者紹介
Nichokas Harberd（ニコラス・ハーバード）
世界をリードする植物科学者の1人。イギリス、ノーリッジにあるジョン・イネス・センターで研究チームを率いる一方、イーストアングリア大学の生物科学科の名誉教授を勤める。2008年には、オックスフォード大学セントジョンズ・カレッジの教授かつ植物科学のSibthorpian Professorに就任。数多くの科学論文の著者であり、NatureやScienceといった一流の国際科学雑誌にも論文を載せている一方、アリスとジャックの父でもある。

訳者紹介
塚谷裕一（つかや・ひろかず）
1964年神奈川県生まれ。東京大学理学部植物学教室卒業、東京大学大学院理学系研究科（生物科学）博士課程修了。博士（理学）。現在、東京大学大学院理学系研究科教授、自然科学研究機構基礎生物学研究所客員教授。
【著　書】『漱石の白くない白百合』(文藝春秋、1993)『果物の文誌』(朝日選書、1995)『植物の＜見かけ＞はどう決まる』(中公新書、1995)『植物のこころ』(岩波新書、2001)『ドリアン—果物の王』(中公カラー新書、2006)『変わる植物学 広がる植物学—モデル植物の誕生』(東京大学出版会、2006)ほか。

南澤　直子（みなみさわ・なおこ）
1984年東京都生まれ。国際基督教大学教養学部卒業。現在、東京大学大学院理学系研究科修士課程在学。専攻：生物科学。所属大講座：進化多様性生物科学大講座。

植物を考える　ハーバード教授とシロイヌナズナの365日

2009年2月25日　初版第1刷発行

訳　者　　塚　谷　裕　一
　　　　　南　澤　直　子
発行者　　八　坂　立　人
印刷・製本　モリモト印刷(株)

発行所　　(株)八坂書房
〒101-0064 東京都千代田区猿楽町1-4-11
TEL.03-3293-7975　FAX.03-3293-7977
郵便振替口座　00150-8-33915
http://www.yasakashobo.co.jp

ISBN 978-4-89694-926-1　　落丁・乱丁はお取り替えいたします。
　　　　　　　　　　　　　　無断複製・転載を禁ず。

©2009　Hirokazu Tsukaya & Naoko Minamisawa

関連書籍のご案内

植物のパラサイトたち
―植物病理学の挑戦
岸 國平著

野菜や果物をはじめ、大切な庭木や鉢花にとりついて枯らせてしまう病原菌(パラサイト)の専門家＝植物病理学者が語る植物の病気の話。病徴や原因から、防除法など様々な叡智までを、原因菌を求めて戦う人々の姿を交えつつ紹介する。

四六　2400円

動く植物
―植物生理学入門
P.サイモンズ著／柴岡孝雄・西崎友一郎訳

オジギソウのように、植物の中には接触や刺激に対する感受性をもち、それに応ずるものがある。植物の運動はどのように引き起こされるのか、また動物の運動とどのような関連があるのか。植物の運動の機構を明かし、生物進化の道筋に迫る。

A5　3800円

植物入門
前川文夫著

サクラ、モモ、ツバキなど身近な植物をとりあげ、興味深いエピソードに自筆の図解を交え、植物の面白さを平易に語る、現代植物学入門書。傑出した植物学者であった故著者(1908〜84)の面目躍如たる書。

四六　2000円

植物の形と進化
前川文夫著

植物の形は何を語りかけているのか？どのようにして今の形にたどりついたのか？種子の芽生え、葉の並び方、花のつくりなどにかたくななまでに保ち続けられている原始的な形に注目し、植物の進化の道筋に迫る。

四六　2800円

価格税別

関連書籍のご案内

海から来た植物——黒潮が運んだ花たち
中西弘樹著

万葉集に詠われて以来、源氏物語、枕草子にも登場する、日本人に最も親しみ深い海流散布植物ハマユウ(ハマオモト)を主な題材に、黒潮が運んだ花に秘められた不思議の数々を、植物生態学者にして漂着物学の第一人者が丹念に読み解く。

四六　2600円

欲望の植物誌
――人をあやつる4つの植物
M.ポーラン著／西田佐知子訳

リンゴと〈甘さ〉、チューリップと〈美〉、マリファナと〈陶酔〉、ジャガイモと〈管理〉――これらの4つの植物と人間の欲望とのせめぎあいは、〈植物の目〉からは、どんなふうに見えているのだろう？

四六　2800円

植物の名前のつけかた
――植物学名入門
L.H.ベイリー著／八坂書房編集部訳

優れた植物学者であり、農学・園芸学者でもあった著者がやさしく説いた、植物のなまえ(学名)の話。事例に基づく学名命名の歴史から、リンネの業績とその意義、植物同定の重要性、命名のルールなどに及ぶ。付、主要属名・種小名一覧。　四六　2800円

植物の魔術
J.ブロス著／田口啓子・長野　督訳

不可思議な植物の生態を解き明かし、穀物や薬草など、先史時代からの人間と植物のかかわり、そこから生まれてきた神話・信仰を語ることによって、人間と植物—自然界との関係を問い直す。

四六　2900円

価格税別

関連書籍のご案内

植物学のたのしみ
大場秀章著

身近な花や樹に触れるとき、自然の仕組みを、人とのかかわりを考えてみる。第一人者が綴る、趣味としての「植物学」入門。

四六　2000円

植物学とオランダ
大場秀章著

生誕300年を迎えたリンネのオランダ留学事情、ヨーロッパの庭園改革を夢みたシーボルトの足跡、幕末の日本人留学生、アジサイをはじめオランダの風景となった日本の植物の数々など、植物学者の目がとらえたオランダの歴史と現在、その魅力を語る。

四六　2000円

暮らしを支える植物の事典
―衣食住・医薬からバイオまで
A.レウィントン著／光岡祐彦・他訳

石鹸や化粧品から宇宙船の断熱材まで、それぞれの製品にどんな植物が、どのようにかかわっているのかをわかりやすく解説。遺伝子組み換えと農薬問題、企業の世界戦略に翻弄される少数民族の話など、資源としての植物に関する話題を満載。

A5　4800円

図説 植物用語事典
清水建美著／梅林正芳画／亘理俊次写真

植物を観察し、見分けるときに必要となる植物用語約1300を取り上げて、具体的な例を挙げながら、その意味や分類上の重要性などをやさしく解説する。豊富な写真と図版を取り入れて初心者にもわかりやすく構成した、植物観察の必携本。

A5　3000円

価格税別